企業策略的終極答案

用「**作業價值管理AVM**」破除成本迷思
掌握正確因果資訊，做對決策**賺到**「**管理財**」

政治大學商學院講座教授

吳 安 妮

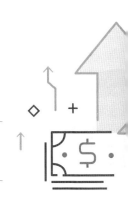

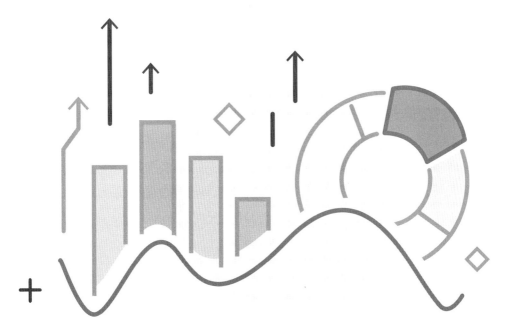

企畫叢書 FP2276X

企業策略的終極答案：
用「作業價值管理AVM」破除成本迷思，掌握正確因果資訊，做對決策賺到「管理財」

作 者	吳安妮
編 輯 總 監	劉麗真
主 編	謝至平

發 行 人	涂玉雲
總 經 理	陳逸瑛
出 版	臉譜出版
	城邦文化事業股份有限公司
	臺北市中山區民生東路二段141號5樓
	電話：886-2-25007696 傳真：886-2-25001952
發 行	英屬蓋曼群島商家庭傳媒股份有限公司城邦分公司
	臺北市中山區民生東路二段141號11樓
	客服專線：02-25007718；25007719
	24小時傳真專線：02-25001990；25001991
	服務時間：週一至週五上午09:30-12:00；下午13:30-17:00
	劃撥帳號：19863813 戶名：書虫股份有限公司
	讀者服務信箱：service@readingclub.com.tw
	城邦網址：http://www.cite.com.tw
香港發行所	城邦（香港）出版集團有限公司
	香港九龍九龍城土瓜灣道86號順聯工業大廈6樓A室
	電話：852-25086231或25086217 傳真：852-25789337
	電子信箱：citehk@biznetvigator.com
新馬發行所	城邦（新、馬）出版集團
	Cite（M）Sdn. Bhd.（458372U）
	11, Jalan 30D/146, Desa Tasik, Sungai Besi,
	57000 Kuala Lumpur, Malaysia
	電話：603-90563833 傳真：603-90576622

二版一刷 2021年2月
二版三刷 2024年1月

城邦讀書花園
www.cite.com.tw

ISBN 978-986-235-896-2
售價 NT$ 500
版權所有‧翻印必究（Printed in Taiwan）
（本書如有缺頁、破損、倒裝，請寄回更換）

國家圖書館出版品預行編目資料

企業策略的終極答案：用「作業價值管理AVM」
破除成本迷思，掌握正確因果資訊，做對決策賺
到「管理財」／吳安妮著 -- 二版. -- 臺北市：臉
譜，城邦文化出版；家庭傳媒城邦分公司發行，
2021.02　面；公分. ──（企畫叢書；FP2276X）

ISBN 978-986-235-896-2（平裝）

1.作業管理　2.供應鏈管理

494.5　　　　　　　　　　　　　　109021109

企業界與學術界熱情推薦

　　「創造價值」是每一家企業追求的目標，也是企業經營者最大的挑戰。吳安妮教授以三十三年扎實的研究為基礎，發展出「作業價值管理AVM」，正是協助企業達成目標的最佳利器。知行合一論除了理論說明外，更佐以實際成功導入公司經驗為案例，帶領讀者一窺作業價值管理的堂奧。

——華致資訊開發股份有限公司總經理　王金秋

　　AVM可以重新整理高階、中階、一般管理者的管理要項；AVM資料可以看到虧損客戶的問題點；AVM資料可以了解各產品的經營問題；AVM資料可了解工廠內部作業失敗成本的原因。AVM可說是一面照妖鏡，看清楚公司各層面的問題，提升管理績效，是一個很適合各行業推動的管理制度。

——日正食品工業股份有限公司副總經理　李采慧

　　經營企業需要有兩把刷子，一把是策略：講的是發展途徑與方法；一把是成本：企業的競爭力以成本為依歸。吳安妮教授把作業基礎成本（ABC）升級到作業價值管理（AVM），讓企業經營者了解到每個產品、每個服務、每個客戶、每個部門的作業成本，在激烈的商場競爭的決策中，知己知彼，才能獲得最後的勝利。AVM是個簡單學、容易

做、很有效的工具。

——佶立科技有限公司總經理　李榮華

成本管理為公司獲利之關鍵因素，AVM將成本管理落實在企業經營實務上，為現代競爭激烈環境下不可或缺的經營利器。

——國立高雄科技大學會計資訊系副教授　林靜香

個人在中部診斷及協助過許多中小企業，發現企業主最苦惱的問題之一，皆為成本精算與管控，AVM從精算成本到適當地管控成本，正是中小企業最佳的管理利器。

——國立彰化師範大學會計系教授　邱垂昌

應用AI在智慧製造以提升效率與快速決策是必然的趨勢，AVM正是可以即時提供完整止確數據的有效工具。

——町洋企業股份有限公司董事長　吳上財

「硬體＋軟體＋管理」＝企業管理三核心，這股浪潮逐漸從AVM的興起而備受矚目，標誌著「因、果」資訊的融合，以及邁向AI智慧與大數據無縫接軌的開端。

——旭然國際股份有限公司董事長　吳玲美

本書結合管理的因和會計的果，打造企業成功DNA，呈現吳安妮教授戮力使臺灣再創經濟奇蹟，成為管理會計島的典範作業藍圖。

——輔仁大學會計學系副教授　郭翠菱

吳安妮教授三十多年來在學術研究及實務運用勤耕有成，本書以深

入淺出的方式介紹創新的AVM系統，實踐知行合一信念。

——政治大學會計學系副教授　黃政仁

吳安妮教授的AVM好像魔術師手中的仙女棒，讓我們從AVM資料中調整自己的策略，把所有的賠錢客戶變成賺錢的客戶，太棒了！

——普祺樂實業有限公司總經理　張深閔

無論你有多少知識，若不運用便等於一無所知。AVM為目前當下深具影響力的管會制度，也是企業改革的一股浪潮，所以要面對它、處理它，但千萬不能放下它。

——勤誠興業股份有限公司總經理　陳亞男

吳安妮教授是一個「人間菩薩」，以利他的精神從事學術研究。透過她深入淺出的教學，學生可以快速理解她所獨創的AVM管理系統，對企業界來說，這是突破一般學科，將管理理論與實務課題結合，找出企業當前面臨的「病因」，對症下藥，運用利基，讓營業績效亮眼，更得以順利升級，二代接班順暢，朝向永續經營邁進。理所當然，眾多企業爭相報名吳教授在政大開授的有效課程，提供中小企業突破瓶頸，找出解決的策略，尤其我們苦思的接班傳承問題，藉由課程的研討，得出共同的理念和可行的方案，理論與實務緊密結合，從中看出經營的盲點，摒除沉痾，產業得以升級，開啟延續傳承的解決之道。我能夠親身領略這種值得學習的方法，由衷感恩！

——勇昌貿易有限公司董事長　楊雅忠

自從師承吳安妮教授並輔導企業導入作業成本管理與平衡計分卡制度已逾二十載，深深感受到透過策略管理、作業管理、價值管理的整

合，能夠有效地提升企業在財務性、非財務性管理資訊整合的綜效，本次吳教授無私地將三十多年的學術研究成果與實務經驗整合出 AVM 知行合一論，未來只需按圖索驥即可完全解決實務界導入作業價值管理的痛點，實為學術界與實務界的一大福音。

——尚宏管理顧問公司總經理 劉勇豪

沒有正確的攸關資訊，將無法洞察問題的本質，做出對的判斷。落實《企業策略的終極答案》一書所建議的作業價值管理系統，能為公司提供優質的管理資訊，創造競爭優勢。

——東海大學會計學系副教授 劉俊儒

AVM 係協助企業蒐集與整合資料，從中挖掘出新商機，協助企業決策，進而激發管理創新的最佳工具。

——國立臺北商業大學財政稅務系助理教授 劉惠玲

吳安妮教授的 AVM 是企業的營運儀表板，幫助企業在茫茫資料大海中，整合不同平台、找到問題真因，做出一個好的決策。

——安口食品機械股份有限公司總經理 歐陽志成

企業不乏各種管理制度，「知」對多數企業而言不是問題，差別在於對「知」的連結與整合，也因此在「行」時就產生不同的效果，「作業價值管理 AVM」即可統整與補足企業現有管理制度的缺口，有助於提升企業之管理經營績效，本書實為有意導入企業之最佳範本。

——元策企管顧問股份有限公司總經理 簡碧泉

架構完備的本土化整合性制度
「作業價值管理 AVM」

國立政治大學講座教授 鄭丁旺

　　近五十多年來，商管學院教授們的研究最受詬病的是「窮理而不務實」，所謂「從學術中來，往學術中去」，學術界關起門來研究，完全與社會經濟脫節，僅著重理論的創新和統計的應用，而忽略了實踐的問題，研究結果缺乏可靠性和可複製性，從而失去實用性。

　　近年來許多學者對此開始反思，並提出了「從象牙塔的研究轉向負責任的研究立場宣言書」，呼籲學術界轉向「負責任的研究」。所謂「負責任的研究」是指透過研究「創造有用且可靠的知識」；所謂「可靠的知識」是指「能重複驗證」（複製）的知識；所謂「有用的知識」是指「能直接或間接用於解決商業和社會中的重要問題」。

　　吳安妮教授自留美獲得會計學博士學位返國後，即一直在國立政治大學會計學系擔任教職，並專注於管理會計的研究、教學及企業推廣服務。三十多年來，吳教授在研究、教學及企業推廣服務三方面均獲致了最高的成就和榮譽。在學術研究上，吳教授在國際及國內期刊發表了一百多篇學術論文，在管理會計領域的國際聲望排名為全亞洲第一，全球

前三十一名，在國內獲得教育部最高榮譽的「教育部學術獎」，科技部的「傑出研究獎」及「傑出特約研究員獎」，亦為國立政治大學最早獲得「講座教授」頭銜的人員之一。在教學方面，除被評為政大教學優良教授之外，更獲得「仲尼傑出教學獎」（獎金一百萬元）。在企業輔導服務方面，吳教授每年暑假均在長三角及珠三角從事調研，並輔導台商企業之經營管理，將其在管理會計上的學術研究和創新應用在企業經營管理上，並發展出一套架構完備的本土化整合性制度，稱為「作業價值管理 AVM」，AVM 已獲得臺灣及大陸的「商標權」註冊，該制度亦取得了我國的「發明專利」。吳教授全力推廣產學合作及企業經營輔導，於今年獲得經濟部的「國家產業創新獎」之創新菁英女傑組首獎。

以上臚列吳教授的卓越成就，旨在說明作為一個大學教授，能夠同時在研究、教學及服務三方面均攀登頂峰的實不多見，更要凸顯在當前學術研究競相「窮理而不務實」（相信絕大部分實務界人士對商管學界的所謂「學術研究」並無興趣也不關心）的情況下，仍然有人能夠「窮理而務實」，在學術上登峰造極，而研究成果又能夠裨益企業經營管理，呼應了前面所提到的「負責任的研究」。這本作業價值管理——知行合一論為主的《企業策略的終極答案》，是吳教授三十多年來學術研究與實務運作結合的心血結晶的一部分。

企業的經營，每一筆收入的賺取都需要投入成本（費用），成本是企業在賺取收入過程中所耗用資源的代價。賺取收入必須經過一系列的行動過程，以製造業的產品銷售收入為例，可能經過產品研發、設計、製造、行銷及收帳等過程，如果以產品作為衡量標的，稱為「價值標的」，則該產品的銷售收入減除一系列獲利過程中每一環節所耗用的成本後的淨額，即為該「價值標的」的「價值淨貢獻」，而每一獲利過程

中的行動環節即為該「價值標的」的「價值鏈」。在「價值鏈」中的每一個環節以「作業」為基礎建構成本資訊，按發生成本的原因（成本動因）歸集成本，以產生「價值鏈」中每一環節的正確成本。「價值標的」可以按產品別、顧客別、通路別、員工別……等畫分，分別評估每一標的對企業價值創造的淨貢獻。若發現某一「價值標的」的價值貢獻很低或為負數，可能是其「價值鏈」中的某一（些）環節效率不佳，有改善的空間，或所有「價值鏈」中的環節均已達最佳化，但其淨貢獻仍然很低。如屬前者，則應立即優化該效率不佳的環節；如屬後者，則應在策略上考量是否應刪除該「價值標的」，此即「策略管理」。以上是「作業價值管理AVM」制度運作的概略描述。吳教授將其畢生研究的理論創新，貫注於本書的每一篇章，並有實務應用上所需的表單釋例，讀者按圖索驥，即可加以應用。

　　本人與吳教授共事三十多年，深深為其對學問研究的執著和對實務推廣的熱情所感動。今有機會先拜讀其大作，更覺此書大有裨益於企業之經營管理，企業界管理層允宜人手一冊，爰鄭重推薦。

見林又見樹

明門實業股份有限公司董事長　鄭欽明

繼《策略形成及執行》之後，吳安妮教授馬上推出「作業價值管理 AVM：知行合一」論的《企業策略的終極答案》。依我淺見，這兩本書脈絡一貫，應該合併閱讀，互相參照，應用時更能取得綜效 (synergy)。前作是引導讀者鳥瞰**「見林」**，新作繼而說明如何具體**「見樹」**。以下且容我結合經常勉勵同仁的「Working Smart and Working Hard」做進一步說明。

「見林」：Working Smart

若不能了解企業的總體目標，以及為達成此目標，單位和個人所應完成的任務，大家可能會「很努力地**走錯方向**」；不但增加成本，浪費資源，甚至造成內耗，形成衝突，這可是一點都不夠 smart。我們常說必須 Working Smart，就是提醒大家先弄清目標，搞清方向，抓出重點；不要蒙頭猛衝，在八千里路雲和月之後，才發現自己跑錯方向，遠離目標。

吳教授在《策略形成及執行》一書即主張，為了形成、整合、溝

通其成員對整體目標和策略的共識，企業應該採行「平衡計分卡」（Balanced Scorecard）。在本書則更進一步闡述，企業不能只見樹而不見林，一下子陷入**成本迷思（見樹）**；而是應該先登上制高點觀察整個樹林，設想如何**增加價值**和培養企業**長期競爭力（見林）**。鳥瞰森林是企業和同仁們 Working Smart 的第一步，也可能是最重要的一步。

「見樹」：Working Hard

進行績效評估，並且將評估與報酬連動，是影響部門和個人持續 Working Hard 的重要因子之一。但如何衡量呢？好比如何去丈量每一棵樹的高度呢？吳教授提出的「作業價值管理 AVM」或者就是答案。書中她對 AVM 做了按部就班，從理論到實務的完整介紹，精緻之處，例如以科目作為會計細胞，以作業作為管理細胞，我不敢冗言作說明，以免剝奪了各位親自閱讀的樂趣。

但我要特別提出，吳教授首創的「作業價值管理 AVM」絕對不是狹隘的績效衡量工具。AVM 是先前「作業基礎成本管理」（ABCM）的升級和進化版，也就是由以往只注重「降低成本」，進化到一併觀照「資源運用效益」、「附加價值」、「長期競爭力」。AVM 試圖在見樹與見林之間取得一致性與平衡性；打個比方，在教我們學會如何精準丈量一棵樹之後，吳教授又立刻督促大家爬上樹梢，在高處望見整片森林。

見林、見樹之餘，讀者肯定要問，這方法真的有效嗎？書中所舉四家企業的實例便是很好的佐證。容我畫蛇添足，分享吳教授義務為明門導入的管理系統，經多年實務運作後之具體成效。藉此向熱忱、無私、親臨企業火線的吳教授致上真摯的謝意。導入 AVM 後我們獲益良多：

1. 以客觀的數據為基礎，有利於形成共識與溝通

凡事皆以客觀數據來陳述及分析，可以排除主觀偏見，增進透明化，有利於溝通與形成共識。這對落實績效管理特別有用，減少推諉和爭議。

2. 展現部門活動間的因果關係，形成系統思考，消除部門主義

呈現作業活動之間的因果關係及互動性，讓同仁們有「大家同在一條船」的認知，剷除部門藩籬，打破侷限思考。

3. 早期發現問題，長期追蹤趨勢，協助知識管理

對個別異常能提出警訊，提醒第一線管理者即時因應。另一方面幫助觀察長期趨勢的變化，發現系統性的問題，避免溫水煮青蛙。再者，所取得之豐富資訊可藉由知識管理系統來進行經驗傳承和團隊學習。

4. 釋放管理者的精力，專注高層次決策

於上述各項獲得穩定進步後，自然而然高階管理者不必為打火而疲於奔命，減少耗費在溝通及取得共識的心力，因此能夠集中精神處理重大、長程議題的思考和決策，有效提升高階層的能力和價值。

吳教授的著作幫助個人和組織變聰明（Working Smart），提供衡量努力工作（Working Hard）的有效工具，既見林，又見樹，實務上能收實效，是很值得推薦的著作。

讓所有成本皆有所本

勤誠興業股份有限公司董事長　陳美琪

「人生以工作服務為樂趣，我要一輩子為 AVM 奮戰，活到九十歲，就要做到九十歲，要奮戰到人生的最後一刻！」

說這段話的人正是吳安妮教授。2018 年 10 月 15 日我邀請她擔任勤誠年度策略周的演講嘉賓，連園區裡的企業友人也紛紛慕名而來，聽眾超過兩百人，座無虛席。只見吳教授行儀優雅從容，言談卻是直爽、熱切、極富感染力，即使她的人生上半場是從艱苦和磨難中行來，但卻彷若從不知疲累和挫折為何物，一心一意就為著實現利他志業——培育後繼、產業升級、打造臺灣成為世界級的「管理會計島」，奮戰不懈的精神完全震懾了全場，也就是在那個當下，我決心要把吳教授一手催生的「作業價值管理 AVM」在勤誠推行落地，徹底改善企業成本體質，要賺管理財。

事實上，兩年前我便透過引薦，得知吳教授是管理會計的翹楚，也曾帶著團隊前往政大取經，對 AVM 的架構、運作和預期成效雖大感折服，但礙於當時勤誠自身營運管理流程上仍有諸多滯礙，所以未能與之

合作，而改以先導入 TPS 精實管理，進行流程合理化的改善工程，但在不斷檢視流程和設法改善的過程中，吳教授當初所提點的管理痛點也跟著逐一浮現，因而陷入管理無憑，決策無據之苦！

隱藏成本抓不出來，等同產品開發和客戶服務的真實成本和利潤無從釐清，客戶經營多年，到底是賺是賠，大哉問；經費投入研發，模具也一個接著一個開，卻從未能掌握真正效益；人員編制和調度耗費傷神，但價值如何評量，績效獎勵怎麼給……我想這是許多企業共同面臨的管理難題，一直以來也多是靠著財務或管理人員用加減乘除去拼湊出一堆數字，不但缺乏依據，還有倒果為因之虞，久而久之便失真、納垢，形成決策風險，於經營甚為不利。

吳教授花三十三年從事學術研究、二十九年參與臺灣產業的實務運用，鑄造出 AVM 這把利劍，它直指企業痛處，對症下藥，透過四大模組將時間、品質、產能、附加價值、收入、成本及利潤加以整合一體，產生原因與結果之因果關係整合資訊，好比是儀表板的作用，讓不同管理階層可以一目了然的得到正確、即時的決策資訊，大幅提升了企業的決策精準度，及其後所帶入的利益。如同吳教授一再強調，要懂管理，得先學本事，怎麼樣的本事呢？就是要有資料的數據，還要有因也有果，換言之，就是這套「作業價值管理 AVM」的智慧，管理創新的利器。

拜讀了吳教授的新作《企業策略的終極答案》，對 AVM 的「知」有更深一層的了解，尤其是四大模組的定義、原則、導入作法，書中有著深入淺出的詳述；「行」的層面，則是在本書的後半部直接給了四家企業導入 AVM 的實例，從企業背景、遇上的管理困境，到實施 AVM 的步驟和內容，以及影響與效益，記載詳實，佐以充分的數據揭露，我相

信能夠給正在導入的企業很實用的借鏡，也讓學習者藉此更加理解切入，而這也是吳教授為人著想的用心，她雖未曾任職於企業界，但長年與企業接軌，有相當豐富的企業輔導經驗，透過真實經驗的呈現，讓人升起很大的信心。

　　面對毛利不斷緊縮、大數據追著跑的市場環境，銷售要看市場，但成本操之在己，因此如何回歸自身徹底掌握人、機、產品、客戶、通路的成本數字，徹底杜絕浪費，並讓所有成本皆有所本，是攸關企業基業的重要課題。吳教授畢生精髓皆載於本書，句句是智慧積累，誠摯推薦給所有希望透過管理績效達成使命、願景的企業管理者，以及可望在管理會計上精進提升的讀者們，細嚼思量，必有受用。

會計，「當」而已矣

信義房屋董事長 周俊吉

　　承蒙政治大學商學院吳安妮教授錯愛，邀請筆者為其畢生研究精華的《企業策略的終極答案》一書撰寫推薦序，筆者所服務的公司也即將投入ΛVM實證，希望日後可以具體擴散吳教授的研究效益，讓更多臺灣中小企業都能一窺管理成本之堂奧，真正掌握成本與獲利的管理精髓。

　　誠如吳教授書中所言，臺灣企業一般最常遭遇的經營困境包括：一、成本迷思——分不清楚且不知如何取捨長期或短期成本、誤以為大客戶就是好客戶、看不清楚隱藏成本；二、經營決策困惑——產品創新研發困惑、大客戶訂價困惑、長期虧本困惑、轉型升級與接班困惑；還有三、結果與原因資訊分離的問題。

　　筆者所服務的公司也不例外，如何撥開這層艱澀專業且習以為常的迷霧，直探「成本」、「管理」與「價值」的本質？吳教授帶領著我們拆解傳統財務會計的分析觀點，從「作業」角度重新建構企業的一舉一動。「作業價值管理AVM」不僅可以打破組織部門間的藩籬，通盤檢視既有的營運模式，整合具因果關聯的相關資訊，將有限資源投注在最需

要的單位，同時移除不必要的浪費與支出，更對於企業存續最重要的長、短期利潤與價值具有絕大助益。

行文至此，筆者必須坦言不諱，由於所學與會計相差甚遠，一時難以充分理解書中之微言大義，卻對於吳教授亟欲提升臺灣企業長期競爭力之心深感敬佩，超過卅載的學術鑽研與實務運用，在在都需要永保熱忱與奉獻的胸襟才能堅持下去，不禁讓筆者憶起兩千多年前，孔老夫子的一句話：「會計，『當』而已矣」。

孔夫子曾自述：「吾少也賤，故多能鄙事」，二十歲不到的孔子曾在魯國貴族處任事，先後做過文書處理、管理帳目與牛羊畜牧的小吏，孔子日後談及這段歲月有感：「會計，『當』而已矣」，「牛羊茁壯，『長』而已矣」。

這個「當」可以有兩重意義，第一重是「允當」，意思是確保帳目正確適當，是一個會計人最基本的要求；第二重是「當責」，充分揭露財會訊息，把事情做好、做對，並為最終結果負完全責任，則是一個會計人的核心價值。前者是對自己許下承諾、對自己負責，善盡本分完成會計工作；後者則是對同事、股東、客戶，乃至於整體社會許下承諾，對相關利害關係人負責，讓社會因為有你而更和諧成長、欣欣向榮。

吳教授的一言一行、乃至於窮其一生投入 AVM 研究與實證，充分演繹出一個會計人的「當責」精神，兢兢業業展現出的「當責」面貌，進而發揮推動整體產業前進的「當責」效益。有感於此，誠摯推薦本書給希望「企業永遠在」的經營者，細細體會吳教授的真心誠意與 AVM 的實際效果。

自序

　　長期以來，臺灣企業以「代工」為主，利潤一直都不高，如何有效地管理成本，成為企業非常重要的課題。臺灣企業常以「成本管控」自豪，但其實經常錯砍成本、錯置資源，在不知不覺之中，削弱「長期競爭力」。

　　「成本」是世界上任何組織、任何企業每天都得面對的課題，企業只要運轉，就會發生成本，而且運轉越久，所產生的「隱藏成本」就會越高，因為組織層級越多，內部溝通及開會等無法計算之「隱藏成本」自然居高不下，若欲提升企業之競爭力，改變現況實為無可避免的課題。企業明知變革、轉型或升級是必然的趨勢，但總認為會付出高昂的代價而猶豫不決，因為組織老化、經營績效不佳，哪有多餘的錢用來轉型及升級呢？所能想到最簡單的解方就是「節省成本」，度過難關。

　　臺灣許多產業都曾經擁有黃金十年甚或二、三十年，但高峰過後，只剩下回憶當年勇和幾近零的微薄利潤。筆者在海峽兩岸深入研究台商發展的經驗，發現二、三十年前，基於低廉的勞工成本，台商紛紛到大陸設廠，確實賺取了豐厚利潤，但有些企業缺乏「居安思危」之憂患意識，將賺來的錢用到沒有創造「高附加價值」之事情；有些企業卻預知大陸的工資勢必會上漲，很早就開始思考「轉型及升級」之路，積極地

投入研發及自動化設備，且進行企業「管理制度」的升級，強化公司的體質、提升競爭力，雖然「短期成本」會增加，卻為長期之「競爭力」奠立穩固的基石。

不少企業自認為是「控制成本」的高手，但其背後大都存在著「成本的迷思」。一般而言，企業存在著三大成本迷思，茲說明如下：

1. **分不清楚且不知如何取捨長期或短期成本**：什麼樣的「成本管理」才是健康的呢？筆者看到有些企業察覺「利潤」開始下滑，若不做任何改變或轉型升級，利潤勢必會滑落得更加地嚴重，因而積極聘請「策略創新人才」或擴大「創新研發」及發展「新的營運模式」，以達到轉型升級之目的，如此「短期成本」必然上升，但因轉型成功，提升了長期經營績效，「長期成本」勢必下降，成果豐碩，此即健康的「成本管理」。反之，有些企業因擔憂短期利潤下滑，採取快速降低「短期成本」來因應，雖然穩住短期之利潤，卻損害了長期生存的「競爭優勢」，反使得長期成本上升，非常不值得。

2. **誤以為大客戶就是好客戶**：臺灣的企業大都以「代工」為主，常認為「大客戶」就是好客戶，事實上並非如此。因為大客戶的要求通常很多，為了爭取大客戶之大訂單，公司必須付出極大的代價來服務這些大客戶，例如：客製化的生產流程及服務、代為儲存產品、運送產品、處理各種大大小小的「客製化」服務，且每年的價格必須調降 3 ％～ 5 ％，否則大客戶就會以轉單為由要脅。若光看財務報表，往往顯示：這些大客戶占收入的比例相當高，毛利也不錯，是毛利的主要來源，但仔細探究，就會發現

「財務會計」的成本分攤並未考慮「客製化服務」等額外成本的發生，因而未能發現大客戶或大訂單之問題。若採用「管理會計」觀點，加入所有「客製化服務」的成本後，很可能發現這些大客戶反而是造成公司「長期虧本」的主因，長此以往，臺灣的「電子業」才會淪落到利潤率保一保二之地步。

3. **看不清楚隱藏成本**：企業經營隨時都存在著「隱藏成本」，茲以「存貨」為例，就「財務報表」而言，期末存貨是銷貨成本的「減項」、利潤的「加項」，會使公司財報淨利增加，是一件好事。但就「管理會計」之思維而言，積壓存貨會帶來難以估算的隱藏成本，例如：存放存貨而產生的「場地成本」，為積壓存貨而投入的「資金成本」以及管理存貨而產生的「管理成本」，一旦存貨過期還會有「報廢成本」等，仔細計算就會明白這些「隱藏成本」高得驚人。企業若是忽略了這些隱藏成本，最後必定高估利潤，成為無法提升企業長期利潤的原因之一。

除了成本迷思之外，經過長期之研究及觀察，筆者發現：臺灣企業，尤其中小企業通常都有下列四種基本「經營決策」之困惑：

1. **產品創新研發困惑**：企業都知道產品創新研發很重要，但因為過去之經驗顯示：從事創新研發未必會締造良好績效，因而不敢投入「成本」再從事產品之創新研發。但管理者為此經常感到困惑，是否該繼續從事「產品創新研發」呢？若要的話，如何才能做出對的「產品創新研發」之決策呢？

2. **大客戶訂價困惑**：每次爭取到的「大客戶」，雖然收入增加，毛

利率也不錯，可是總感覺到「利潤並不高」？管理者常困惑到底大客戶所帶來的利潤為多少呢？公司要如何與大客戶溝通且訂出合理的價格呢？

3. **長期虧本困惑**：公司全體上下都非常地努力工作，且常「開會檢討」，但為何無法解決公司「利潤一直下滑」之問題呢？而且為何會把過去幾十年賺的錢都漸漸地虧損掉了呢？在此情況下，企業主常感到困惑是否要再經營下去呢？若要繼續經營，有何方法可以協助公司不再虧損下去呢？

4. **轉型升級及接班困惑**：臺灣超過四十年以上的企業相當多，企業深切地了解需要快速地「轉型升級及接班」，但不知道要靠什麼方式才能順利且穩定地「轉型升級及接班」呢？

對於以上四點「經營決策」之困惑，究竟什麼才是主因？根據筆者長期研究發現：一般來說，經營管理首重「經營管理資訊」之提供，欠缺對的管理決策資訊，便難解除「經營決策」之困惑。長期以來，企業之經營管理資訊包括「結果資訊」及「原因資訊」兩大種類。經營之「結果資訊」，例如：收入、成本及利潤等，係來自於會計之「財務報表」，而經營之「原因資訊」則來自於「價值鏈管理」之各項制度，例如：ISO9000產生品質資訊，而製造執行系統（Manufacturing Execution System, MES）產生時間及產能資訊等經營的「原因資訊」。由於經營之「結果資訊」的細胞為會計之「科目」，而經營之「原因資訊」的細胞為管理之「作業」，兩者並不一致，因而兩種資訊是分開的，無法整合一體，以至於無法提供企業「管理決策」所需之「整合資訊」，如圖A所示。

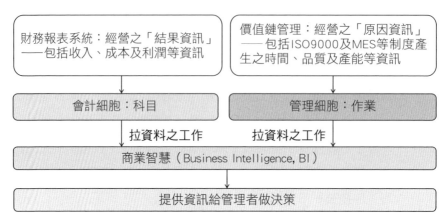

圖A　經營之原因與結果資訊分開圖

　　由圖A中可清楚地了解，在經營之「原因」及「結果」資訊分開的情況下，只得靠個別「財務報表系統」或「價值鏈管理」之資料，透過商業智慧（BI）拉資料之工作，進而提供資訊給管理者做決策，由於原因與結果資訊分離，故甚難符合各種「管理決策」之所需。

　　要如何解決「成本迷思」、「經營決策困惑」及經營之「結果與原因資訊」分離的問題呢？最好的解方就是作業價值管理（Activity Value Management, AVM）。因為AVM係以管理的細胞「作業」為根基，且將隱藏成本、資金成本及風險成本納入AVM系統中，能夠精確地計算出「作業」每一環節之成本，因而可以精確地計算出產品、顧客、通路、甚至員工之成本及利潤資訊，俾供「管理決策」之用。又AVM因以「作業」為細胞，故可將收入、成本及利潤等「結果」資訊，與時間、品質及產能等「原因」資訊結合一體，產生「因果關係」整合之資訊，作為企業各管理階層從事各種管理決策之參考依據，進而提升企業長期的「經營績效」。

本書為筆者從事三十餘年學術研究與臺灣產業實務運用，所研發的本土管理會計新制度——作業價值管理（AVM）。書中採「知行合一」方式讓讀者認識AVM的相關觀念及原則，此屬於「知」的層面，進而提供AVM實務設計前的評估與診斷及發展階段，並舉出臺灣四家個案公司採用AVM具體施行過程及效益，此屬於「行」的層面。又本書在附錄中提供「AVM常用詞彙」與「AVM推廣情況」。希望藉由「知行合一」的說明，讓讀者學習到AVM的「理論知識及實務運用」能力。本書含括十二章節及兩個附錄，第一章主要說明AVM的精髓及創新；第二章詳述AVM「資源模組」之觀念及原則；第三章解說AVM「作業中心模組」之觀念及原則；第四章闡明AVM「作業模組」之觀念及原則；第五章旨在說明AVM「價值標的模組」之觀念及原則；第六章細說AVM的相關智財權，以上六章皆屬於「知」的層面。第七章主要探討AVM設計前的診斷及規劃；第八章為食品業實施AVM案例：日正食品；第九章為通路業實施AVM案例：普祺樂實業；第十章為過濾設備業實施AVM案例：旭然國際；第十一章為貿易業實施AVM案例：勇昌貿易，這五章屬於「行」的層面，希望讀者藉由實際案例得以了解個案公司實施AVM之精髓內容及效益，第十二章則為結論；附錄一是作業價值管理常見詞彙——AVM字典，附錄二為筆者負責之政大商學院「整合性策略價值管理（iSVMS）」研究中心對AVM之推廣情況。

　　本書付梓之際，筆者藉此機會表達十二萬分的謝意。首先，感謝元策顧問公司的相關人員，包括：陳麗淑前總經理、簡碧泉總經理、周玉玲顧問及林言修前顧問等鼎力相助；感謝華致資訊公司王金秋總經理、趙維中顧問等願意花費長達七年之時間，陪伴筆者奮戰，其中耗費五年開發及兩年測試AVM之IT雲端系統；感謝威納科技公司莊澤群執行長

投入AVM相關IT商品──A$^+$（APP）及顧客價值管理（Customer Value Management, CVM）兩種產品之IT開發；同時，感謝新漢股份有限公司及華致資訊公司投入「生產力即時決策系統」之IT開發。在此，要特別感謝本書的四家個案公司包括：日正食品工業股份有限公司劉燕飛總經理及李采慧副總經理、普祺樂實業有限公司張深閔總經理、旭然國際股份有限公司吳玲美董事長及何兆全執行長、勇昌貿易有限公司楊雅忠董事長對本書竭力相助。又非常感謝輔仁大學郭翠菱老師及政治大學黃政仁老師之校閱，以及iSVMS研究中心劉景良副執行長及全體人員為本書蒐集相關資料、再三審複校對，以及臉譜出版社的編輯群們與所有對本書付出心力的貴人。

最後，誠摯感激外子石明湖長期無怨無悔地支持及付出，以及創價學會共戰夥伴們的真心守護及鼓勵。值此競爭激烈的嚴峻局勢，謹以本書獻給學術界及實務界的好朋友們，衷心期盼各位能將書中所闡述的「作業價值管理」新思維落實在教學及企業實務運用之中，希望能提升臺灣企業的「長期經營績效」及「國際競爭力」，讓我們齊心為臺灣的經濟繁榮及人民幸福，異體同心地努力奮戰下去！

第1章　AVM 的精髓及創新── 知的層面

一、前言

　　放眼全球，小至臺灣、大至全世界都陷入大環境不佳之困境，全球景氣持續低迷，臺灣長期競爭力下滑，企業經營得相當艱辛，如何有效地提升企業的長期經營績效及競爭力，實為當前最重要的課題之一。

　　筆者於美國喬治華盛頓大學攻讀會計博士期間，從 1986 年開始研究由哈佛大學羅伯‧柯普朗（Robet S. Kaplan）及羅賓‧庫柏（Robin Cooper）兩位教授所發展的作業基礎成本管理（Activity-based Cost Management, ABCM）。ABCM 制度是以「作業」為細胞，主要目的在協助企業解決「成本計算」及「成本管理」之問題。筆者經過三十多年的長期學術研究與臺灣產業實務運用經驗，發現「成本管理」應該與不同的「管理制度」相互緊密地結合一體，才易發揮最大的價值及效益，因而持續地創新研發，進而發展出架構完備的本土化整合性制度，被命

名為「作業價值管理」（Activity Value Management, AVM），現已取得臺灣及大陸之「商標權」及臺灣的「發明專利」。AVM雖與ABCM一樣，係以「作業」為細胞，不僅可精確地計算出作業細胞每一環節的成本，讓所有「作業流程」都數據化外，AVM最大之特點為可與品質、產能、附加價值及顧客服務等以「作業」為細胞的管理制度結合一體，打破組織部門之間的藩籬，協助企業短期的「成本及利潤管理」，同時也可協助長期的「價值管理」。AVM與ABCM最大不同點為ABCM主要從事「成本管理」，而AVM主要從事「價值管理」，不僅協助企業提升短期之「利潤」外，且可提升長期之「價值」。

二、AVM 之架構及精髓

企業的管理細胞──「作業」如同房子的地基，地基不穩，房子終會傾倒。因此，為企業建立穩固的基礎工程至為重要。AVM可以計算出價值標的，例如：產品、顧客甚至員工的成本及利潤資訊，不僅提供管理階層重要的管理決策資訊，且可洞察企業經營的「問題」及「瓶頸」，協助企業奠定未來二十～三十年的穩固基礎，提升企業的長期經營績效及價值。

AVM包括四大模組，其中模組一：資源模組，為將「資源」歸屬至「作業中心」；模組二：作業中心模組，為形成作業中心之「作業大項或中項」，俾解決「正常產能」或「標準成本」之課題；模組三：作業模組，係將作業大項或中項拆成「作業細項」，俾解決「實際產能」或「實際成本」之課題；又模組四：價值標的模組，為將作業細項之「實際成本」歸屬至「價值標的」。有關AVM之四大模組架構圖，如圖

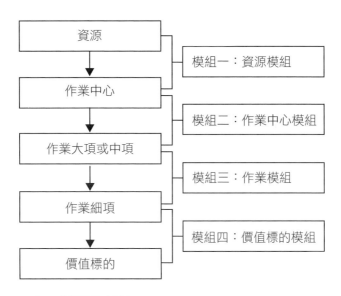

圖1-1 AVM之四大模組架構圖

1-1所示。

AVM四大模組的精髓,如圖1-2所示。

由圖1-2中可知,AVM各模組皆有解決實務界不同問題之功能及角色,例如:模組一「資源模組」可以解決企業各部門可控制與不可控制之資源使用爭論問題,又資源模組主要透過「資源動因」將資源歸屬至使用的「作業中心」或「價值標的」之中;模組二「作業中心模組」能清楚地了解作業中心之作業執行者:「人」或「機器」相關作業之可運用的正常產能情況,俾解決「標準成本」之計算問題,作業中心模組主要透過「作業中心動因」,將作業中心之資源(成本)歸屬至作業執行者之「作業大項或中項」之中;模組三「作業模組」旨在了解作業執行者之作業的實際產能,俾解決實際成本之計算問題,同時與模組二之正

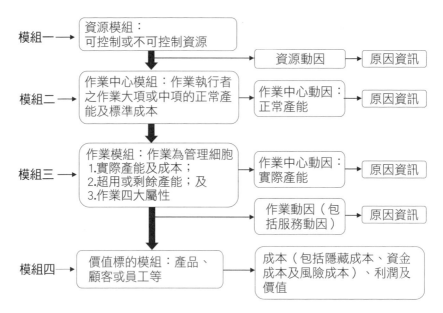

圖1-2　AVM 之四大模組精髓圖

常產能相比較後，即可了解產能有超用或剩餘之情況，又此模組最大的創新在於發展出作業之「四大屬性」包括：1.品質屬性、2.產能屬性、3.附加價值屬性及4.顧客服務屬性，俾與各項管理制度相互整合一體；模組四為「價值標的模組」，而非「成本標的」模組，因為AVM主要目的在從事「價值管理」之工作，而非僅「成本管理」而已。價值標的模組主要透過「作業動因」（包括服務動因），將作業成本歸屬至「價值標的」之中，又價值標的之成本包括了經常被忽略之三項重要成本：1.隱藏成本、2.資金成本及3.風險成本等項目。

　　如前所述，筆者於1986年開始研究ABCM，然後發展出本土的AVM制度，有關ABCM與AVM之差異內容，如1-3圖所示。

　　我們由圖1-3中已可清楚地看出AVM是由ABCM延伸出來的，唯

ABCM與AVM已有很大差異。ABCM重視短期之「成本資訊」，而AVM重視短期之原因及結果資訊，同時重視長期之「價值資訊」。

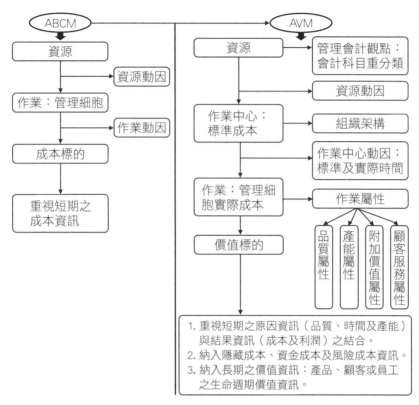

圖1-3　ABCM與AVM之差異圖

三、AVM 之理論創新

筆者所發展的AVM制度，主要有七項理論創新之處，如圖1-4所示。

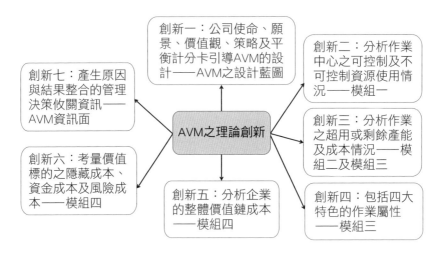

圖1-4　AVM的七項理論創新圖

（一）AVM之創新一：公司使命、願景、價值觀、策略及平衡計分卡引導AVM的設計—— AVM之設計藍圖

筆者深深地覺得AVM若要獲得最大效益，首先必須從公司的使命、願景、價值觀、策略及平衡計分卡觀點出發，形成「策略性管理議題」後再進行AVM之設計工作。換言之，在AVM的設計藍圖中，設定公司的使命等為首要任務，如圖1-5所示。又在此擬特別強調：AVM產生的原因及結果整合之資訊，可以協助管理者評估現有的策略或平衡計分卡之內容是否需要修正，俾為未來改進之參考依據。

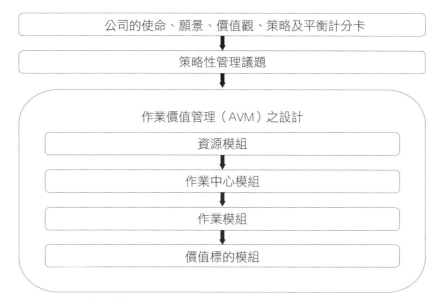

```
┌─────────────────────────────────────────────┐
│      公司的使命、願景、價值觀、策略及平衡計分卡      │
└─────────────────────────────────────────────┘
                      ↓
┌─────────────────────────────────────────────┐
│                策略性管理議題                  │
└─────────────────────────────────────────────┘
                      ↓
╭─────────────────────────────────────────────╮
│           作業價值管理（AVM）之設計            │
│  ┌───────────────────────────────────────┐  │
│  │               資源模組                 │  │
│  └───────────────────────────────────────┘  │
│                    ↓                        │
│  ┌───────────────────────────────────────┐  │
│  │             作業中心模組               │  │
│  └───────────────────────────────────────┘  │
│                    ↓                        │
│  ┌───────────────────────────────────────┐  │
│  │               作業模組                 │  │
│  └───────────────────────────────────────┘  │
│                    ↓                        │
│  ┌───────────────────────────────────────┐  │
│  │             價值標的模組               │  │
│  └───────────────────────────────────────┘  │
╰─────────────────────────────────────────────╯
```

圖1-5　AVM之設計藍圖

出處：修改自吳安妮，2011 年 11 月，〈以一貫之的管理：整合性策略價值管理系統（ISVMS）〉，《會計研究月刊》第 312 期，第 106-120 頁。

（二）AVM之創新二：分析作業中心之可控制及不可控制 資源使用情況──模組一

AVM的「資源模組」之目的，在使管理者不僅了解作業中心所使用的「資源」情況，還能進一步分析該作業中心的「可控制及不可控制」的資源使用情況。

作業中心的可控制資源係作業中心可以自行控制、分配及管理之資源，茲分為三大項：1.作業中心自用資源：此部分係透過資源動因歸屬而來之資源、2.價值標的使用資源：此部分為作業中心內之價值標的使用之資源，與3.內部服務之成本：為內部交易或受協助之作業成本；又不可控制資源分為兩項：1.管理作業中心分攤而來之資源與2.支援作業

中心分攤而來之資源等，此兩項屬透過「分攤機制」而來之費用，有關作業中心之可控制與不可控制資源，如圖1-6所示。

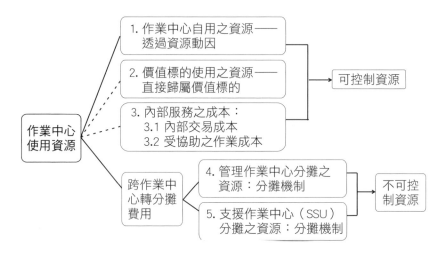

圖1-6　作業中心之可控制與不可控制資源分析圖

（三）AVM之創新三：分析作業之超用或剩餘產能及成本情況──模組二及模組三

為解決「標準」及「實際」產能管理的問題，筆者創新地發展出AVM的模組二「作業中心模組」，主要了解作業執行者：人或機器之執行作業的大項或中項的正常（標準）產能，透過作業中心動因：正常產能，即可產生標準成本；又模組三「作業模組」主要了解作業細項的實際產能及實際成本。模組二之作業大項或中項的正常產能及成本，與模組三之實際產能及成本相互比較後，即可了解各項作業之超用或剩餘產能及成本情況，俾為「產能成本管理」之依據，如圖1-7所示。

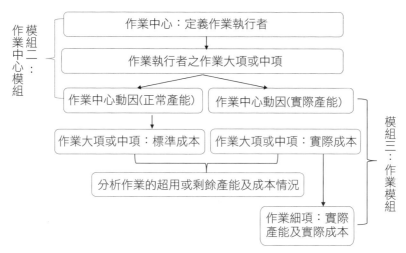

圖1-7　分析作業超用或剩餘產能及成本情況圖

（四）AVM之創新四：包括四大特色的作業屬性 ——模組三

　　如前所述，實施AVM制度過程中，筆者透過「作業」此細胞發展出四大特色的作業屬性，包括品質、產能、附加價值及顧客服務等屬性及分析其發生之「原因別」，藉由這些作業屬性得以了解不同作業的成本與時間、品質及產能等關係，並將這些管理資訊整合成一體，從事整合性的管理，解決成本、時間、品質及產能等資訊相互分離或衝突之問題，如圖1-8所示。

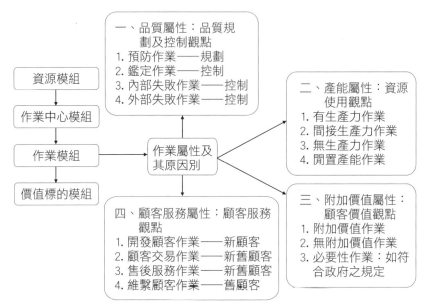

圖1-8　AVM之作業屬性圖

出處：吳安妮，2011年11月，〈以一貫之的管理：整合性策略價值管理系統（ISVMS）〉，《會計研究月刊》，第312期，第106-120頁。

由圖1-8可知，品質屬性係「品質規劃及控制觀點」，產能屬性為「資源使用觀點」，附加價值屬性是「顧客價值觀點」，又顧客服務屬性是「顧客服務觀點」，將成本與這些管理觀點結合一體，極易達到「整合管理」之功效。

（五）AVM之創新五：分析企業的整體價值鏈成本 ——模組四

由於不同領域學科對「成本」之定義都不一樣，為解決「成本」定義之差異，因而筆者在AVM制度中明確地將成本區分為「產品成

本」、「顧客服務成本」、「顧客成本」及「整體價值鏈成本」。AVM除
了可快速地計算出「產品成本」外，筆者創新地運用「服務動因」，計
算出「顧客服務成本」，又將「產品成本」及「顧客服務成本」加總後
即為「顧客成本」，又將顧客成本與其他分攤成本加總後，即為「整體
價值鏈成本」，如圖1-9所示。

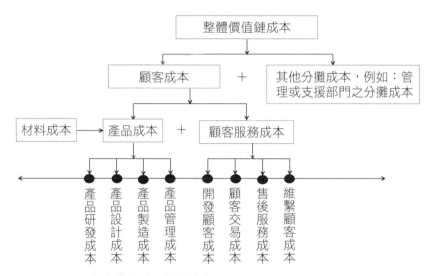

圖1-9　AVM分析企業整體價值鏈成本圖

　　由圖1-9可知，「產品成本」為從產品研發、設計、製造到管理等
與產品有關之成本。又「顧客服務成本」則包括開發顧客、顧客交易、
售後服務及維繫顧客等之成本。假設顧客同時購買產品及服務時，將
「產品成本」加上「顧客服務成本」即為「顧客成本」，最後將「顧客
成本」加上「其他分攤成本」即為公司「整體價值鏈成本」，俾供「訂
價」決策之用。

（六）AVM之創新六：考量價值標的之隱藏成本、資金成本及風險成本——模組四

　　傳統成本制度主要以「會計科目」找出分攤因子，例如：生產量、機器小時或人工小時等加以分攤成本，以計算出產品及顧客之成本資訊，然此種成本的計算方式未能充分考慮不同產品及顧客之相關作業複雜度，也未含括產品及顧客相關之「隱藏成本」、「資金成本」及「風險成本」，所以無法產生產品及顧客之真實成本、利潤、甚至價值資訊。AVM則是透過管理之細胞——「作業」，累積及歸屬各項產品及顧客的成本，從中不僅考量及分析「作業複雜度」之情況，同時納入「價值標的」之相關隱藏成本、資金成本及風險成本，例如：有關每一位顧客之隱藏成本、資金成本及風險成本的計算情況，其中「資金成本」及「風險成本」需要透過「數學模式」之估計方式加以設算；而「隱藏成本」可透過AVM之「作業模組」明確地設計顧客之相關作業，即可解決顧客之「隱藏成本」的計算課題，例如：顧客之「客製化服務作業」的成本，應該歸屬於使用「客製化服務」之顧客手中，如前所述，因為大客戶常需要公司從事大大小小不同的客製化服務，只要了解大客戶之「客製化作業」的成本情況，即易解決大客戶是好客戶之「成本迷思」。總之，AVM能夠解決傳統成本制度之資訊不正確的問題，圖1-10列示傳統成本制度與AVM之差異情況。

（七）AVM之創新七：產生原因與結果整合的管理決策攸關資訊—— AVM資訊面

　　如前所述，企業經營的「原因」資訊，包括時間、品質及產能等資

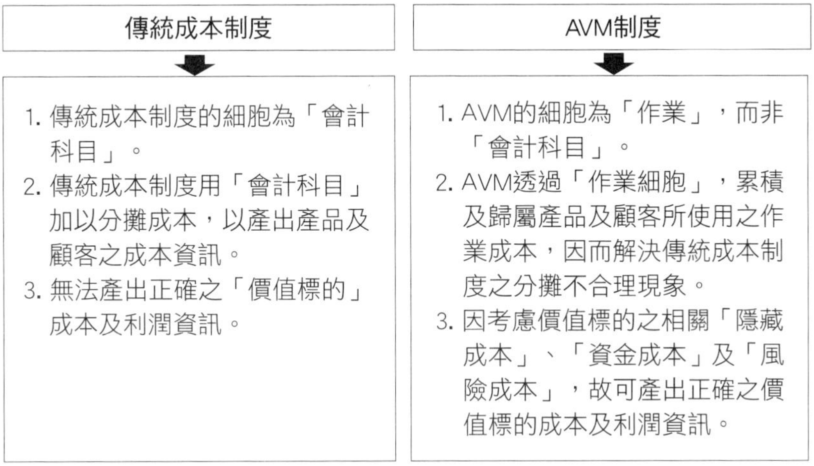

傳統成本制度	AVM制度
1. 傳統成本制度的細胞為「會計科目」。 2. 傳統成本制度用「會計科目」加以分攤成本，以產出產品及顧客之成本資訊。 3. 無法產出正確之「價值標的」成本及利潤資訊。	1. AVM的細胞為「作業」，而非「會計科目」。 2. AVM透過「作業細胞」，累積及歸屬產品及顧客所使用之作業成本，因而解決傳統成本制度之分攤不合理現象。 3. 因考慮價值標的之相關「隱藏成本」、「資金成本」及「風險成本」，故可產出正確之價值標的成本及利潤資訊。

圖1-10　傳統成本制度與AVM制度的差異分析圖

訊，都來自於不同的管理制度，例如：品質資訊來自於「品質管理制度」，而經營管理的收入、成本及利潤等「結果」資訊，係來自於「財務報表」。此兩種資訊的細胞不同，財務報表的細胞為「科目」，而「原因資訊」的細胞為「作業」，因而一直以來兩者都是分離的，當管理者要從事決策時，無法把經營之「原因」與「結果」資訊整合一起看，自然不易做出正確的「管理決策」。

　　而AVM係以管理細胞——作業當為媒介，筆者創新地發展出AVM制度，將經營管理的「原因資訊」及「結果資訊」整合成一體，可以正確地計算出產品、顧客、通路及員工等「價值標的」的短期「成本及利潤」資訊，甚至長期的「價值」資訊，透過商業智慧（BI），提供給不同管理者從事不同管理決策時所需的攸關資訊，如圖1-11所示。

財務報表系統：「結果資訊」——包括收入、成本及利潤等資訊

價值鏈管理：「原因資訊」——包括SOP、ERP、ISO9000、BPR及MES等制度產生之時間、品質及產能等資訊

管理細胞：作業

AVM（將時間、品質、產能、附加價值、收入、成本及利潤加以整合一體）產生原因與結果結合之因果關係整合資訊

商業智慧（Business Intelligence, BI）

提供各單位主管需要的管理決策攸關資訊

圖1-11　AVM ──經營之「原因」與「結果」結合的因果關係之管理決策攸關資訊圖

　　如前所述，AVM為整合經營之「原因」與「結果」資訊之創新制度，AVM的「原因」資訊係來自於以「作業」為細胞的各種不同管理制度，包括標準作業流程（Standard Operating Procedure, SOP）、企業資源規劃（Enterprise Resource Planning, ERP）、企業流程再造（Business Process Re-engineering, BPR）及製造執行系統（MES）等約十項重要管理制度，筆者稱這些制度為AVM的「基礎工程」，如圖1-12所示。

　　由圖1-12可知除了ERP可提供AVM的「資源模組」及「作業模組」之資訊外，其他九項管理制度包括SOP、BPR、MES、TQM（Total Quality Management）、PDM（Product Design Management）、PM（Product Management）、CRM（Customer Relationship Management）、APP「A⁺」（此系統為筆者與威納科技公司一起開發，為蒐集銷售或外

勤人員的作業與時間資訊之用）及工業4.0等，都透過不同的方式提供經營之「原因」資訊給AVM的「作業模組」，從事「價值標的」之成本及利潤計算之用，進而為公司建構堅強的大數據分析及AI預測的基礎工程。

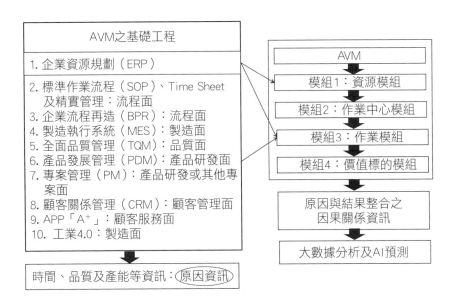

圖1-12　AVM的基礎工程及其與AVM之關係圖

四、AVM 對管理決策之影響

AVM主要目的在於提供不同管理階層正確、即時且攸關的管理決策資訊，俾提升企業的長期經營績效，如圖1-13所示。臺灣企業對於「收入」、「成本」、「利潤」、「時間」、「品質」及「產能」等資訊的整合有著極大的需求，企業若能將AVM所產生的資訊運用於各種不同的

管理決策之中，必能提升企業的決策品質及精準度，且強化企業的經營體質，進而提升企業管理決策之「軟實力」，且賺到「管理財」。

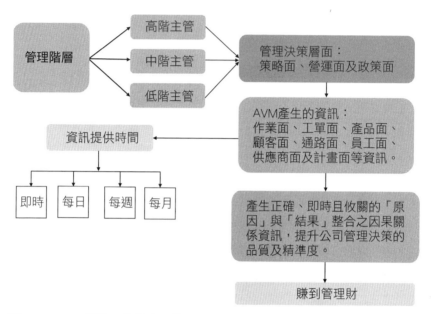

圖1-13　AVM對管理決策之影響圖

出處：吳安妮，2015 年 11 月，〈管理會計技術商品化：以 ABC 為核心之作業價值管理系統（AVMS）為例〉，《會計研究月刊》，第 359 期，第 23 頁。

筆者認為 AVM 可以提供策略面、營運面或政策面之「管理決策」所需之攸關資訊，如圖 1-14 所示。

由圖 1-14 可知，AVM 可以應用到二十種「管理決策」，共分為三大類別，包括：（一）策略面的 1.產品管理、2.工單管理、3.顧客管理、4.通路管理、5.員工管理、6.產品研發管理及 7.訂價管理等，主要在促進收入、利潤及價值之增加；（二）營運面的 1.資源管理、2.產能管理、3.品質管理、4.附加價值管理、5.顧客服務管理、6.再生工程管

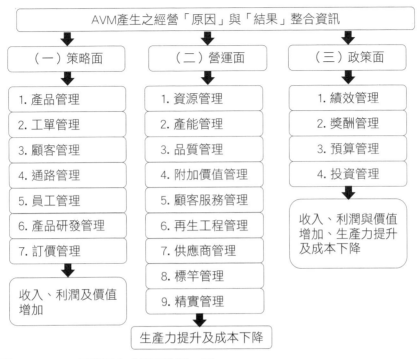

圖1-14　AVM可應用之「管理決策」圖

理、7.供應商管理、8.標竿管理及9.精實管理等，主要在促進生產力提升及成本下降；及（三）政策面的1.績效管理、2.獎酬管理、3.預算管理及4.投資管理等，主要在促進收入、利潤與價值增加和生產力提升及成本下降。又更具體且明確而言，AVM具有破除管理決策迷思之十大亮點，茲說明如表1-1所示。

　　由表1-1可知，AVM可破除傳統之「產品創新」、「大客戶是好客戶」、「整合性管理」、「轉型及接班」、「可控制或不可控制資源使用」、「投資管理」、「產能管理」、「作業效率管理」、「精實管理」、及「績效和獎酬管理」之十大管理迷思，進而形成了十大亮點。

表1-1　AVM破除管理迷思之十大亮點

編號	AVM破除管理迷思
1	AVM可以精確計算產品之整體價值鏈的成本及利潤，作為「產品研發決策」之依據，破除不敢從事「產品創新」之迷思。
2	AVM可以精確地計算每位客戶及整體價值鏈的成本及利潤，作為「客戶決策」之依據，破除「大客戶是好客戶」之迷思。
3	AVM可以與企業現有管理系統完全地相容，達到整合所有制度之目標，進而全面提升企業「整合性管理決策」能力，破除傳統「整合性管理」之迷思。
4	AVM可以讓使用者進入雲端上線使用，快速掌握經營之整體問題，俾為「整體經營管理」奠定良好基礎，破除「轉型及接班」之迷思。
5	AVM可以提供五種「作業中心」之可控制或不可控制之成本類型，作為各部門「資源分配決策」之依據，破除「可控制或不可控制資源使用」之迷思。
6	AVM可以精算出人員或機器的超用或剩餘產能，作為「投資決策」之依據，破除「投資決策」之迷思。
7	AVM可以提供人員和機器作業的正常與實際產能及成本之差異，作為各部門「產能成本管理」之依據，破除傳統「產能成本管理」之迷思。
8	AVM可以精算各項作業屬性之成本和占比，作為「品質管理」、「再生工程管理」及「供應商管理」，破除「作業效率管理」之迷思。
9	AVM以「作業」之時間及成本資訊來檢視公司的實際營運狀況，作為「精實管理決策」之依據，破除傳統「精實管理」之迷思。
10	AVM可以精算出各部門及員工之收入、成本及利潤資訊，作為「績效和獎酬決策」之依據，破除「績效和獎酬管理」之迷思。

五、AVM 之使命

AVM 源自於「臺灣本土」的理論及實務創新，主要使命有下列四項：

（一）提供「原因」及「結果」整合之因果關係資訊： AVM 可快速地提供透明化之因果關係整合之管理資訊，明確地找出企業經營管理問題發生之「原因」及其「解決之道」。

（二）提供整合性之體系： AVM 可串連所有部門之作業及價值鏈，且能與所有以「作業」為細胞之管理制度整合一體，提供「整合性之體系」，達到企業「全員參與」之目的。

（三）提供管理決策之攸關資訊： AVM 可提供各層級不同管理人員不同管理決策之攸關資訊，達到企業「全員動起來」之目的。

（四）達到硬體、軟體及管理之大整合： AVM 進行人文及科技之匯流，將硬體、軟體及管理加以整合　體，快速進入「大數據及 AI」之大時代，達到「全自動化管理」之境界，進而提升臺灣企業的「軟實力」且真正地賺到「管理財」。

參考文獻

1. 吳安妮，2011 年 11 月，〈以一貫之的管理：整合性策略價值管理系統（ISVMS）〉，《會計研究月刊》，第 312 期，第 106-120 頁。

2. 吳安妮，2015 年 10 月，〈管理會計技術商品化：以 ABC 為核心之作業價值管理系統（AVMS）為例〉，《會計研究月刊》，第 359 期，第 20-24 頁。

第2章 AVM「資源模組」之觀念及原則——知的層面

本章主要目的在說明「資源模組」之範疇、管理重點、要素、原則及相關管理報表，供讀者了解「資源模組」之精髓及重要觀念。

一、資源模組之範疇

資源模組主要在了解組織內不同部門或稱為「作業中心」耗用不同資源的情況，此模組之主要範疇，如圖2-1所示。

由圖2-1所示，資源模組範疇包括「財務會計」之費用，經過重分類後成為「管理會計」之費用後，資源（或指費用）會透過兩種情況歸屬至作業中心或作業中心之「價值標的」：1.透過「資源動因」將費用合理地歸屬給所耗用之作業中心，2.直接歸屬至作業中心或作業中心之「價值標的」，這些皆屬作業中心之可控制資源。又從管理或支援部門分攤而來之費用，則屬作業中心的不可控制之資源，筆者將「作業中心」使用資源情況區分為可控制或不可控制資源兩種，最後資源模組會依此產出相關之管理報表。

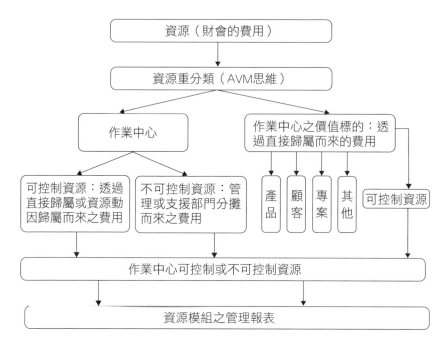

圖2-1 資源模組之範疇圖

二、資源模組之管理重點——作業中心可控制及不可控制「資源管理」

　　資源模組之主要目的，在了解作業中心耗用之可控制資源及不可控制資源之情況，如圖2-2所示。

　　由圖2-2可知，作業中心之「可控制資源」耗用情況，可當為作業中心之「績效評估」基準；又「可控制資源」加上「不可控制資源」則當為作業中心之「訂價」基準。

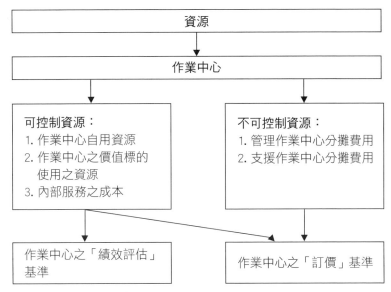

圖2-2　資源模組之管理重點圖

三、資源模組之要素

如前所述，資源模組之目的在了解「作業中心」使用資源之情況，因而此模組擁有七大要素，如表2-1所示。

表2-1　資源模組之七大要素表

（一）資源及資源重分類
（二）作業中心
（三）作業中心之價值標的
（四）資源動因
（五）作業中心之可控制資源
（六）作業中心之不可控制資源
（七）作業中心使用之五大資源

由表2-1可知，資源模組之七大要素，包括：

（一）資源及資源重分類： 組織使用之資源即為會計之「費用」，此費用主要來自於財務報表之「費用科目」。又資源重分類係將財務會計之「費用科目」重新分類，俾符合「管理會計」思維之費用。

（二）作業中心： 使用各項資源的部門或單位，在AVM制度中被視為「作業中心」。

（三）作業中心之價值標的： 在作業中心內直接耗用資源的「客體」，例如：作業中心所屬之產品或顧客等。

（四）資源動因： 驅動作業中心使用資源的「原因」或「因子」。

（五）作業中心之可控制資源： 作業中心可自行掌控及管理之資源。

（六）作業中心之不可控制資源： 作業中心無法掌控及管理之資源，但得負擔之費用，例如：總經理室此管理部門分攤給各作業中心之費用，此非為作業中心可掌控的資源或費用。

（七）作業中心使用之五大資源： 作業中心包括可控制及不可控制等五大使用資源項目的明確內容。

有關資源模組之七大要素，一一探討如下。

四、資源及資源重分類

資源模組的第一要素為「資源」，我們先從「認識資源」開始，且探討「資源入帳」時需注意的事項，之後再深入地說明「資源重分類」的重要觀念及其原則。

（一）認識資源——以財務會計為起點

　　資源為公司發生之所有費用，例如薪津、機器折舊、水費、印刷費用、廣告費用及稅捐等。資源最原始的形式是以財務會計的「科目」認列，財務會計係提供給外部投資者、債權人、分析師等所使用，財務會計之目的是讓外部使用者能在可靠性與比較性的基礎上進行投資分析與決策，因而「財務會計」之費用大部分都是以「整合方式」列示資源耗用之情況，其目的為「對外報告」之用。對內部的管理者而言，若會計科目中的費用僅以「整合」方式來凸顯「資源耗用」之情況，反而不易顯示資源使用背後之「管理訊息及意涵」。

　　為使「財務會計」能達到「內部管理」之使用目的，財務會計的資源入帳時需注意的事項如下所述：

1. 清楚的分類費用

　　財務會計人員首要任務是檢視資源是否正確分類，盡量減少被模糊分類的情形，例如將過多的費用分類為「其他費用」，此將使管理者在未來管控成本或費用時，無法真正了解成本發生的原因。

2. 正確的入帳時間

　　財務會計於費用入帳時存在著時間差異，例如：應支付現金卻尚未支付之應付款，這些科目若無法正確認列入帳，將影響當期收入所應配合的「當期費用」，進而影響「利潤資訊」的品質。在 AVM 的資源模組中，釐清資源被確實耗用的時間點至關重要，如果本期耗用資源未被計入，則會低估創造收入所需付出之成本代價；反之，如果不當計入非

本期耗用的資源，當期成本將會被高估，利潤則會被低估，以上這些現象都會大大地影響成本及利潤資訊之品質。

3. 記錄資源之使用者及使用原因

　　資源被耗用時，如果入帳資料的描述不齊全，管理者將難以全面了解這些費用的真實耗用情況，所以靠會計人員僅記錄會計科目、部門及金額是不夠的。各部門使用資源時應當說明使用資源的人及使用原因，亦即以簡單扼要的欄位記錄資源之「實際使用者」及其原因，如此方能使管理者明白「使用者」究竟使用了多少資源，以及為何要使用該等資源，此為使用資源之部門或人員應提供給會計人員之基本且重要資訊。

（二）資源重分類

　　如前所述，資源的原貌為財務會計的「費用」科目，然而在不明白資源為何、如何被耗用的情況下，會計人員能提供的僅有「對外允當表達」的財務報表，這對管理者所追求的資源耗用之攸關性、即時性及合理性仍顯不足，因而除了上述三點建議「財務會計」之費用科目入帳之應注意事項外，「資源重分類」之目的在於以「管理」之觀點，不僅讓資源使用者能述明資源如何被耗用，且能讓管理者深入地了解資源被耗用的情況及原因，進而對資源的來龍去脈一目了然，最後當為「資源管理決策」之參考依據。

1. 資源重分類之工作

　　資源重分類，包括兩項重要工作，如下所述：

(1) 資源解構

　　資源解構即為將會計費用科目拆解為相同「管理功能」之費用項目。在財務會計中，費用與各種不同的「資源使用客體」（以下簡稱：資源客體）有關，例如：人員、土地、房屋或機器等，各個資源客體所發揮的管理功能及角色往往不盡相同，就管理者而言，一項費用若涵蓋不同類型的「資源客體」，則甚難管理資源，因此得視「資源客體」之不同，而加以「解構資源」，如圖2-3所示。

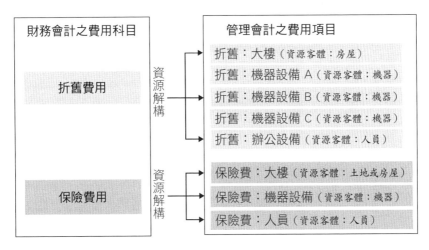

圖2-3　資源解構圖

　　由圖2-3可知，一般而言，財務會計都會將「折舊費用」列為一個總項，但此「折舊費用」之產生可能來自於不同的「資源客體」，差異很大，必須加以解構成管理會計之資源項目，例如：可根據折舊的「資源客體」加以區分，包含房屋、機器或人員等不同之「客體」，在此分類下，管理者可明確地了解大樓、機器設備或辦公設備之個別折舊費用

情況，還可將機器設備之折舊費用再加以細分為不同「機器設備」之不同折舊，如此管理者才易管理不同機器之產能及其相關成本。由圖2-3可知，當保險費亦如折舊費用加以拆解時，則管理者不僅可了解房屋、機器設備甚或人員等不同「資源客體」產生之相關保險費用情況，進而從事保險費用之「有效管理」。

(2) 資源合併

　　資源合併為將相似或具相同「資源客體」或「管理功能」之會計科目合併為同一項費用。一般而言，財務會計為遵循各國政府不同的規定，有時會將同一「資源客體」的費用做更詳細地揭露，供投資人與債權人參考，但是在「管理資源」時，有些琳瑯滿目的費用項目是由相同的「資源客體」所花費的，例如：與「人員」有關之費用，包含員工薪津、員工伙食津貼及員工加班費等實質上屬同一類型的費用，亦即，其「資源客體」是一樣的，因此應該以更簡單明瞭的方式加以「合併」，如圖2-4所示。

　　由圖2-4可知，財務報表上與員工有關的費用，包括薪資、伙食津貼、加班費、勞保及健保等，對管理者而言，僅需以各部門之「人事費用」呈現此等資訊，即能貼近管理者的需求及管理意涵，亦即，員工之薪資、伙食津貼、加班費等費用之「資源客體」都是人員，故加以合併成「人事費用」即可。

2. 資源重分類之注意原則

　　有關資源重分類之注意原則，如下所述：

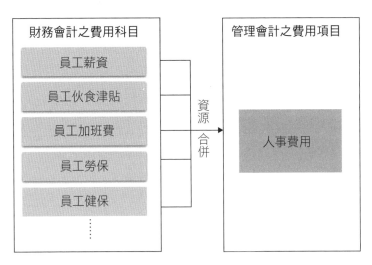

圖2-4　資源合併圖

(1) 正確傳達如何耗用資源：使用資源者

　　資源重分類之目的在於正確傳達資源使用者所耗用資源之情況，若使用複雜的資源分類將增加資源使用者的工作負荷，且提高資訊蒐集成本，故在進行資源重分類時，除應明確傳達如何耗用各類資源之情況外，也應注意蒐集資訊之成本效益原則。

(2) 清楚記錄資源被耗用情況：財務會計人員

　　對財務會計人員而言，資源重分類之主要目的，為縮短向使用單位及人員查詢、了解、說明或溝通等往來時間，讓各項費用能清楚地記錄被耗用之情況，進而歸屬至正確的「使用部門及使用者」，此可避免使用資源部門的人員與財務會計人員間的認知差距，進而提升資源耗用資訊的正確性及品質。

(3) 快速掌握資源耗用原因：管理人員

有效的資源重分類可讓管理人員從各類資源的發生，了解資源耗用之原因及用到何處，進而快速地掌握資源耗用之合理性及有效性。

簡單來說，良好的資源重分類可以讓資源使用者、財務會計人員及管理人員清楚且快速地溝通資源的來龍去脈，使資源做更佳的配置及運用。

五、作業中心

一般而言，作業中心彙集了企業內部相似之作業流程，為企業內部最基本之組織單位。

作業中心，顧名思義為執行作業的中心或單位，在企業的作業流程中扮演著相當重要的角色。作業中心的功能定位越明確，越有利於未來「作業」的設計。然而，實務上組織間資源頻繁地交互流用，常見某些單一功能的作業中心，因為負責的任務日漸增加而演變為多功能的作業中心，在「目標」與「任務」增加的同時，定位亦被模糊化。為避免資源被使用者耗用於無形之中，管理者在設置「作業中心」時，應集思廣益，討論現行的「作業中心」應如何明確化且清楚地畫分。

（一）作業中心選取之注意事項

作業中心選取之注意事項包括兩點，如下所述：

1. 作業中心需有明確的責任範圍

對於一般企業而言，管理者可能有基層、中階與高階之區別，因此

選取「作業中心」時，需確認作業中心所負責的功能以及管理階層的掌管內容，務必使每一階層的「作業中心」皆能理解對上級與下屬所應負責的範疇。倘若在「責任範圍」無法明確畫分的情形下就決定「作業中心」的管理架構，將使「作業中心」的資源沿著不當的管理架構順勢流入未來的作業成本之中，進而誤導整體成本的計算。

2. 作業中心需有其主要任務

　　作業中心是組織執行相似「作業」的單位，當作業中心有其主要任務時，將有利於後續「作業」之訂定，能更快速、明確地找出作業之貢獻；相反地，若無法釐清「作業中心」的主要任務，則可能增加未來設計作業時之複雜度，且降低資訊之品質及攸關性。

（二）作業中心選取之原則

　　有關作業中心選取之原則包括三點，如表2-2所示。

表2-2　作業中心選取原則表

主要項目 ＼ 作業中心選取原則	1. 組織策略觀點	2. 組織架構觀點	3. 會計總帳觀點
選取重點	依組織策略重點為依據	以現行「組織架構」為依據	以「會計總帳」為依據
資訊取得情況	可提供有效資訊供策略使用	資訊取得簡便	資訊取得簡便
缺點分析	資訊來源多且資訊取得成本可能較高	組織架構變動頻繁時，易造成資訊處理之複雜度。	與管理之連結性低
注意原則	1. 組織改變可能性 2. 資訊之成本與效益原則		

從表2-2中可知作業中心選取原則可分為組織策略、組織架構及會計總帳觀點等三種，茲分別說明如下：

1. 組織策略觀點

主要係依據「組織策略觀點」來選取作業中心。組織策略實有賴於吾人對「企業策略」的理解，吾人應該了解企業長期策略之走向與短期策略的調整方向，作業中心的選取需要跟著「策略」的方向來制定，讓作業中心產出的每一項資訊都能與「策略」的腳步並進。以「策略面」來選取作業中心時，管理者應回饋策略之變化，確保以最新的「策略規劃」方向來選取「作業中心」，因而資訊來源較多，故資訊取得成本可能相對較高。

2. 組織架構觀點

主要係依現行之「組織架構觀點」來選取作業中心。企業的組織架構表達了管理者對組織成員的安排，能快速了解成員間的作業內容與差異性，且能更容易地從現有資訊系統中取得所需資料，例如：ERP系統主要以現行「組織架構」為主來建立「資訊」產生之方向。雖然組織架構觀點非常簡便適用，其唯一缺點為當組織架構變動頻繁時，易造成資訊處理之複雜度。

3. 會計總帳觀點

主要依財務會計的「總帳觀點」來選取作業中心。利用財務會計系統的作業中心，可以快速地從入帳部門撈取資料，在很短的時間內完成資源計算與分析之工作。唯財務會計系統的架構往往與組織策略或管理

方向無密切關係，因而「作業中心」的選取可能與管理脫鉤，造成「作業中心」的資料難以在資源投入端就具有「管理意涵」，更遑論未來作業過程端的管理分析及效益。

了解上述三種選取作業中心之原則後，還需注意以下兩點：

(1) **組織改變可能性**：我們需經常思考未來組織改變或存廢的可能性，作為「作業中心」改變及存廢之參考依據。
(2) **資訊之成本與效益原則**：選取作業中心時，需考量未來資訊蒐集之成本是否過高，甚至大過於資訊產生之效益。換言之，需隨時注意「作業中心」選取之「成本與效益」此重要原則。

雖然選取作業中心有三種可能性，但在實務面設計時，建議盡量選取「組織架構觀點」為宜，因為現有之 ERP 系統已有「組織架構」名稱及代碼，非常容易了解，馬上可以知道「作業中心」之明確內容，有時只需要稍加修改即可形成 AVM 制度的「作業中心」精確內容。

六、作業中心之價值標的

作業中心常直接挹注大量資源給不同「標的」，通常以「產品」或「顧客」為主，可為「作業中心」創造有形或無形的「價值」，因而被稱為「價值標的」，藉此提高企業的競爭力、創造力或提升市場占有率等。在「作業中心」中，「價值標的」之資料無所不在，包含直接在「產品」或「顧客」身上花費的所有資源，這些大量散見於各處的數據雖被保留下來，卻往往因為對「價值標的」設計不一致，反而造成「資

訊整合」的瓶頸，不易落實。

（一）作業中心之價值標的選取注意事項

作業中心之價值標的選取有兩點注意事項，如下所述：

1. 價值標的需連結耗用的資源

在資源模組中，直接被作業中心之價值標的的耗用之資源為「價值標的使用資源」，可直接影響作業中心之產品或顧客的成本。一旦決定作業中心之價值標的的後，應將價值標的之清單提供給財務會計入帳人員，以便入帳人員日後能據以連結耗用資源至作業中心所屬之產品或顧客等價值標的的身上，明確且即時記錄資源使用的去向。未來若改變「價值標的」之內容時，亦應同步讓入帳人員更新價值標的之新內容，使資源的完整性不會因過時的「價值標的」內容而影響資訊品質，產生資訊缺口。

2. 需整合與「價值標的」有關之系統

對管理者而言，最佳的管理資訊包括攸關性、即時性和正確性，而選擇作業中心之「價值標的」時，應務求「價值標的」於耗用資源上應與其他系統之內容相同，即具備一致性；倘若耗用資源相關系統（例如：財務會計資訊系統）與作業記錄相關系統（例如：ERP 或 MES 系統）之間所對應的「價值標的」之內容不同，相關人員便需耗費大量時間處理不同系統對相同「價值標的」不一致的問題，而這些問題影響的不僅是最基本的資訊正確性，還包括管理的即時性，當資訊延遲的狀況不斷發生，資訊使用者便會開始懷疑資訊的正確性，更可能被迫在有限的時間內，以不一致的資訊進行重大決策，進而影響「管理決策」的品

質。由此可知「價值標的」資訊之系統整合及一致性問題，若無法確實地解決，將成為管理者決策時的不定時炸彈，不僅拉長了寶貴的決策時間，更可能因為不同的資訊來源而帶來無法預期的決策困境，此為筆者在實務界常看到之現象，不得不慎。

（二）作業中心之價值標的選取原則

有關作業中心之價值標的選取原則，如表2-3所示。

表2-3　作業中心之價值標的選取原則表

主要項目＼價值標的選取原則	1.資源貢獻之對象	2.管理決策之需求
選取主軸	依據資源之貢獻對象或客體來選取	依據管理決策需求來選取
主要內容	觀察資源所貢獻之對象或客體，將其當為成本之蒐集庫。	觀察管理決策需求，將同類型之價值標的由粗略開始逐階分類，以畫分出對「管理決策」有用的「價值標的」。
注意原則	1.管理攸關性原則 2.資訊成本與效益原則	

由表2-3可知，作業中心之價值標的選取原則，包括資源貢獻之對象與管理決策之需求兩種，分別說明如下：

1.資源貢獻之對象

作業中心投入資源之目的之一為直接貢獻「價值標的」，這些經由

各項資源投入而貢獻的主要對象或客體以「產品」或「顧客」為主，因而選取價值標的時，首先應觀察各項資源直接貢獻的對象或客體，且注意相同的貢獻對象的前後記錄是否一致。若資源貢獻對象相同但資料記錄卻不一致時，則應思考整合「價值標的」各種資訊記錄的一致性表達原則，盡量使不同系統的「價值標的」記錄一致化，以利資源耗用與「價值標的」的關係整合。

2. 管理決策之需求

作業中心之價值標的之選取，可先觀察管理者之「管理決策」需求，將同類型之「價值標的」由粗略開始逐階分類，以畫分出對管理決策有用的「價值標的」，亦即「價值標的」之選取一定得與「管理決策需求」有關，例如：若管理者想要了解各種不同細項「產品」或「顧客」之資源耗用情況，作為「管理決策」參考時，「價值標的」的選取需十分細膩，例如：將顧客區分為國家別、地區別或通路別等。

除上述兩項原則外，價值標的選取時亦需注意下列兩項原則：

(1) 管理攸關性原則

作業中心價值標的之選取需符合「管理攸關性原則」，例如：若產品經理重視產品之成本與利潤分析、行銷經理關切顧客之成本與利潤分析、業務經理則著重銷售人員之績效分析，這些管理資訊皆會與「產品」、「顧客」，甚至「人員」等「價值標的」息息相關，因而選取價值標的時需要包括「產品」、「顧客」及「人員」，如此將會產生攸關的資訊供管理者決策之用，此即為「管理攸關性原則」。

(2) 資訊成本與效益原則

當「價值標的」資訊產生的未來效益大過於其所需投入的所有成本時，則該資訊便具備選取的效益。就理論來說，價值標的資訊之內容可以鉅細靡遺，但是越詳細，必然需要投入大量人力、物力去記錄、儲存、運算、分析，對於資源有限的企業而言，無疑是一筆非常龐大的資訊成本，因此除非是「關鍵資訊」或具備「高度價值」之資訊，否則選取價值標的時需事先評估資訊效益是否大過於資訊成本，以免耗費大量資源蒐集資訊卻無用武之地，甚為可惜。

七、資源動因

資源之最佳解為「直接歸屬」至作業中心或價值標的，如此可以減少主觀判斷。若無法直接歸屬時，需要找出作業中心使用資源的原因，即為「資源動因」。資源動因之選取應從資源重分類後的管理會計觀點之資源著手，逐一確認使用資源的「使用者」及其「原因」，找出是誰「使用」了資源，再找出資源使用的原因。選取資源動因的過程中，財務會計人員擔綱著不可或缺的角色，身處費用帳務前線，應憑藉充分的專業知識了解資源被耗用的來龍去脈、前因後果，並且給予明確的分類及註記。

（一）資源動因選取之注意事項

選取資源動因時，有以下三點注意事項：

1. 說明資源或費用使用之原因：財務會計人員

如前所述，傳統上，財務會計人員主要以處理對外報導的「財務報表」為主，有關內部管理所需之費用資訊，常使用「分攤方式」處理，以至於長期以來，財務會計人員之「成本分攤」資訊，甚難作為各部門主管「管理決策」之參考。根據筆者長期觀察：財務會計人員的心中常存「成本分攤」之傳統觀念，因而陷入管理議題與資源耗用原因的鴻溝之中，不知所措。「資源動因」的選取可以使財務會計人員從「管理角度」，提供可靠及攸關的資訊供管理決策之用，透過驅動資源的因子，向管理者清楚地說明資源耗用之使用者及真正原因，此實為財會人員工作之轉型及升級。在大數據及AI時代，對財務會計人員而言，是個非常重要的轉型時機，財會人員可以馬上在AVM之模組一：資源模組走入「管理思維」，如此才不易被AI所取代。總之，AVM模組一之設計工作，非常適合成為財務會計人員之「新工作」方向。

2. 確保「資源動因」資料的品質：資訊人員

隨著資源的不同，「資源動因」資料可能來自於不同的系統，資訊人員應了解儲存「資源動因」資料的系統，以及蒐集、更新和例外狀況處理的方式，才能確保「資源動因」資料之品質。

3. 強化資源耗用之改善方案：管理人員

當「資源動因」能從系統現存資訊中快速、完整地蒐集時，管理者得以了解資源耗用之前因後果，將寶貴的時間用於決定資源的「去」與「留」，進一步提出具體的改善方案，減少因為驗證資訊品質所造成的等待與非必要的內耗。

（二）資源動因選取之原則

資源動因選取之主要原則為「使用者耗用資源」及「資訊蒐集成本與效益」原則，如圖2-5所示。

圖2-5　資源動因選取原則圖

1. 使用者耗用資源原則

作業中心耗用資源時，應根據作業中心的資源使用量來歸屬其成本，亦即以「使用者耗用資源原則」或「使用者付費原則」來歸屬資源至作業中心之中。例如：若一棟大樓由多個作業中心使用，大樓之房租費用，可以根據「房屋坪數」作為「資源動因」，再依據各作業中心實際使用之坪數比率，來計算各作業中心之辦公大樓「房租費用」。

2. 資訊蒐集成本與效益原則

資源動因的選取與資料蒐集、儲存、撈取的工作息息相關，對於至關重要、日常發生的成本而言，公司內部的系統通常有控管機制可輕易地取得「資源動因」資料，但是對於占比少、發生頻率低的成本而言，可能需要人工作業，甚至以更改資訊系統的欄位加以控管成本，此時選取「資源動因」應衡量蒐集資訊投入基礎工程的時間與金錢，確認資訊

蒐集成本是否具備足夠的效益，若資訊蒐集成本大過於效益時，則應該改變「資源動因」，以取代性之「資源動因」為宜。

（三）資源動因之釋例

為讓讀者了解資源動因之內容，茲以表2-4提供「資源動因」之釋例。

由表2-4之釋例可知，將資源項目分為兩階，第一階為財務會計觀點，第二階為管理會計觀點，而「資源動因」乃根據第二階之費用加以選取，分別說明如下：

1. **人事費用**：經過資源重分類後，將人事費用透過人事系統中的資料庫根據人員所屬作業中心加以歸屬，亦即，透過資訊系統與人員之協助將「人事費用」直接歸屬至各作業中心之中。
2. **文具用品**：一些公司的管理制度會針對文具用品進行耗用控管，此種情況即可根據各作業中心申請耗用之文具用品資料進行直接歸屬。若公司對文具用品沒有直接控管機制，則以「作業中心人數」當為「資源動因」，歸屬至各作業中心之中。
3. **旅費**：一般而言，財務會計會將旅費加總成一個科目，就管理會計觀點而言，旅費應該就花費目的之不同加以細分，如表2-4之釋例，將旅費分為三個細項，分別為與供應商有關之旅費、與顧客有關之旅費以及與產品有關之旅費，三者皆根據實際發生之費用，直接歸屬至「供應商」、「顧客」或「產品」之中。在此特別強調：「供應商」也可當為作業中心之價值標的。
4. **交際費**：一般而言，財務會計會將交際費加總成一個科目，就管

表2-4　資源動因釋例表

資源項目-第一階 （財務會計觀點）	資源項目-第二階 （管理會計觀點）	直接歸屬或 資源動因	作業中心或作業中 心之價值標的
員工薪資	人事費用	直接歸屬	作業中心
員工伙食津貼			
員工加班費			
員工勞保			
員工健保			
文具用品	文具用品	直接歸屬或作業 中心人數	作業中心
旅費	旅費：供應商	直接歸屬	作業中心之供應商
	旅費：顧客	直接歸屬	作業中心之顧客
	旅費：產品	直接歸屬	作業中心之產品
交際費	交際費：供應商	直接歸屬	作業中心之供應商
	交際費：顧客	直接歸屬	作業中心之顧客
水費	水費	作業中心人數	作業中心
電費	電費：民生用電	作業中心使用面積	作業中心
	電費：製造用電	直接歸屬或作業 中心用電比例	作業中心
折舊	折舊：製造設備	直接歸屬	作業中心
	折舊：辦公設備	作業中心人數	作業中心

理會計觀點而言，交際費多用於「供應商」關係的維繫與開發或建立長期「顧客」關係上，故應將交際費分為與供應商有關以及與顧客有關，並根據實際花費金錢進行直接歸屬至「供應商」或

「顧客」之中。

5. **水費**：一般而言，由於水費占比不高，在管理效益有限的情況下，表2-4之釋例公司決定以資訊成本效益原則為考量，假設每人皆分配固定的用水量，因而根據「作業中心人數」當為水費之「資源動因」。

6. **電費**：從管理者觀點言之，就製造業而言，電的使用可細分為「民生用電」與「製造用電」，因而表2-4之釋例公司將用電拆分為二，其中民生用電的管理效益有限，故根據「作業中心使用面積」當為「資源動因」歸屬至不同作業中心之中。又「製造用電」之處理方法有兩種：當公司在各作業中心裝有電表，則直接歸屬至使用製造用電的「作業中心」之中。若公司沒有裝電表，則以「作業中心用電比例」當為「資源動因」，進而歸屬至「作業中心」之中。

7. **折舊**：表2-4之釋例公司將折舊依照設備的功能不同，分為製造設備折舊與辦公設備折舊。由於製造設備的金額較昂貴，折舊金額較高，有些公司會根據「財務會計」對每一台製造設備訂定的使用年限及殘值，計算出機器之每月折舊金額，直接歸屬至作業中心之中。唯在此建議：公司應該根據製造設備的「經濟使用年限」來計算機器之每月折舊金額，直接歸屬至作業中心之中；而人員使用的辦公設備，其實際折舊占比相對較少、發生金額穩定，管理者常會考量資訊成本與效益原則後決定依照「作業中心人數」當為「資源動因」，將辦公設備折舊歸屬至各作業中心之中。

八、作業中心之可控制資源

　　資源模組之目的在了解作業中心的可控制資源與不可控制資源使用情況，讓管理者不僅了解作業中心所使用之整體資源情況及各作業中心之損益情況，還能進一步分析不同作業中心可以自行規劃、管理且掌控可控制資源及無法自行掌控與管理之資源比重。一般而言，作業中心之可控制資源包括作業中心自用之資源、作業中心之價值標的使用之資源與內部服務之成本，如圖2-6所示。

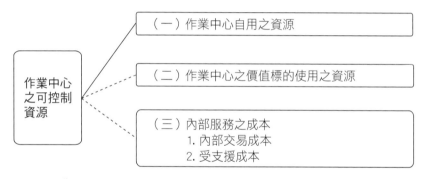

圖2-6　作業中心之可控制資源圖

　　由圖2-6可知，作業中心的可控制資源包括下列三項，如下所述：

（一）作業中心自用之資源：作業中心自己使用之資源，此資源之
　　　掌控、管理及規劃皆由該作業中心負責，此資源包括兩項：
　　　1.直接歸屬至作業中心之資源及2.透過資源動因歸屬至作業
　　　中心之資源，例如：作業中心使用之場地及電力等相關費用。

（二）**作業中心之價值標的使用之資源**：為直接歸屬至作業中心所
　　屬之「價值標的」的資源，其發生係由作業中心加以管理與
　　控制，例如：製造作業中心之品管人員，為解決甲顧客之品
　　質問題所花費的出差費用，即為作業中心所屬「甲顧客」此
　　「價值標的」使用之資源。

（三）**內部服務之成本**：內部服務之成本為其他作業中心提供本作
　　業中心之服務成本，此成本依據是否有內部計價之機制分為
　　內部交易成本與受支援成本等兩項，如下所述：

　1.**內部交易成本**：作業中心支付給提供內部服務者之成本，此成
　　本乃根據「內部轉撥計價」之標準支付。

　2.**受支援成本**：作業中心向其他作業中心請求支援所產生之「受
　　支援成本」，此成本由作業中心控制及管理，一般而言，非不
　　得已，作業中心較不傾向求助其他作業中心之支援及協助。

九、作業中心之不可控制資源

　　有關作業中心之不可控制資源，都為「分攤」而來之費用，包括管
理作業中心分攤而來之費用及支援作業中心分攤而來之費用兩項，如圖
2-7所示。

（一）**管理作業中心分攤之費用**：管理作業中心為管理性質之組織
　　或部門，例如：工廠之廠長室或工廠內之管理部門等，其職
　　責為管理工廠內之各作業中心，因其成員具備管理重任，為
　　協助各作業中心之管理及發展。由於管理作業中心之費用與

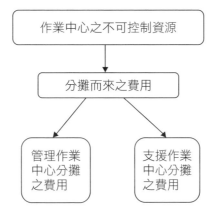

```
          ┌─────────────────────┐
          │   作業中心之不可控制資源   │
          └─────────────────────┘
                     │
                     ▼
          ┌─────────────────────┐
          │     分攤而來之費用       │
          └─────────────────────┘
              ╱              ╲
             ▼                ▼
     ┌──────────┐        ┌──────────┐
     │ 管理作業   │        │ 支援作業   │
     │ 中心分攤   │        │ 中心分攤   │
     │ 之費用    │        │ 之費用    │
     └──────────┘        └──────────┘
```

圖2-7　作業中心之不可控制資源圖

　　作業中心之關係很難透過「使用者付費原則」找到合理的「資源動因」來歸屬，因而只得對其所管理及協助的作業中心「分攤費用」。

（二）支援作業中心分攤之費用：一般而言，支援作業中心屬策略服務單位（Strategic Service Units, SSU），例如：人力資源部門、會計部門或IT部門等，其職責為支援整體作業中心之營運，因支援整體營運而存在，故需對所支援之作業中心「分攤費用」。

　　作業中心之不可控制資源往往造成作業中心之質疑，不少公司以「作業中心之收入金額大小」來分攤管理或支援作業中心之費用，此方法之不合理及不公平為處罰了「收入及業績」好的作業中心。有關管理或支援作業中心分攤資源之方式，雖然很難以「使用者付費原則」找到合理的「資源動因」，但可以運用「使用者付費原則」來思考分攤費用

之大小，例如：某作業中心常造成總經理之困擾，讓總經理花很多時間來處理該作業中心之問題，則該作業中心應該分攤較高的總經理費用。筆者常遇到不少總經理為花費很多寶貴時間處理不同作業中心之大大小小問題而苦惱，因而筆者建議總經理們：可以總經理之「投入時間百分比」來分攤總經理之費用給不同的作業中心，「投入時間百分比」較高者，則需分攤較多的總經理費用，此為較公平及合理之費用分攤方式。

十、作業中心使用之五大資源

如前所述，作業中心使用之資源包括三項可控制及兩項不可控制之資源，共有五大使用資源，如圖2-8所示。

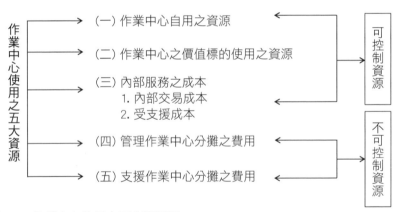

圖2-8　作業中心使用之五大資源圖

十一、資源模組之管理報表

(一)資源模組管理報表之架構

完成資源重分類、作業中心與價值標的，並建立每一項資源的資源動因，且區分作業中心之可控制或不可控制資源後，資源模組的模型設計工作差不多告一段落，接下來便是讓管理者了解資源模組能提供的管理報表內容及其功能。讓我們先了解資源模組管理報表之架構，請見圖2-9。

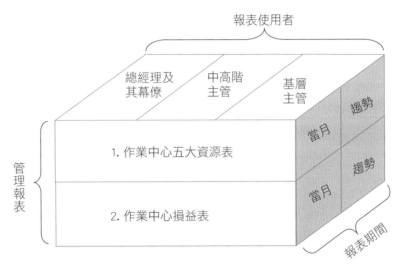

圖2-9　資源模組管理報表之架構圖

由圖2-9可知，資源模組管理報表架構包括三大主軸：報表使用者、管理報表及報表期間等，分述如下：

1. 報表使用者

組織規模越大，管理者之責任層級越需明確畫分，資源模組管理報表架構將管理者層級概分為三大類別：

(1) **總經理及其幕僚**：此層級管理者從事最高決策，其責任主要為經營環境之預測與策略之制定方向。

(2) **中高階主管**：此層級管理者負責策略之執行，其責任包含依據上級形成之策略進一步設定策略議題與目標，並引導旗下各「作業中心」評估及考核經營績效，進而努力地去達成作業中心設定之績效目標。

(3) **基層主管**：此層級管理者專責履行中高階主管指派之任務，任務內容依照分工狀況而彼此有別，基層主管主要帶領基層人員全力以赴達成上級訂立之績效目標，是組織經營績效之基石。

2. 管理報表

不同功能的作業中心，其所需的「管理報表」不盡相同，以策略性事業單位（Strategic Buiness Units, SBU）為例：其管理者身兼創造收入及利潤的重責，因此不僅重視收入之成長，更重視整體利潤績效是否達到組織設立之目標，且務求根據實際績效與目標的落差進行改善，故SBU之管理者對收入、成本及利潤資訊有迫切需求，因而為「作業中心損益表」的主要需求者。

3. 報表期間

一般而言，報表期間視管理需求之性質而不同，以營運性管理與策

略性管理之間的區別，說明如下：

(1) **營運性管理需求**：此類需求重視掌握營運執行情況並控制營運風險，因此需要定期報告，通常報告內容包含其與同年前期或前年同期之資料比較，實務上範例通常有日報、週報、月報或季報。

(2) **策略性管理需求**：此類需求與企業之策略有關，無論制定新策略或是維持、改變、淘汰舊策略，均需使用過去所累積的資訊進行分析，藉由了解過去資訊推估未來策略可能面臨的考驗並尋找解方，因此報表之內容主要為跨期間之資料，如連續一年、二年、三年、五年、甚至十年以上的趨勢報告。

綜合上述，規劃資源模組管理報表架構時，應先釐清報表使用者、報表類型以及報表期間，方可選擇正確的管理報表供管理決策之用。在此擬探討與資源模組有關之兩項重要報表：「作業中心五大資源報表」及「作業中心損益表」之內容，如下所述。

（二）作業中心五大資源表──管理可控制或不可控制資源

根據前述資源模組之設計及計算結果，即可編製「作業中心五大資源表」，呈現如表2-5所示。

由表2-5可知，「作業中心五大資源表」主要協助不同階級主管了解作業中心「當期」整體資源耗用情況，例如：製造部與銷售部的資源使用情況，可以讓管理者了解在帶領旗下「作業中心」執行策略時，資源的投入出現了哪些問題以及該如何進一步改善「資源管理」，此報表

表2-5　作業中心五大資源表

作業中心耗用之資源項目	製造部		銷售部	
	金額	資源占比	金額	資源占比

甲公司
作業中心五大資源表
2019年5月

作業中心耗用之資源項目	製造部		銷售部	
	金額	資源占比	金額	資源占比
1.作業中心自用之資源				
人事支出				
……				
作業中心自用之資源小計				
2.作業中心之價值標的使用之資源				
客戶				
……				
價值標的使用之資源小計				
3.內部服務之成本				
內部交易成本				
受支援成本				
……				
內部服務之成本小計				
可控制之資源小計				
4.管理作業中心分攤之費用				
……				
管理作業中心分攤之費用小計				
5.支援作業中心（SSU）分攤之費用				
……				
支援作業中心（SSU）分攤之費用小計				
不可控制之資源小計				
作業中心耗用之資源合計		100%		100%

提供以下之功能：

1. 快速凸顯旗下作業中心間之資源使用差異

對於擁有眾多「作業中心」的中高階管理者而言，每個作業中心的資源都相當地複雜，難以快速掌握，然而「作業中心五大資源表」將作業中心一字排開，供管理者得以一次閱覽作業中心間使用資源之差異，此差異可視作業中心間之關係而延伸不同的管理方向，如下所述：

(1) 具競爭關係之作業中心： 協助樹立內部標竿制度，例如製造部主管之報表可選擇轄下之製造一課、製造二課等做比較。

(2) 具上下游關係之作業中心： 協助定位上下游間的資源瓶頸，例如銷售部遲遲無法銷售製造部之所有產品，其原因可能源自於管理者投入太少資源於行銷業務部門，故應考慮是否投入更多資源到該部門。

2. 掌握作業中心之資源運用情況

對於中高階管理者而言，帶領且指導作業中心執行策略至關重要，然而各作業中心的資源運用情況，可以根據五大資源之項目抓住大要：

(1) 決定可控制資源的「去」與「留」

　A.作業中心自用之資源： 掌握各作業中心基本所需資源，例如作業中心之人事或廠房費用是否過高，要如何改善？

　B.作業中心之價值標的資源： 掌握各作業中心管控之價值標的之成本，例如出口業務部門之產品「出口費用」是否過高，要如何改善？

C.**內部服務成本**：掌握使用內部服務所產生之成本，例如向其他製造單位購買半成品之內部服務成本，或向內部其他生產線請求調派人力之受支援成本是否過高？要如何改善？

(2) 掌握不可控制資源的「因」與「果」

A.**管理作業中心分攤之資源**：掌握各部門因為接受管理指揮所分攤之費用是否合理？例如：由製造管理部分攤至製造一課之費用是否過高或過低，其理由為何？

B.**支援作業中心（SSU）分攤之資源**：掌握各部門因為接受後勤作業中心支援所分攤的費用，例如：由總管理處、財務會計處、資訊總處分攤而來之費用是否合理，不合理之理由為何？

　　綜上可知，作業中心五大資源表可以協助不同管理者管理各種作業中心時，能夠全盤掌握資源的運用情況，敦促管理者思考適合的「資源管理」方式，為創造作業中心競爭力的重要關鍵。

（三）作業中心損益表——作業中心之財務績效

　　當清楚了解作業中心五大資源的計算邏輯與管理報表的基本功能後，可進一步以此基礎提供「作業中心損益表」給負責營收及利潤的「作業中心」。首先，作業中心的收入來源有兩類：來自外部顧客及內部顧客，如下所述：

1. **外部顧客收入**：提供產品或服務給外部顧客所產生之收入，例如典型財務報表上之相關營業收入。

2.內部顧客收入： 提供產品或服務給公司內部顧客所獲得之收入，例如生產一部提供生產二部服務，因而產生之「內部轉撥計價」之收入。

彙整上述收入後，扣除作業中心可自由支配使用的「可控制之資源」，得出作業中心「可控制之淨利」，再以可控制淨利扣除「不可控制之資源」，得到「作業中心損益」，如表2-6所示。

表2-6　作業中心損益表

作業中心淨利項目	製造一課		製造二課	
	金額	收入占比	金額	收入占比
收入				
外部顧客收入				
內部顧客收入				
收入小計		100%		100%
1.作業中心可控制之資源				
(1) 作業中心自用之資源				
(2) 作業中心之價值標的使用之資源				
(3) 內部服務之成本				
作業中心可控制之淨利				
2.作業中心不可控制之資源				
(1) 管理作業中心分攤資源				
(2) 支援作業中心分攤資源				
作業中心淨利				

表頭：
甲公司
作業中心損益表
2019年5月

由表2-6可知，作業中心損益表的「作業中心可控制之淨利」與「作業中心淨利」之資訊，能使管理者了解下列兩件事實：

1. **作業中心自身可控制之績效表現：**過去績效部門與事業部門對於績效的定義常不相同，因為事業部門往往認為僅自己能夠控制之資源為成本，而其他部門發生之成本屬總公司層級，不應該斷然分攤至作業中心。透過作業中心之「可控制之淨利」即可解決績效標準不一致之問題，績效管理部門可依照作業中心創造之「可控制淨利」此績效表現，當為各作業中心績效評估之用。

2. **作業中心之整體淨利之貢獻：**作業中心之可控制淨利減除不可控制之資源後，即為「作業中心淨利」。作業中心淨利能讓績效部門分析各作業中心，在接受管理或支援部門的「管理指揮」或「營運支援」下，對於組織整體之淨利貢獻，以凸顯管理或支援部門對作業中心之支持程度，及考慮應「分攤費用」代價後，真正可以創造之整體淨利貢獻。

十二、資源模組之結論

從上述說明中可知，資源模組之主要目的在了解組織之基本作業單位——作業中心使用資源之情況。一般而言，作業中心使用之資源包括可控制及不可控制兩類，可控制之資源大部分為透過「直接歸屬」或「資源動因」方式而來，不可控制之資源則透過「分攤方式」而來，包括管理或支援作業中心分攤來的費用。

雖然資源模組可以產出兩個主要報表：作業中心五大資源表及作業中心損益表，但因資源模組包括許多資訊，未來可靈活運用不同資訊從事不同的「資源管理」之用。如圖2-10所示。

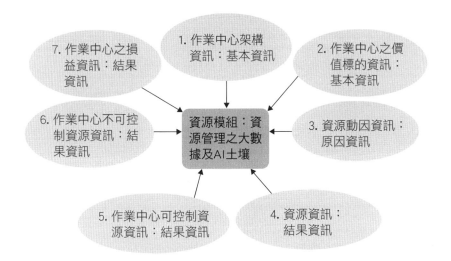

圖2-10　資源模組之相關資訊圖

由圖2-10可知，資源模組包括七種不同的資訊，其中作業中心架構及作業中心之價值標的資訊屬「基本資訊」，資源動因資訊屬「原因資訊」，而資源、作業中心可控制資源、作業中心不可控制資源及作業中心之損益資訊皆屬「結果資訊」，此些資訊可協助組織建構出非常有用及靈活的「因果關係」結合之「資源管理」大數據分析，甚至AI預測之發展方向。

第3章 AVM「作業中心模組」之觀念及原則——知的層面

本章主要目的在說明「作業中心模組」之範疇、管理重點、要素、原則及相關管理報表，供讀者了解「作業中心模組」之精髓及重要觀念。

一、作業中心模組之範疇

作業中心模組為描述各作業中心內之作業執行者，預計投入作業大項或中項的正常產能（標準時間）及標準成本，作業中心模組之範疇，如圖3-1所示。

由圖3-1可知，作業中心模組得先確認作業中心內之作業執行者，再了解作業執行者之作業大項或中項，以及預計投入之正常產能（或標準時間），即為「作業中心動因」，進而了解作業大

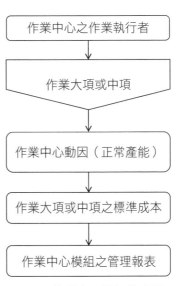

圖3-1　作業中心模組範疇圖

項或中項之標準成本。最後，產生作業中心模組相關之管理報表。

二、作業中心模組之管理重點 ── 建立正常產能及標準成本

作業中心模組之主要目的在了解作業執行者之正常產能（標準時間）及標準成本，讓管理者奠定作業執行者的「產能管理」根基，如表3-1所示。

表3-1 作業執行者之正常產能及標準成本表

作業中心之執行者	作業大項	正常產能（或標準時間）	標準成本	作業中項	正常產能（或標準時間）	標準成本
人員	作業大項1			作業中項1		
				作業中項2		
機器	作業大項2			作業中項3		
				作業中項4		

由表3-1可知，作業執行者之作業根據分類程度，由粗而細可分為作業大項或中項，再根據投入作業大項或中項之正常產能，進而計算出成本，此成本即為「標準成本」。正常產能是由管理者在每月之初對作業「執行者」進行全面盤點規劃後建立的，建立過程中會促使管理者反覆思考如何規劃作業執行者的可能正常產能或標準產能，以產出「標準成本」，進而發揮最大之「產能規劃」效益。

三、作業中心模組之主要要素

作業中心模組之主要要素包含作業中心之作業執行者、作業大項或中項、作業中心動因及作業大項或中項之單位標準成本等，請見表3-2。

表3-2　作業中心模組之要素表

1. 作業中心之作業執行者
2. 作業大項或中項
3. 作業中心動因（正常產能）
4. 作業大項或中項之單位標準成本

由表3-2可知，作業中心模組之要素有四項，如下所述：

（一）**作業中心之作業執行者**：作業中心之作業執行者主要包括「人員」或「機器」，作業執行者可當為「次作業中心」來設計。

（二）**作業大項或中項**：為人員或機器之相關作業大項或中項。

（三）**作業中心動因（正常產能）**：明訂作業執行者每月投入各項作業大項或中項之正常產能，即為「標準時間」。

（四）**作業大項或中項之單位標準成本**：根據作業大項或中項之正常產能，進而計算出相關之「單位標準成本」。

四、作業中心之作業執行者

如前所述，作業中心是企業的作業基本組織，然而實際完成作業中心任務目標的，是其背後日夜工作的人員或機器，稱之為「作業執行者」。一般而言，「作業執行者」顧名思義為執行作業的主體，這些主體概分為「人員」或「機器」兩類，為組成作業中心的基本要件，一個作業中心可能完全由人員、完全由機器或同時由人員及機器共同執行不同的作業，端視企業實際運行情況而定。一般而言，製造業的作業執行者一定包括人員與機器，服務業則以「人員」為主來執行各項服務作業。

（一）作業執行者選取之注意事項

作業執行者之選取應該注意下列兩項事情：

1. 正確地連結作業執行者之資源及其所屬之作業中心

組織隨著環境的挑戰，常實施暫時性或永久性的部門合併與解散，這些變動的範圍小則涉及少部分的人事異動，大則牽動「作業中心」結構的改變，此時應檢視作業執行者所屬作業中心的變動情況，注意作業執行者使用的資源需正確地連結至當期所屬的作業中心。例如：人事異動使張三所屬的作業中心改變，此時張三的薪資費用應歸屬至新的作業中心；另外，機器調整使機器A屬另一作業中心所管理，此時應調整記錄，確保當期機器A之資源使用已歸屬至新的作業中心，以利於管理者正確掌握作業中心的總資源及總產能可運用之情況。

2. 正確地連結作業執行者及其負責之作業項目

企業常進行各式各樣的專長訓練並實施能力認證制度，以確保員工在工作崗位上能適當地發揮專業技能。當員工擁有更多專長，代表能從事的作業將更趨廣泛，亦即所負責的作業可能與過去截然不同，此時，資訊系統應適時記錄作業執行者當期所負責之作業項目，使管理者能透過作業執行者在作業上的改變，正確地掌握作業執行者之作業「正常產能」的增減情況。

（二）作業執行者選取之原則

根據以上說明，作業執行者應能正確地連結至所屬之作業中心及負責之作業項目之中，有關作業執行者之選取原則，如表3-3所示。

表3-3 作業執行者選取原則表

作業執行者 主要項目	人員	機器
選取原則	將人員依相近之薪資水準與作業內容加以分群設計。	將機台獨立或加以分群設計。

由表3-3可知，選取作業執行者之原則隨著執行者為「人員」或「機器」不同而異，以下分述之：

1. 人員

「人員」是最典型的作業執行者，然而隨著責任分配、分工細化，每個人在企業的層級與扮演的角色將隨之改變。這些人員可能被獨立管理或被分群管理，因此設計人員為執行者時，可參考以下原則：

(1) 獨立設計

一般而言，每一個人都是作業執行者，但能否因此將每一個人員「獨立設計」成為「作業執行者」呢？如前所述，作業執行者可當為「次作業中心」，因而「獨立設計」在理論與實務間存有以下限制：

A. 需投入很大的資訊成本

當資訊系統能夠記錄每一個人的作業時間，資訊正確程度確實大幅提高，但是相對的會增加記錄資訊所花費的時間與成本，企業可能需花費建置自動化記錄系統、投入大量人力進行訓練，或透過要求員工投入無數工時的方式記錄資訊，對於資金相對不足的企業而言，無論系統或大量的時間，都是高額的「資訊成本」，成為管理者止步的主因。

B. 增加隱形的文化壓力

當管理者決定投入巨額的人力與物力去記錄人員的作業資訊時，可能加深員工「被監視」的感受，使員工懷疑管理者對自己的信任，這種感受形同一顆未爆彈埋在員工心中，有朝一日可能化為行動而一發不可收拾。可見，管理者若不妥當處理員工對改變的適應性，員工的行為反應可能與管理者的一切努力背道而馳。

(2) 分群設計

由上述可知，將每位人員「獨立設計」為作業執行者，不僅需花費大量的時間、金錢，還需承擔改變造成的潛在風險，因此建議將相似人員「分群設計」為作業執行者，使企業能以最少的「資訊成本」獲得最大的「資訊效益」，有關人員「分群設計」的原則如下：

A. 將薪資水準相近者歸屬同一族群

基本而言,當作業由薪資高的員工完成,該作業成本必定比薪資低的員工完成的作業成本還高,這當中隱含著經驗、效率等因素所構成的差距,因此應將薪資水準相近的人員歸屬同一族群。

B. 將作業內容相近者歸屬同一族群

在薪資水準相同且無職位輪調的情況下,從事生產的人員與非從事生產的人員之作業內容一定不同,所以作業內容相近的人員,才歸屬同一族群,不同者歸屬至不同族群。

2. 機器

一般而言,企業內對於昂貴的設備資產會建立管理機制,以確實掌握每一部機器的運作情況。視機器價值的不同,這些機器可能被獨立管理或被分群管理,因此設計機器為執行者時,可參考以下原則:

(1) 獨立設計

對於具極高價值的機器設備而言,管理者應選擇獨立維護及管理該等機器,以確保企業的核心作業能夠正常運作。當管理者投入大量心力去維護及管理這類重要的機器時,應將機器「獨立設計」為作業執行者,且可當為「次作業中心」。

(2) 分群設計

對於具相似功能或功能互補的機器設備而言,管理者常將之分群管理,針對不同的群組施以不同的管理方式,例如:對多台功能相同的機器統一進行管理。當管理者用不同的方法來管理不同的機器群組時,應

視狀況將機器「分群設計」為作業執行者，即為「次作業中心」。

　　由以上可知，應先觀察管理者對機器所實施的分類以及管理方式，依照實際狀況進行「獨立」或「分群設計」為作業執行者。

3. 作業執行者選取之釋例

　　了解作業執行者為人員或機器的選取原則後，茲舉釋例如圖3-2所示。

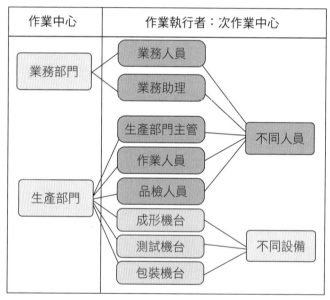

圖3-2　作業執行者釋例圖

　　由圖3-2可知，此釋例之作業中心共分為業務部門與生產部門，其下各有不同的作業執行者，被稱為「次作業中心」，分述如下：

(1) **業務部門**：依照薪資水準不同而區分為業務人員與業務助理二個「次作業中心」。

(2) **生產部門**：由人員與機器組合而成，以下分別說明：

　A.人員：依照薪資水準及作業內容加以區分：

　　(A) 依照薪資水準不同而分群：可分為主管人員與非主管人員，如作業人員等二個「次作業中心」。

　　(B) 依照作業內容不同而分群：將非主管人員分為作業人員與品檢人員等二個「次作業中心」。

　B.機器：依照機器功能的不同而分為成形機台、測試機台及包裝機台等三個「次作業中心」。

五、作業大項或中項

作業執行者日常從事的工作即為「作業」，這些工作隨著產業、企業或作業中心的不同而有不同的作業組合，作業組合之間彼此連結而形成為「整體價值鏈」。就製造業而言，整體價值鏈包括：研發、設計、製造與顧客服務等相關作業。一般而言，作業可概分為以下兩種觀念：

（一）**「流程」或「步驟」**：依照工作流程而分類，例如：機器之開機、運轉等流程，此有工作流程順序之觀念。

（二）**「動作」**：依照工作內容而執行的行動細節，例如：拜訪顧客、售後服務顧客等動作，此較屬獨立性之動作。

由上述可知，作業可以被廣泛地定義為「流程」或「步驟」，亦可

精準地定義為「動作」，端視企業實際狀況及作業中心之工作特質而定。

　　若管理者想採取較細膩之管理，可以將作業階層設計為作業大項或中項；若公司在實施AVM初期不想花太多心力去定義作業之細緻度，在作業中心模組只要設計到「作業大項」即可。

（一）作業大項或中項選取之注意事項

　　作業大項或中項選取之注意事項，如下所述：

1. 需與作業執行者之主要工作連結

　　作業是「管理」的細胞，而每一個細胞於企業這個龐大的體系中皆扮演主要的角色及功能。就人員的作業而言，人資部門會根據每一位人員的經歷背景考量其應扮演的角色及功能，使人力的配置對「作業」發揮最大的效益；又以機器的作業而言，管理者於取得機器前便已清楚定位其主要功能與企業流程之間的關係。又當企業決定將「處理原料作業」全面外包，交由供應商處理時，此項作業即應刪除，而新增「供應商處理原料作業」此項目。

2. 需與未來管理方向結合

　　作業執行者之作業大項或中項選取之目的，主要在產生未來之「管理資訊」，以供管理者之用，因而在選取時，還是回到「管理方向」此原點作為指針，避免落入為選取而選取作業大項或中項之爭，實為可惜。

　　綜合上述可了解選取作業大項或中項時，必須與作業執行者的主要工作內容清楚地連結，且需與未來的「管理方向」結合一體。

（二）作業大項或中項之選取原則

有關作業大項或中項之選取原則，如表3-4所示。

表3-4　作業大項或中項之選取原則表

主要項目 ＼ 作業大項或中項 選取原則	作業階層架構
選取主軸	作業「整體價值鏈」及「作業流程」先後次序加以選取。
主要內容	包括作業執行者之作業整體價值鏈階段，此屬「作業大項」，進而以「作業流程」形成「作業中項」。
重要考量	1.管理攸關性原則。 2.資訊成本與效益原則。

由上述可知，作業選取以「作業階層架構」原則為主，此階層架構應依作業大項或中項之順序逐階選取，以下分述：

1. 作業大項——以作業整體價值鏈階段為主軸

作業大項為作業整體架構之最高階層，選取時應先觀察企業之作業「整體價值鏈」之階段，從中確立起始點，依照作業執行的順序將各階段彼此連結，建構出完整的作業整體價值鏈，例如：研發、設計、生產及銷售等作業大項。

2. 作業中項——以作業流程為主軸

作業中項遵循作業大項的分類，列出作業價值鏈中每一階段的相關

流程，並依先後順序進行排列。由於此階層之選取將觸及企業不少流程，當流程數量龐大時，應進一步評估各流程的時間占比，進而評估合併或拆解流程之可能性。

綜合上述，作業階層架構之選取應由最廣、最清楚的作業大項逐步深入往「作業流程」設計，而當流程數量眾多時，可以酌予合併或拆解，而合併或拆解之主要考慮因素，係以能否預估出合理的「正常產能」為主。此外，應切記勿盲目認定所有企業皆需以作業大項或中項兩階層的方式加以選取，若企業整體作業簡單、清楚，則可能以「作業大項」單一階層選取便已足夠了解其「正常產能」；相反地，若流程困難且複雜時，則可增加更多階層，甚至以編號方式設計作業階層，例如作業大項屬第一階作業、作業中項屬第二階作業。

了解作業大項或中項之選取原則後，得再隨時考量下列兩項原則：

(1) **管理攸關性原則**：如前所述，因為作業大項或中項產生資訊之主要目的，在於從事「產能成本管理」之用，因而得考量「管理攸關性」。

(2) **資訊成本與效益原則**：作業大項或中項若「精細」對管理可能更好，但若因為過細而無法取得合理的「正常產能」資訊，則應考慮資訊效益得大過於資訊成本此原則。

（三）作業大項或中項之釋例

圖3-3提供作業大項或中項之釋例，如下所示。

由圖3-3可知，整體價值鏈之三個階段即為作業大項，而「作業大項」下之作業流程即為「作業中項」，如下所述：

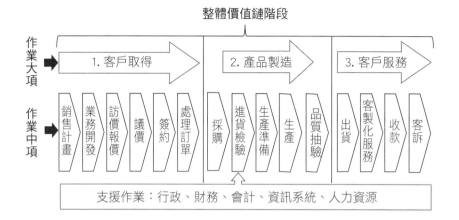

圖3-3 作業大項或中項之釋例圖

1. **作業大項**：為整體價值鏈之三個階段，依序為客戶取得、產品製造以及客戶服務，另有共通性的支援作業，包含行政、財務、會計、資訊系統、人力資源，此類作業對於價值鏈的每一個環節皆存在著必要性，故以底部方式呈現價值鏈存在之基礎。

2. **作業中項**：價值鏈各階段之作業大項包含不同的作業流程，以下逐一說明：

   (1) **客戶取得**：包含銷售計畫、業務開發、訪價報價、議價、簽約以及處理訂單之流程。企業於銷售計畫確認以後，即由業務進行顧客之開發，待顧客決定購買時，協助顧客完成訪價與報價之程序，經過最後議價並確認交易價格後，便開始處理顧客之訂單，準備進入下一個作業階段。

   (2) **產品製造**：包含採購、進貨檢驗、生產準備、生產及品質抽

驗之流程。企業於上一階段收到顧客之訂單後，確認規格無
誤後，便進行採購，並於檢驗供應商進貨之品質無虞後，進
行生產前的準備作業，最後開始生產及品質抽驗。

(3) **客戶服務**：包含出貨、客製化服務、收款及客訴等流程。上
一階段生產完成後，便將成品出貨並送達顧客手中，同時提
供顧客所需的客製化服務，待確認交貨與服務完成並完成驗
收後，再行收款，日後若有客訴產生時立即處理。

六、作業中心動因（正常產能）

「作業中心動因」是管理者掌握整體價值鏈產能的關鍵，是作業執
行者驅動「正常產能」的因子，當確立作業執行者投入作業大項或中項
的主要內容後，即需明確地預計其正常產能的情況。作業中心動因之設
計首先從作業執行者開始，逐一確認作業執行者：人員或機器以及其主
要功能之後，再評估作業執行可投入之正常產能或標準產能的情況，就
人員或機器而言，其正常產能即為預計可投入之「標準時間」，此即為
「作業中心動因」。

（一）作業中心動因（正常產能）選取之注意事項

有關作業中心動因選取注意事項，如下所述：

1. 確保作業中心動因資料之品質——資訊人員

作業執行者投入作業的產能資料，可能因為作業執行者為人員或機
器而由不同的資訊系統管理，此時資訊人員應確保各系統能將每月人員

或機器的「正常產能」相關資料，正確且定時地匯入「作業中心動因：正常產能」項目中，使作業中心模組管理報表具備正確性與時效性。若資料於填寫輸入時產生品質疑慮，應即時改善資訊品質之管理機制。

2. 從事產能的事先規劃——管理人員

建構出合理的「作業中心動因」後，管理者可以了解人員或機器預計投入之正常產能，進而從事合理的產能事先規劃，以利未來發揮「作業產能規劃」的最大效益。

3. 揭露可運用之產能——AVM 人員

過去傳統成本會計人員的訓練僅止於簡單的差異分析，因而成本會計人員只能透過數量差異、效率差異的方式，報告從事前規劃到事後執行之間的產能差距，對於差距背後的主因難以提出進一步的數據資料說明與佐證。而實施 AVM 制度之後，成本會計人員被轉型為 AVM 人員，「作業中心動因」的設計可以協助 AVM 人員從「作業」的本質一探究竟，讓 AVM 人員根據資訊系統的資料了解作業執行者可投入的正常產能（亦即標準時間），且得以「作業的語言」揭露可運用之產能的多寡。

由上述可知，好的「作業中心動因」應具備基本的資料品質、提升產能規劃的攸關性。

本節所談的「作業中心動因：正常產能」實為「正常產能法」之範疇，正可解決「正常產能」之規劃事宜。

（二）正常產能法之內容

有關正常產能法之相關內容，如下所述：

1. 規劃作業大項或中項的「正常產能」

首先需事前規劃「人員」或「機器」預計可以投入作業大項或中項的「正常產能」資料，而這些產能資料之產生必須具備以下兩項條件：

- **(1) 正常產出的預測**：對未來經濟環境進行評估，並且從競爭情況及淡旺季變化中預估企業未來的銷售量，並依此拉動正常產出（生產量）之預測，以及其背後作業大項或中項之「正常產能」計畫。
- **(2) 作業的效率假設**：依照學習經驗的累積，設定作業應具備的效率程度，經驗越豐富者，完成作業所需之時間相對較少，代表能夠在較短的時間內完成較多的作業量，進而提高產能所能發揮的效益。

當資訊具備以上兩項重要條件後，企業便有合理基礎去配置人員與機器的正常產能，使整體價值鏈產能可以達到預期發揮的價值，避免因為某一作業階段或流程的產能不足而形成瓶頸，進而阻礙生產或銷售的效率。此外，在擬定「正常產能」的過程中，企業相對需要投入足夠的人力、物力及時間，方能完成正常產能的規劃。

（三）正常產能法之釋例

有關作業大項或中項「正常產能法」之釋例，如表3-5所示。

由表3-5可知，將作業階層架構依照作業執行者的主要功能分為兩階段作業，依序為第1階的作業大項與第2階的作業中項，衡量產能的單位為時間（分鐘數），並以正常產能法來蒐集產品製造階段的正常產能數據，完成縝密的預測與假設後，估計2019年5月之正常產能內容如下：

1. **物料處理**：可投入12,000分鐘之人員「正常產能」。
2. **生產**：可投入人員16,000分鐘與機器20,000分鐘的「正常產能」。

表3-5　作業大項或中項之正常產能法釋例表(2019年5月)

作業執行者： 次作業中心	作業大項 （第1階）	作業中項 （第2階）	作業中項之 正常產能(分鐘)
人員	產品製造	物料處理	12,000
		生產	16,000
機器	產品製造	生產	20,000

七、作業大項或中項之單位標準成本

如前所述，作業中心模組主要透過「作業中心動因」，即「正常產能」或「標準時間」來計算出「單位標準成本」。由資源模組產生的作業中心之實際費用，再除以作業中心動因的「標準時間」後，即可計算

出「單位標準成本」之金額。接續表3-5之釋例，假設我們根據資源模組了解2019年5月之產品製造人員的費用為280,000元，在此假設物料處理人員及生產人員之薪資相似，因而得以合併計算，而機器折舊之費用為400,000元，即可計算出單位標準成本之金額，如表3-6所示。

表3-6　作業大項或中項之單位標準成本釋例表(2019年5月）

作業執行者：次作業中心	資源模組計算出之實際費用	作業大項	作業中項	作業中項之正常產能（分鐘）	作業中項之單位標準成本
人員	280,000元	產品製造	物料處理	12,000	10元
			生產	16,000	10元
機器	400,000元（折舊費用）	產品製造	生產	20,000	20元

　　由表3-6中可以了解人員不管在物料處理或生產作業之每分鐘標準成本為10元，而產品生產作業之機器折舊每分鐘標準成本為20元。

　　以上所談之單位標準成本，實為「實際費用」與「標準時間」下之「單位標準成本」，而非「標準費用」與「標準時間」下之「單位標準成本」，在AVM之下，從資源模組所計算出來之當月作業中心耗用的資源，為當月「實際發生」之費用，而非「標準費用」。若要了解「標準費用」與「標準時間」下之「標準成本」，得實施AVM幾年後累積相當豐富之資訊及經驗，透過作業預算管理（Activity Budgeting Management, ABM）制度之實施即可產生，以利於未來進行不同成本差異分析之用。

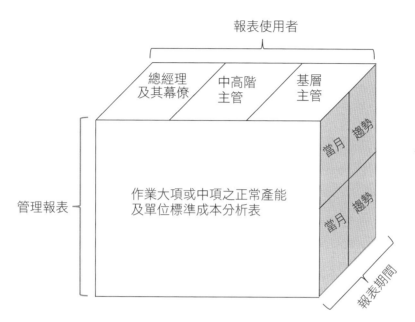

圖3-4　作業中心模組管理報表架構圖

八、作業中心模組管理報表

（一）作業中心模組管理報表架構

　　完成作業執行者、作業大項或中項並建立作業中心動因，而且計算「單位標準成本」資訊後，接下來即為產生「作業中心模組」之相關管理報表。首先，讓我們先了解作業中心模組管理報表的架構內容，請見圖3-4。

　　由圖3-4可知，作業中心模組管理報表架構述明三大主軸：報表使用者、管理報表及報表期間，如下所述：

1. 報表使用者

作業中心模組管理報表架構將報表使用者層級分為三大類：

(1) 總經理及其幕僚：為從事最高決策的管理者，主要責任為預測經營環境與制定策略，並根據策略規劃整體價值鏈的「正常產能」是否足夠，作為增資、擴廠、縮編等資本投資決策之參考依據。

(2) 中高階主管：負責執行策略的管理者，主要責任為將上級策略化為策略議題與目標，並引導旗下作業中心規劃「正常產能」。

(3) 基層主管：專責履行中高階主管指派任務之管理者，依照分工狀況負責不同任務，並帶領基層員工完成上級訂立之策略目標，因為基層主管熟悉作業內容，因而有能力預計人員或機器的「正常產能」。

2. 管理報表

無論作業中心的主要功能為何，管理者對其擔負的產能負有責任。在實施「正常產能法」的情況下，作業中心模組的管理報表為「作業大項或中項之正常產能及單位標準成本分析表」，此報表列示人員產能或機器產能如何分配於各項作業的大項及中項之中，以及其相關的單位標準成本內容，使各階層管理者能根據自己可以掌控的作業範圍，從事有效的「產能規劃」工作。

3. 報表期間

作業中心模組的管理報表之期間視管理需求之不同而異，可分為營

運性管理與策略性管理需求，說明如下：

(1) **營運性管理需求**：營運性之管理需求重視當期產能的規劃管理，因此需要定期掌握各項作業的產能情況，報表之期間通常包含與同年前期或前年同期之產能比較，使管理者能了解營運面之「產能規劃」情況。

(2) **策略性管理需求**：策略性之管理需求與企業策略有關，無論制定、維持新策略而需增資擴廠，或是淘汰、調整舊策略而需縮編改組，各種情況均需參考過去累積的「產能規劃」資訊，藉由了解過去累積的經驗，當為未來執行策略時各項作業所需投入的產能規劃之參考依據，所以報告期間通常橫跨多年期的資料。

(二) 作業大項或中項之正常產能及單位標準成本分析表

當了解正常產能及標準成本的產生過程後，便可進一步根據不同管理階層編製作業中心模組之管理報表。事實上，對中高階主管與基層主管而言，兩者關切之作業範圍截然不同，所以編製作業中心之管理報表前，應先分析不同階層管理者所關切的報表情況，如表3-7之說明。

表3-7　不同管理報表觀點之比較表

報表觀點	總表觀點	作業中心觀點	作業觀點
管理者	總經理及其幕僚	中高階主管	基層主管
作業範圍	整體價值鏈	主管之作業中心的作業	主管之作業流程

由表3-7可知，管理報表觀點可以分為總表觀點、作業中心觀點及作業觀點等三種，說明如下：

1. **總表觀點**：主要之管理者為總經理及其幕僚，其管理之作業範圍為企業整體價值鏈，例如總經理關切研發、設計、製造、銷售等各階段之「產能規劃」情況。

2. **作業中心觀點**：主要管理者為中高階主管，其管理之作業範圍為主管之作業中心的作業，例如製造處處長關切製造一部、製造二部或製造三部相關作業之「產能規劃」情況。

3. **作業觀點**：主要管理者為基層主管，其管理之作業範圍為主管之作業流程，例如：製造一部部長關切製造一部內相關作業流程之「產能規劃」情況。

綜上所述，可以清楚了解管理報表的資訊範圍將根據管理者所負責的範圍而有所不同，具備此基本觀念後，即可進入正常產能及單位標準成本表之類別分析。

1. 作業大項或中項之正常產能及單位標準成本分析表：總表觀點

總經理及其幕僚主要負責經營環境的預測與制定策略，並根據策略判斷未來應增加或減少之產能，因此需要評估整體價值鏈可投入的產能情況，並據此規劃未來產能，其正常產能及單位標準成本趨勢表，如表3-8所示。

由表3-8可知，此釋例以「標準時間」與「標準成本」，來規劃各

表3-8　作業大項或中項之正常產能及單位標準成本分析表：總表觀點之釋例

總表觀點	甲公司 作業大項或中項之正常產能及單位標準成本趨勢總表 2019年4月~5月				
作業大項	作業中項	4月		5月	
		標準時間	單位標準成本	標準時間	單位標準成本
研發	新產品之資訊蒐集及整理				
	……				
設計	……				
製造					
合計					

作業大項或中項之正常產能與單位標準成本，並且以「趨勢」表呈現，包括2019年4月及5月之資料，透過各作業中項之單位標準成本，總經理及其幕僚可以很容易地了解，公司整體價值鏈之標準成本的相對大小，此報表可提供之功能如下：

(1) 定位策略與產能關係

就傳統而言，總經理及其幕僚對於產能的了解有賴於對人員或機器本身的估計，大部分之思考邏輯僅限縮在人員面或機器面的分析及管理，難以按照「作業的重要性」依序規劃管理產能，更遑論思考作業、產能與策略三者之間的關係。事實上，越重要的策略越需要確保有足夠的產能去支應，而在作業中心模組中，「正常產能」及「標準成本」資訊可以讓總經理及其幕僚預先規劃產能的方向。

利用作業正常產能及單位標準成本表，總經理及其幕僚不僅可以了解整體價值鏈每一個階段之標準成本是否具有「競爭力」，且看出所有作業在執行「策略」時可能會遇到的產能問題及瓶頸，進而清楚地判斷目前整體產能規劃是否能讓策略全然地被執行，或是需要改變。

(2) 找出產能解決方案

　　一般而言，當發現作業產能有缺口或瓶頸時往往為時已晚，管理者僅能利用有限的作業角度與時間思考產能不足的問題，當情況窘迫時通常需要花費大量時間、金錢分析，並尋找解決方案。歸根究柢，問題可能就出在忽略初期對每一個作業的產能規劃，因而倘若踏實規劃作業之正常產能，並了解其標準成本，便可以找出解決產能問題的方案。

　　總之，透過正常產能及單位標準成本表，總經理及其幕僚可以事先了解作業大項及中項現行之產能狀況，再從前後流程之間的關係找出產能是否充足，針對明顯不足之產能依序衡量其重要性，並針對每一個重要且產能不足的作業項目，衡量預計投入之產能及成本，決定應該先從哪一項作業調派支援或直接建置新產能，甚至選擇委外處理。

2. 作業大項或中項之正常產能及單位標準成本表：作業中心及作業觀點

　　相較於總經理及其幕僚，中高階主管及基層主管的責任主要為策略的執行，並依據明確的策略目標逐步實現，因此需要確認執行作業時應事先規劃之產能情況，其正常產能及單位標準成本表之內容，如表3-9所示。

　　由表3-9可知，左邊之報表內容係為作業中心觀點的報表，涵蓋範

表3-9　作業大項或中項之正常產能及單位標準成本分析表：作業中心觀點及作業觀點釋例表

作業中心觀點

甲公司
台中廠
正常產能及單位標準成本趨勢表
2019年4月~5月

作業中心	作業執行者：次作業中心	作業大項	4月 標準時間	4月 單位標準成本	5月 標準時間	5月 單位標準成本
製造一部	人員	製造				
		行政				
	機器	製造				
製造二部	人員	……				
	機器	……				
……	……	……				
合計						

作業觀點

甲公司
台中廠製造一部
正常產能及單位標準成本趨勢表
2019年4月~5月

作業執行者：次作業中心	作業大項	作業中項	4月 標準時間	4月 單位標準成本	5月 標準時間	5月 單位標準成本
人員	製造	物料				
		生產				
	行政	經營會議				
機器	製造	製造				
		保養				
合計						

圍跨及製造一部及二部等，而右邊是作業觀點的報表，僅為製造一部內部的作業，不同之處來自於兩者主管所負責之作業範圍。正常產能及單位標準成本表，對中階及基層主管之功能如下所示：

(1) 了解產能問題

在下一章「作業模組」中蒐集實際產能之資料後，即可輔以正常產能之資料衡量產能的執行績效，了解正常與實際產能間之差異，此差異可分以下兩種：

A. 超用產能：過度使用人員或機器產能。

B. 剩餘產能：過多人員或機器的閒置產能。

(2) 優化產能利用率

依據傳統成本會計，無從詳細分析產能的超用與剩餘原因，但若利用「作業中心模組」的「正常產能」資料，與下一章的「作業模組」之「實際產能」資料做比較，即易了解超用與剩餘產能問題，以及其成本大小，進而找到產能問題及成本的解決之道，此部分將在下章「作業模組」中詳加說明。

九、作業中心模組之結論

如前所述，作業中心模組之主要目的，在了解作業中心執行者執行作業大項或中項時，「正常產能」及「標準成本」的情況。而且作業中心模組可以產生總經理及其幕僚、作業中心管理者及基層主管關心的「作業大項或中項之標準成本」相關報表，供「產能規劃決策」之用。

作業中心模組具有幾項重要資訊，如圖3-5所示。

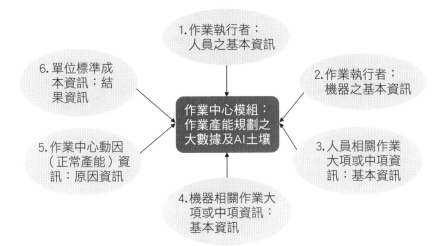

圖3-5　作業中心模組之相關資訊圖

　　由圖3-5可以清楚地了解作業中心模組具有四項基本資訊：作業執行者之人員及機器基本資訊、人員及機器相關作業之大項或中項資訊，一項原因資訊：作業中心動因（正常產能）資訊，以及一項結果資訊：單位標準成本資訊，這些資訊可協助組織建構出靈活有用、「因果關係」結合的「作業產能規劃」之大數據分析，甚至AI預測之發展方向。

第4章 AVM「作業模組」之觀念及原則——知的層面

本章主要目的在說明「作業模組」之範疇、管理重點、要素、原則及相關管理報表，供讀者了解「作業模組」之精髓及重要觀念。

一、作業模組之範疇

作業模組緊接在作業中心模組的作業執行者的作業大項或中項之正常產能後面，主要探討「作業細項」之「實際產能」內容，此模組包括作業執行者之作業細項、作業中心動因（實際產能）、超用或剩餘產能、作業屬性及作業細項之實際成本與作業屬性成本，然後產生相關之管理報表，如圖4-1所示。

由圖4-1可知，作業模組從作業執行者之作業細項開始，然後透過作業中心動因之「實際產能」資訊，協助管理者找出超用或剩餘產能之情況，且計算出作業細項之「實際成本」。此外，透過對作業細項設計其相關「作業屬性」，包括「品質屬性」、「產能屬性」、「附加價值屬

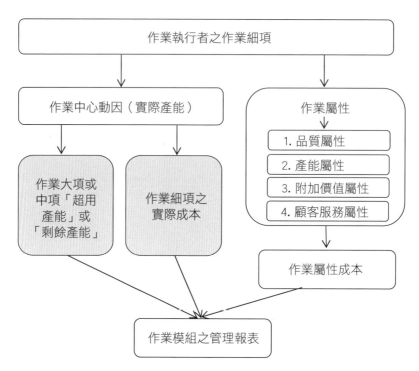

圖4-1　作業模組範疇圖

性」和「顧客服務屬性」，並計算出作業屬性之相關成本，最後產出作業模組之相關管理報表。

二、作業模組之管理重點 —— 超用或剩餘產能管理及作業屬性管理

作業模組之主要目的，在讓管理者從事作業中心模組之「正常產能」與作業模組之「實際產能」的差異分析，以從事「超用」或「剩餘」產能管理。作業細項可透過「作業屬性」分析，使管理者能從不同

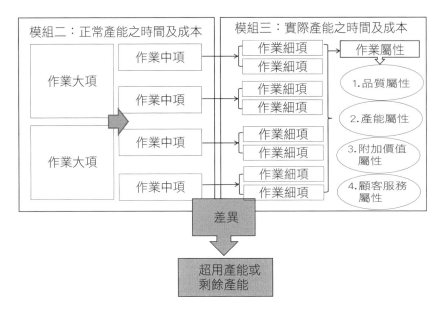

圖4-2　作業模組之管理重點圖

的「管理面向」與「成本管理」結合一體，如圖4-2所示。

　　由圖4-2可知，延續作業中心模組的作業大項或中項之設計，模組三此「作業模組」需先定義作業的細項。根據筆者之經驗，作業細項才易清楚地獲得作業「實際」執行之相關資訊，又透過實際產能之「作業中心動因」資料，將作業細項整合成作業大項或中項，即可與模組二「作業中心模組」之「正常產能」比較分析，了解作業大項或中項「超用」或「剩餘」產能的情況，供管理者從作業的角度進行產能管理與改善。此外，模組三對作業細項設計「品質」、「產能」、「附加價值」與「顧客服務」等四項作業屬性，協助管理者將品質、產能、附加價值及顧客服務等管理與「成本管理」結合一體，以提高作業的整合性管理效益。

三、作業模組之主要要素

有關作業模組有六大主要要素，如表4-1所示。

表4-1　作業模組之六大主要要素表

（一）作業執行者之作業細項

（二）作業中心動因（實際產能）

（三）作業大項或中項「超用產能」或「剩餘產能」

（四）作業屬性分析

（五）作業細項之實際成本

（六）作業屬性之實際成本

由表4-1可知，作業模組之六大要素包括：

（一）作業執行者之作業細項：確立作業執行者之作業細項內容。

（二）作業中心動因（實際產能）：了解作業細項實際投入的「產能」或「時間」情況。

（三）作業大項或中項「超用產能」或「剩餘產能」：從事作業大項或中項之「正常產能」及「實際產能」的差異比較分析，此差異結果可分為「超用產能」或「剩餘產能」兩種。

（四）作業屬性分析：視管理需求對作業從事「屬性分析」，分析層面包括「品質」、「產能」、「附加價值」或「顧客服務」等

四種屬性。

（五）**作業細項之實際成本**：根據作業中心的實際投入資源及作業細項之實際耗用時間，計算出作業細項之「實際成本」。

（六）**作業屬性之實際成本**：計算出品質、產能、附加價值及顧客服務等四種屬性之相關「作業實際成本」。

四、作業執行者之作業細項

AVM之目的在於同時解決「標準成本」及「實際成本」之課題，對「標準成本」而言，得先規劃「正常產能」，因而以作業大項或中項為規劃方向，此為「作業中心」模組之重點。要計算「實際成本」，最重要的是必須取得作業細項之「實際產能或時間」資訊，此資訊與作業執行者的日常工作細項最有關係，因而在模組三先探討作業執行者：人員或機器的作業細項內容。

（一）作業細項選取之注意事項

選取作業細項最重要之注意事項，是作業細項必須跟隨著模組二之作業大項或中項而來，不可跳過作業大項或中項自行設計，此為非常重要之邏輯觀念。

（二）作業細項選取之原則

有關作業細項選取之原則，如表4-2所示。

由表4-2可知，作業模組從「工作內容」的角度設計作業細項，由於涉及作業執行者實際執行的步驟或動作，所以此階層的作業項目數量

表4-2　作業細項選取之原則表

作業細項選取 之原則 主要項目	作業階層原則
選取主軸	依據作業階層原則從作業中心模組之作業大項或中項，往下發展「作業細項」之內容。
主要內容	觀察作業執行者之日常「工作內容」，設計出作業細項。
重要考量	1. 管理攸關性。 2. 資訊成本與效益原則。

將會更多且更仔細。

在此建議選取作業細項時，需先觀察作業執行者「工作項目」的順序，即標準作業流程（SOP）與時間之比重後，逐項釐清出明確且一致的作業細項內容，其釐清方法可分為以下兩種：

1. **依照「工作內容之先後順序」**：將作業執行者所做之「工作步驟」依照日常執行順序逐一排列，如遇特殊情況而有附加步驟或順序變化，可隨時加以調整，亦即為依「工作內容」設計其SOP。

2. **依照「動作之時間多寡」**：分析作業執行者各項動作時間占整體時間的比重情況，當比重過高時，思考「拆解作業」的可能性，當比重過低時，則思考「合併作業」之可能性。無論決定拆解或合併，都應確保作業細項的選取能符合「管理決策」之真正需求。

由上述可知，作業細項通常為整體作業階層的最終階層，並以作業執行者的詳細「工作內容」進行選取，其方式包括依照「工作內容之先後順序」以及「動作之時間多寡」加以選取，選取過程中如果碰到不確定狀況應隨時調整。而選取作業細項與選取作業大項或中項相同，必須考量「管理攸關性」及「資訊成本與效益」此兩項原則。

（三）作業細項之釋例

有關作業細項之釋例，如圖4-3所示。

作業中心模組				作業模組
作業中心	作業執行者	正常產能		實際產能
		作業大項	作業中項	作業細項
製造一課	人員：作業員	生產作業	產品製造	上料
				組裝
			成品入庫	成品貼標
				成品搬運
	機器：成形機	生產作業	產品製造	成形製造
		機器維護作業	機器保養	定期保養
			機器維修	機器重大維修
				機器簡單維修

圖4-3　作業細項之釋例圖

從圖4-3之釋例可知：「作業中心模組」之設計，其內容為製造一課之作業執行者：「人員」與「機器」，人員之主要作業為「生產」，包括「產品製造」與「成品入庫」之流程；而機器之成形機的主要作業為

生產與機器維護，前者之流程為產品製造，後者則為機器保養與機器維修。作業模組的「作業細項」具體內容，如下所述：

1. **作業員**：根據其工作細部流程說明如下：

   (1) 產品製造：第一步驟為上料，第二步驟為組裝。

   (2) 成品入庫：第一步驟為成品貼標，第二步驟為成品搬運。

2. **成形機**：根據其工作細部流程說明如下：

   (1) 產品製造：僅包括「成形製造」之作業。

   (2) 機器保養：合併各種機器保養動作之細項，僅列出「定期保養」之作業。

   (3) 機器維修：包括「機器重大維修」及「機器簡單維修」等兩項作業細項。

五、作業中心動因（實際產能）

如前所述，作業模組之主要目的在解決作業細項之「實際產能及成本」課題，本模組主要透過「作業中心動因」：「實際產能」來蒐集「作業細項」之資訊，此「實際產能」即為人員或機器的作業細項之「實際投入時間」，通常要如何蒐集到「實際時間」此資訊呢？此為作業模組最重要也最花時間之課題。

茲以組織「整體價值鏈」來說明不同作業取得「實際產能」之方法，如下所述：

（一）研發及設計作業：研發及設計功能大部分以「專案」方式來

管理，因而可透過研發及設計人員投入專案之「作業細項」，填寫其「實際工時」來達到蒐集「實際產能」之目的，故研發及設計人員之「工時系統」設計就非常重要。而對製造業非常重要的「模具」，若屬自己開發模具，也是以「工時系統」來蒐集模具之開發時間資訊。

（二）**製造作業**：製造功能相關之價值標的為「製令」、「工單」或「產品」，製造人員的相關作業，可以透過「量測方式」來蒐集製造人員在不同工單或產品之不同作業細項資料，可經由「三次或五次」的量測，將蒐集到的作業時間加以平均，即可決定人員的相關作業細項時間。而「機器」之實際時間，則可透過自動化機器自動記錄蒐集。有關機器相關之作業，目前臺灣已有不少製造業實施 MES 及工業 4.0 制度，因而非常容易取得機器作業之「實際時間」資訊。

（三）**銷售作業**：銷售功能相關之價值標的為「顧客」，銷售人員的作業細項主要包括對顧客之售前、售中及售後之作業，可以透過自動化之「工時系統」方式，蒐集銷售人員服務顧客之各項作業時間。筆者與威納科技公司共同研發一款通用的 APP「A$^+$」，主要在蒐集銷售人員或外勤人員服務不同顧客之不同作業細項的「實際時間」。

（四）**其他作業**：組織內其他部門之作業細項若不確定因素很高時，建議以「工時系統」由相關人員以電腦或 APP 方式來填寫。若作業細項之確定性很高且一致，則以「量測方式」來蒐集資料即可，例如：「進料品檢」的作業經過三～五次之量測後都很一致，每次進料品檢都是 30 分鐘，此「30 分鐘」

即為一次「進料品檢」之時間。公司若擬蒐集「間接部門」之作業細項時間，因其不確定性較高，建議以「工時系統」方式來蒐集。

六、作業大項或中項之「超用產能」或「剩餘產能」

一般而言，作業執行者在執行作業的現場常有不可抗力因素、緊急事件等無法預期之情況發生，使得「實際產能」的執行內容與「正常產能」的預估有所差異。具體而言，此種差異可以分為兩種情況，一種是作業執行者實際投入的產能超過事前規劃的正常產能，此即為「超用產能」；另一種是作業執行者預先規劃的正常產能大過於「實際產能」，因而留下未利用之產能，此即為「剩餘產能」。

（一）正常產能與實際產能之差異分析步驟

有關正常產能與實際產能之差異分析步驟，如圖4-4所示。

由圖4-4可知，正常產能與實際產能的差異分析有四個步驟，以下分述：

步驟一：每月對作業大項或中項訂定正常產能

此步驟在「作業中心模組」中已述明，在此擬強調公司每個月初都得對每一項作業大項或中項從事「正常產能」之規劃。

步驟二：蒐集作業細項之實際產能資料

公司每個月都得要求實施 AVM 之部門，蒐集「作業細項」之實際產能或時間之資訊。

步驟一：每月對作業大項或中項訂定「正常產能」

步驟二：蒐集作業細項之「實際產能」資料

步驟三：彙總作業大項或中項之「實際產能」

步驟四：將作業大項或中項之正常產能與實際產能
加以比較，會有兩種情況發生：
　　1. 正常產能-實際產能<0，有超用產能發生。
　　2. 正常產能-實際產能>0，有剩餘產能發生。

圖4-4　正常產能與實際產能的差異分析步驟圖

步驟三：彙總作業大項或中項之「實際產能」

　　公司得將不同作業中心之不同作業執行者的「作業細項」加以彙總，作為作業大項或中項之實際產能或時間。

步驟四：將作業大項或中項之正常產能與實際產能加以比較

　　比較正常產能與實際產能後會有兩種情況發生：

1. 正常產能－實際產能＜0，有超用產能情況：

　　即作業執行者實際投入產能大過於正常產能，因而有超用產能發生。

2. 正常產能－實際產能＞0，有剩餘產能情況：

　　即作業執行者實際投入產能少於正常產能，因而有剩餘產能發生。

（二）超用產能之原因分析及解決之道

1. 超用產能之發生原因

當實際產能高於正常水準，便產生超用產能的警訊，其可能原因如表4-3所示。

表4-3　超用產能之原因分析表

發生時點＼分析面	產出面	效率面
事前規劃時	預測銷量過於悲觀	效率要求過於嚴格
事後執行時	急件插單、旺季人手不足或做錯重製	人員熟悉度不足或機器設備老舊等

由表4-3可知，超用產能之可能發生原因如下所述：

(1) 事前規劃時：可分為產出面與效率面來探討，如以下說明：

　　A.產出面：預測銷量過於悲觀，當預期銷量過低時，實際增加的銷量將會增加產能的投入，進而導致作業執行者投入的產能超過預期的水準。

　　B.效率面：當效率要求過於嚴格時，執行者便不易在目標產能內完成全部的作業，因而需要投入更多的產能。

(2) 事後執行時：可分產出面與效率面來探討，如以下說明：

　　A.產出面：包含急件插單、旺季人手不足或做錯重製等狀況發生：

(A) **急件插單**：產生急件插單時，將對產能產生突如其來的需求，因而增加作業執行者的產能投入。

(B) **旺季人手不足**：面臨旺季時，正常產能可能不及銷售需求之水準，因而需增派更多作業執行者、投入更多預期之外的產能。

(C) **做錯重製**：當做錯重製發生時，代表產能的運用無附加價值，故需再一次投入產能以完成顧客要求之產出，因而增加產能之負荷。

B. **效率面**：包含人員熟悉度不足或機器設備老舊等狀況發生：

(A) **人員熟悉度不足**：當新進人員在不熟悉的情況下執行作業時，需要更多的時間去教育與練習，故所需投入的產能將高於熟悉者。

(B) **機器設備老舊**：當機器設備老舊而未升級時，其作業效率將隨著使用時間的增加而逐漸遞減，因此漸漸增加機器設備運作所需的產能或時間。

2. 超用產能之解決之道

綜合上述，超用產能發生的原因在事前規劃或事後執行時都可能發生，且可能來自於產出面或效率面之因素，其解決之道如下所述：

(1) **事前規劃時的解決方案**：管理者對於產出面可以加強「銷售預測」資料的蒐集，以增加銷售的預測合理度；至於效率面，組織得考慮持續調整作業效率的設定標準。

(2) **事後執行時的解決方案**：就產出面而言，應由管理者加強「生

產管理」，並制定緊急應變措施；效率面則應透過再教育、能力鑑定方式加速人員的作業熟悉度；老舊的機器設備應該在適當時機加以汰舊換新。

（三）剩餘產能之原因分析及解決之道

1. 剩餘產能之發生原因

相較於超用產能，產生剩餘產能警訊之可能原因，如表4-4所示。

表4-4　剩餘產能之原因分析表

發生時點＼分析面	產出面	效率面
事前規劃時	預測銷量過於樂觀	效率要求過於寬鬆
事後執行時	流失訂單、臨時轉單或淡季人手過剩	錯置高技術人才或高端機器

由表4-4可知，剩餘產能之可能發生原因如下：

(1) 事前規劃時：可分為產出面與效率面來探討，如以下說明：

A. 產出面：預測銷量過於樂觀。當預期銷量過高時，實際上未達成銷量時將會減少產能的利用，增加閒置產能的情況，導致作業執行者投入的產能未達預期的水準。

B. 效率面：當效率要求過於寬鬆時，作業執行者便能輕易在目標產能內完成全部的作業，因而產生剩餘或未利用的產能。

(2) **事後執行時**：可分為產出面與效率面來探討，如以下說明：

　　A. **產出面**：包含流失訂單、臨時轉單或淡季人手過剩等情況發生：

　　　(A) **流失訂單**：當業務量下降致使訂單減少時，作業執行者投入作業的產能將相對下降，因而可釋放出正常需求下的剩餘產能。

　　　(B) **臨時轉單**：當管理者因為技術、成本等因素決定將訂單委外生產時，人員與機器便無須對該訂單投產，因而實際利用之產能即會下降。

　　　(C) **淡季人手過剩**：當淡季需求低於正常產能之預測時，現場將無單可做，產生過剩的人力與機器產能。

　　B. **效率面**：在正常產能的產出或效率資料皆無誤的前提之下，事後執行時所產生的剩餘產能，實務上可能有錯置高技術人才或高端機器等情況發生：

　　　(A) **錯置高技術人才**：筆者常發現當資深主管加入現場並協助執行作業時，作業效率雖然上升，卻同時犧牲能夠管理指揮、控管風險、增加整體作業效率的高價值人力。

　　　(B) **錯置高端機器**：當昂貴的新型高端機器暫代執行舊型機器的現行作業時，其作業效率雖然上升，卻可能因為無法製造價值更高的產品，而產生更高的機會成本之代價。

2. 剩餘產能的解決之道

　　綜合上述，剩餘產能發生的原因可能在事前規劃或事後執行時，並且可能來自於產出面或效率面之原因，其解決之道如下所述：

(1) **事前規劃時的解決方案**：管理者對於產出面可以加強資料的蒐集，使景氣的觀察與預測更為準確；對於效率面，組織應該考慮重新調整作業效率之要求標準。

(2) **事後執行時的解決方案**：就產出面而言，管理者應該加強「生產管理」並適度調節產能；對於效率面則應透過適當的作業分工，使高技術人才能在適切的工作崗位上工作，高端機器設備則應為高價值之產品貢獻，以提升整體經營績效。

七、作業屬性分析

專業分工越細的企業，管理者的領域分工也越細，因而對管理報表的需求會越廣，此時要由一套管理系統同時滿足各領域主管的管理資訊需求，幾乎不可能，唯有透過「作業屬性」之設計及分析，得以克服這個課題，因為「作業屬性」就像管理者的「專業標籤」，企業可針對不同領域管理者的管理重點及所需資訊，探討其與「作業」此細胞之關聯，逐項定義出作業屬性，並計算出相關「成本」，以供不同領域的管理者使用。

（一）作業屬性選取之注意事項

有關「作業屬性」選取應注意之事項，如下所述：

1. 選擇「產業」適合的作業屬性

不同產業的作業本質不同，管理重點也不同，因而在選取作業屬性時，需視「產業」特色而定，例如買賣業的作業鮮少與「品質屬性」相

關，代工製造業的作業則與「顧客服務屬性」較無關係。

2. 結合「企業」現行的管理制度

　　企業有大大小小不同的「管理制度」，作業模組之目的在結合公司內部以「作業」為細胞且產生經營之「原因」資訊的管理制度，透過「作業屬性」此「作業標籤」最易達到此目的，因而作業屬性之選取最好能符合企業現行之管理制度。例如：製造業非常重視「產品品質」相關的內部或外部失敗所產生之成本，因而在模組三中應設立「品質屬性」。

3. 連結「專業領域」的重點管理及作業內容

　　不同「專業領域」的主管所關注的重點管理不同，因此重點的作業內容亦不相同，故「作業屬性」需連結至「專業領域」的重點管理及作業內容，例如：「顧客服務屬性」應與銷售專業領域關注的重點管理及作業內容相互連結一體，以幫助銷售管理者快速了解「顧客服務作業」的運作及成本情況。

（二）作業屬性之種類

　　雖然不同公司關注的「重點管理」方向不同，專注的作業內容也不盡相同，如第一章所述，根據筆者多年對 AVM 之研究發現：一般通用的「作業屬性」包括四大類別，如圖4-5所示。

　　由圖4-5可知，作業屬性從「作業」開始出發，此作業即「作業模組」中最細微的「作業細項」，作業屬性共包括品質、產能、附加價值及顧客服務屬性等四種，分述如下：

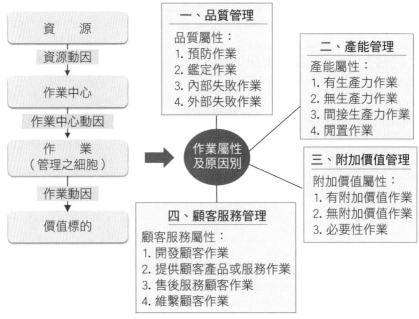

圖4-5　作業屬性面

1. 品質屬性

　　品質屬性是AVM連結至「品質管理」的重要橋梁，含括所有與品質有關的作業活動，使管理者能從「品質屬性」報告中有效地管理內部或外部失敗之作業，使產品或服務能滿足甚至超出顧客的品質需求與期待。品質屬性包括預防、鑑定、內部失敗及外部失敗等四種不同作業，茲說明如下：

(1) **預防作業**：預防產品或服務瑕疵之作業，例如：員工品質訓練作業。

(2) **鑑定作業**：檢驗產品或服務之作業，例如：品質稽核作業。

(3) **內部失敗作業**：提供顧客產品或服務前所發現之瑕疵處理作業，例如：產品重製作業。

(4) **外部失敗作業**：顧客取得產品或服務後發現問題之處理作業，例如：客訴處理作業。

為了未來能確實追蹤到「品質屬性」之發生原因，筆者建議當發生品質問題時，尤其是「內部及外部品質失敗」時，需馬上記錄其「原因別」及應負責之「單位」、「人員」、「供應商」或「顧客」等，作為未來「品質管理」追蹤之用；例如：若因供應商造成公司產生內部失敗或外部失敗作業及成本時，未來可以向供應商扣款，或當為「供應商績效評估及選擇」之參考依據。

2. 產能屬性

產能屬性是 AVM 連結至「產能管理」的重要橋梁，含括各種作業之產能發生情況，使管理者能從「產能屬性」報告中管理無生產力作業、閒置作業，使產能運用在具生產力的作業活動之中。產能屬性包括有生產力、無生產力、間接生產力及閒置產能等四種不同作業，以下說明：

(1) **有生產力作業**：可創造產品或服務生產力的作業，例如：產品製造作業或顧客服務作業等。

(2) **無生產力作業**：無法創造產品或服務生產力的作業，例如：產品重製作業或顧客退貨作業等。

(3) **間接生產力作業**：不直接影響產品或服務生產力之支援性作業，例如：會計作業或軟體維護作業等。

(4) 閒置作業：人員之等待或機器之停待機作業，例如：產線人員之待產作業、機器之停機作業或待機作業等。

為了未來能確實追蹤到「產能屬性」之發生原因，建議當發生「無生產力或閒置產能」時，需記錄其「原因別」及應負責之「單位」、「人員」、「供應商」或「顧客」等，作為未來「產能管理」追蹤之用。

3. 附加價值屬性

附加價值屬性是 AVM 連結至「附加價值管理」的重要橋梁，其包括所有在顧客眼中之附加價值的作業活動，使管理者能從「附加價值屬性」報告中管理無附加價值作業，引導作業執行者從事具附加價值的作業，提升產品或服務帶給顧客之附加價值力。附加價值屬性包括有附加價值、無附加價值及必要性等作業，說明如下：

(1) 有附加價值作業：顧客感受到有價值且有貢獻之作業，例如：產品製造作業或顧客服務作業等。

(2) 無附加價值作業：顧客感受到無價值且無貢獻之作業，例如：顧客抱怨作業或產品重製作業等。

(3) 必要性作業：對顧客沒有價值，但為必要性不能沒有之作業，例如：內部稽核作業、法令遵循作業或覆核性作業等。

為了未來能確實追蹤到「附加價值屬性」之發生原因，建議當發生「無附加價值」時，需記錄其「原因別」及應負責之「單位」、「人員」、「供應商」或「顧客」等，作為未來「附加價值管理」追蹤之用。

4. 顧客服務屬性

　　顧客服務屬性是 AVM 連結至「顧客服務管理」的重要橋梁，含括所有服務顧客的作業活動，使管理者能從「顧客服務屬性」報告中了解獲利顧客與虧損顧客背後的作業模式，從改善顧客服務模式中創造顧客價值，進而提升「顧客利潤」。顧客服務屬性包括開發顧客、提供顧客產品或服務、售後服務顧客及維繫顧客等相關作業，說明如下：

(1) 開發顧客作業：為開發顧客而產生之作業，例如：行銷作業、廣告作業、競標作業及直接銷售作業等，開發顧客之相關作業都與「新顧客」有關係。

(2) 提供顧客產品或服務作業：使產品或服務送達到顧客手中之相關作業，例如：產品運送作業或訂單處理作業等，此方面之作業與「新舊顧客」都有關係。

(3) 售後服務顧客作業：銷售完產品或服務給顧客後，所發生之相關作業，例如：售後之特殊到府檢查及商品諮詢等作業，此方面之作業與「新舊顧客」都有關係。

(4) 維繫顧客作業：為延續顧客長期關係所投入的作業。例如：拜訪舊顧客或寄送舊顧客生日禮物等作業，此方面之作業都與「舊顧客」有關係。

　　根據筆者之經驗顯示：當銷售人員投入太多心力及時間，維繫舊顧客而忽略開發新顧客時，其個人長期績效一定不佳，因而主管得長期追蹤不同銷售人員投入四項顧客服務作業之分配情況，作為銷售人員「績效評估」之參考依據。

由上述可知，作業屬性可以使「成本管理」與「品質管理」、「產能管理」、「附加價值管理」及「顧客服務管理」緊密地結合一體，協助各專業領域管理者從作業角度了解作業執行者的作業實況及所花費之成本。最後，在此特別提醒讀者：作業細項適用的作業屬性可能只有一種、多種或無屬性可用。

(三) 作業屬性之選取注意原則

在此擬提醒讀者，作業屬性之選取，需注意下列兩項原則：

1. **作業細項之清楚程度**：當作業細項的名稱與定義畫分得越清楚，越容易明白是否為「作業屬性」的管理範圍，例如：一看到「品質檢驗」作業，即可了解此為「品質屬性」中之鑑定作業。
2. **作業屬性之管理目的**：當作業屬性協助管理者之管理目的越清楚，所含括的「作業屬性」亦會越明確，例如：銷售主管想了解不同銷售人員開發新顧客或維繫舊顧客所投入的時間及相關成本情況，作為「內部標竿管理」之用，此時即需從事「顧客服務屬性」之設計。

八、作業細項之實際成本

(一) 作業細項之實際成本計算步驟

有關作業細項之實際成本的計算步驟，如圖4-6所示。

由圖4-6可知，作業細項之實際成本的計算包括四大步驟，首先為彙總由資源模組而來之作業執行者之「實際總成本」資料，進而蒐集作

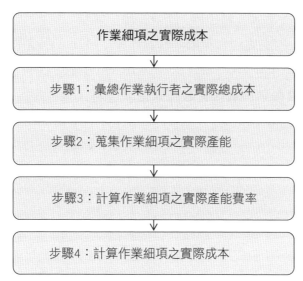

作業細項之實際成本

↓

步驟1：彙總作業執行者之實際總成本

↓

步驟2：蒐集作業細項之實際產能

↓

步驟3：計算作業細項之實際產能費率

↓

步驟4：計算作業細項之實際成本

圖4-6　作業細項之實際成本計算步驟圖

業細項之「實際產能」資料，進而計算出作業細項之「實際產能費率」，最後計算出作業細項之「實際成本」。

（二）作業細項之實際成本計算釋例

　　有關作業細項的實際成本計算之釋例，如下所述：

步驟1：彙總作業執行者之實際總成本：假設作業中心之作業執行者只有「人員」，從資源模組彙總「人員」使用之資源包含：自用之資源400,000元及內部服務之成本80,000元，合計480,000元。在此假設：每位人員之薪水都很相似，因而可以「相同群組」視之。

步驟2：蒐集作業細項之實際產能：在作業執行者執行當月細項作業，

並從「量測系統」或「工時系統」蒐集記錄後，假設當月人員投入物料處理作業的「備料作業」10,000分鐘、生產作業的「製造作業」與「檢查作業」各6,000分鐘與4,000分鐘。

步驟3：計算作業細項之實際產能費率：將作業執行人員的總成本480,000元除以投入備料作業、生產作業及檢查作業的總實際產能共20,000分鐘，進而可以計算出每一分鐘執行物料處理、生產作業或檢查作業的費率為24元，換句話說，「人員」之作業細項每一分鐘的實際成本為24元。

步驟4：計算作業細項之實際成本：根據實際產能費率24元/分鐘為計算基礎，再根據作業細項的實際產能資料：備料作業10,000分鐘、製造作業6,000分鐘與檢查作業4,000分鐘，即可計算出備料作業成本240,000元、製造作業成本144,000元及檢查作業成本96,000元，此三項實際成本加總為480,000元，即為作業執行者之總成本。

九、作業屬性之實際成本

有關四類作業屬性之實際成本之計算邏輯，如圖4-7所示。

由圖4-7可知，各類作業屬性成本之計算，主要還是回歸到與四類作業屬性有關之「作業細項之實際產能費率」，再乘以「實際產能」，即可得到不同作業屬性之實際成本，例如：上節之釋例，人員檢查作業之「實際產能費率」為24元/分鐘，當月投入之檢查作業時間為4,000分鐘，則「檢查作業」之實際成本為96,000元，此屬於「品質屬性」之「鑑定作業成本」。

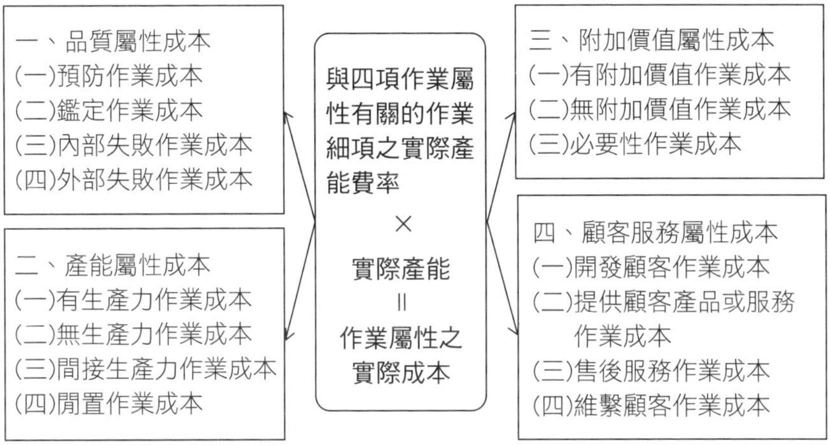

圖4-7　作業屬性之實際成本計算邏輯圖

十、作業模組管理報表

（一）作業模組管理報表架構

有關作業模組管理報表的架構內容，如圖4-8所示。

由圖4-8可知，作業模組之管理報表架構有三大主軸：報表使用者、管理報表及報表期間等，以下分述：

1. 報表使用者

作業模組之報表使用者包括三大類別：

(1) 總經理及其幕僚：為從事最高決策的管理者，了解公司整體價值鏈「正常產能」與「實際產能」的長期差異情況，以供「產能管理決策」之參考依據。

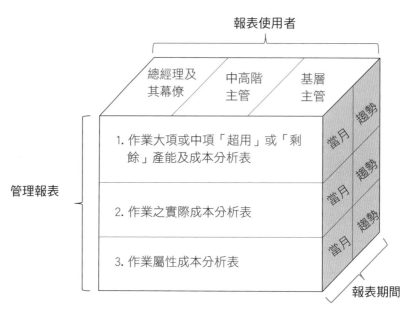

圖4-8　作業模組管理報表架構圖

(2) 中高階主管：負責執行策略的管理者，主要責任是將上級策略化為策略議題與目標，並引導旗下作業中心規劃正常產能，最後依照「實際產能」與「正常產能」之差異來評估產能是否被有效運用，作為「績效評估」之參考依據。

(3) 基層主管：專責履行中高階主管指派任務之管理者，並帶領基層員工完成上級訂立之策略目標，因為熟悉作業的工作內容而有能力安排、分配人員與機器的「正常產能」，且從「實際產能」資料的差異回饋中調整或改善現場的作業內容，作為「作業管理」之用。

2. 管理報表

作業模組的相關管理報表包括三種：1.作業大項或中項「超用」或「剩餘」產能及成本分析表、2.作業細項實際成本分析表及3.作業屬性成本分析表，說明如下：

(1) **作業大項或中項「超用」或「剩餘」產能及成本分析表**：本表讓各階層管理者了解不同作業「正常產能」與「實際產能」之差異情況、理解「超用產能」或「剩餘產能」情況，以及換算為「成本」之內容，作為未來「產能成本管理」之參考依據。

(2) **作業細項之實際成本分析表**：此表提供各階層管理者根據不同的作業執行者：人員或機器作業之實際產能及其實際成本之情況，作為「作業成本管理」決策之用。

(3) **作業屬性成本分析表**：包括與品質管理、產能管理、附加價值管理、顧客服務管理等相關之作業及其成本情況，提供不同專業領域管理者從事不同的「作業屬性成本管理」之用。

3. 報表期間

管理報表之期間視管理需求之性質而不同，以下根據營運性管理與策略性管理之可能需求，分別說明如下：

(1) **營運性管理需求**：此類需求重視當期產能的「超用」或「剩餘」情況，以找出短期營運面可以快速改善之機會。又透過「品質」、「產能」、「附加價值」及「顧客服務」等四種不同「作業屬性」，了解短期營運面的改善方向。

(2) **策略性管理需求**：無論是新策略或舊策略所產生的需求變動，均需根據「正常產能」與「實際產能」之長期差異情況，來規劃未來的長期產能水準。當決策涉及調整整體價值鏈的不同階段或作業時，長時間累積下來的「作業屬性成本」資料，可以當為策略管理者檢視作業去留，改變「策略性營運模式」之參考依據。

（二）作業大項或中項「超用」或「剩餘」產能及成本分析表

如前所述，在正常產能規劃無虞的情況下，作業大項或中項「超用產能」或「剩餘產能」及相關成本的資訊，可以幫助管理者評估作業實際使用和正常規劃之差異，以及所有產能及成本管理改善之順序與方向，分別說明如下：

1. 超用或剩餘產能分析表

以作業中心觀點為例，實際產能與正常產能的差異可以用來評估作業中心產能運用的差異情況，參見表4-5。

由表4-5可知，作業大項或中項之超用產能或剩餘產能情況，可以顯示：作業中心各作業層級或作業流程實際多用或少用產能之情況，此分析表能讓作業中心管理者了解下列事實：

(1) **作業執行者可以改善的整體產能**：作業執行者產能的超用或剩餘，不會僅來自於單一作業，往往是多個作業交互作用的結果，例如表4-5之釋例，以製造一課的人員為例，整體超用了產能50小時，但是其中包含物料、生產作業超用70小時與行政作

表4-5 超用或剩餘產能分析表

甲公司台中廠超用或剩餘產能分析表 2019年5月								
作業中心	作業執行者：次作業中心	作業大項或中項	正常產能		實際產能		超用產能	剩餘產能
			時間	時間占比	時間	時間占比	時間	時間
製造一課	人員	物料	50	20%	70	23%	-20	
		生產	150	60%	200	67%	-50	
		行政	50	20%	30	10%		20
		小計	250	100%	300	100%	-70	20
	機器	……						
製造二課								

業少用20小時，因此欲改善作業執行者之產能，首先需了解整體產能之超用或剩餘情況。

(2) **各項作業可以改善的產能方向及空間**：從實際與正常產能的差異程度，可以看出各項作業之實際產能多或少投入之情況，進而了解可以改善的空間。以製造一課的人員為例，物料作業流程的產能使用了70小時，比規劃使用的50小時多用了20小時，此表示實際產能多用了40%，管理者可以思考為何會如此呢？又應該如何改善「物料作業」之產能超用情況呢？

2. 超用或剩餘產能成本分析表

以作業中心觀點為例，將實際產能與正常產能的差異轉化為「成本」後之內容，參見表4-6。

表4-6　超用或剩餘產能成本分析表

甲公司台中廠 超用或剩餘產能成本表 2019年5月 （單位:千元）							
作業中心	作業執行者:次作業中心	作業大項或中項	正常產能		實際產能		超用產能	剩餘產能
			成本	成本占比	成本	成本占比	成本	成本
製造一課	人員	物料	500	20%	700	23%	-200	
		生產	1,500	60%	2,000	67%	-500	
		行政	500	20%	300	10%		200
		小計	2,500	100%	3,000	100%	-700	+200
	機器	……						
製造二課								

　　由表4-6可知，超用產能或剩餘產能轉化為「成本」後，將使作業中心管理者了解以下之事實：

(1) 了解產能改善的效益：從超用或剩餘產能成本分析表中，管理者可以知道改善超用或剩餘產能成本的同時能獲得多少效益。以製造一課為例，課長若針對物料作業的超用產能進行控管，可能帶來200,000元的效益，又若將行政作業的剩餘產能善加利用，也可能創造200,000元的價值。

(2) 找到產能改善的順序：產能差異的成本分析資訊可以讓管理者快速了解產能可以改善的順序。例如：以製造一課為例，超用產能700,000元中同時包含物料作業的超用成本200,000元與生產作業的超用成本500,000元，明顯可知後者的改善效益為前者

的2.5倍，因此在時間及成本有限的情況下，管理者當務之急應先改善「生產作業」，再改進「物料作業」。

（三）作業之實際成本分析表

有關作業之實際成本分析表，可分為總表觀點、作業中心觀點及作業觀點等三項，說明如下：

1. **總表觀點**：主要管理者為總經理及其幕僚，其管理之作業範圍包括企業整體價值鏈。例如：總經理需要了解當期研發、設計、製造、銷售各作業階段之作業大項及中項之實際成本，以協助「訂價決策」參考之用。

2. **作業中心觀點**：主要管理者為作業中心之中階主管，其管理之作業範圍包括旗下作業中心之相關作業。例如：製造處處長關心製造一部、製造二部、製造三部相關作業之實際成本，以分析作業大項及中項成本有無偏高現象，當為「作業改善」之參考。

3. **作業觀點**：主要管理者為基層主管，其管理之作業範圍為自身作業中心內之作業。例如：製造一部部長關切製造一部內相關作業之最細作業成本，並從實際作業成本中發現問題，當為「作業改善」之參考。

綜上所述，有關不同觀點之作業實際成本分析表的詳細內容，說明如下：

1. 作業大項及中項之實際成本分析表：總表觀點

　　總經理及其幕僚在規劃階段負責制定策略，並確保公司整體營運模式之進行，所以需要作業之實際成本資訊，以了解公司整體價值鏈中不同階段之成本競爭力，作為「策略」及「經營模式」改變之參考依據，因而總經理及其幕僚較會關心作業大項甚至中項之實際成本內容，至於作業細項之內容較不是他們關心之範疇，如表4-7所示。

表4-7　作業大項及中項之實際成本分析表：總表觀點釋例

甲公司 作業大項及中項之實際成本總表 2019年5月			
作業大項 （公司整體價值鏈）	作業中項	實際成本	成本占比
研發	新產品之資訊蒐集及整理作業		
	………		
設計	………		
製造	………		
………			
合計			100%

　　表4-7之釋例，係揭露作業大項及中項之實際成本，透過各作業大項及中項占整體價值鏈的比重，總經理及其幕僚不僅容易掌握價值鏈各階段成本的發生過程，且可分析價值鏈之「成本競爭力」情況，當為「策略管理」及「經營模式管理」之參考依據。

2. 作業大項及中項之實際成本分析表：作業中心觀點

相較於總經理及其幕僚，中高階主管主要負責策略的執行，其實際作業成本之內容，請參考表4-8。

表4-8　作業大項及中項之實際成本分析表：作業中心觀點釋例

甲公司 製造一廠 作業大項及中項之實際成本表 2019年5月					
作業中心	作業執行者： 次作業中心	作業大項	作業中項	實際成本	成本占比
製造一課	人員	製造	物料		
			生產		
			行政		
	機器	……	……		
製造二課	人員	……	……		
	機器	……	……		
……	……	……	……		
合計					100%

由表4-8可知，作業中心觀點的報表涵蓋範圍跨及製造一課、二課，使製造一廠廠長可以了解製造一課與二課的作業實際成本，此表對作業中心主管之功能如下所示：

(1) 從作業掌握改善方向

過去管理層級間，資訊溝通的脫鉤往往來自於不一致的資料來源，實施AVM後，可將「作業面」資訊與「成本面」資訊整合一體，成為各管理階層共用的報表後，作業中心主管在自己所負責的作業中心範圍

內，可以看到不同作業中心之作業實際成本，尤其是作業大項及中項之實際成本，不僅可當為「內部標竿管理」之用，且可當為「作業改善」之參考依據。

總之，在管理資訊一致、作業語言與定義範圍一致的前提下，作業中心主管在自己部門裡看到的作業問題和總經理團隊的理解是一致的，因此可以朝著正確方向全力以赴，更易獲得作業改善效益。

(2) 從作業判斷解決先後次序

在作業、產能、成本未能整合時，管理者總是將作業問題、產能問題、成本問題分開思考，並各別解決，但是在有限的時間以及資源下，問題可能很難完全地被解決。而作業實際成本表將作業、產能與成本整合一體後，作業中心主管可以快速地了解作業問題的嚴重程度，進而採取改善效果最佳的方案依先後次序解決問題。

3. 作業細項之實際成本分析表：作業觀點

無論是作業的執行或改善，與作業接觸最頻繁的主管是基層主管，由於基層主管對作業內容具備專業、高熟悉度，因此可謂落實改善作業的主要關鍵人物，而作業改善方向奠基於上級所給予的一致性資訊。基層主管的作業細項之實際成本，請參考表4-9所示。

由表4-9可知，作業細項觀點的實際成本分析表涵蓋範圍包含人員或機器兩種執行者，使製造一課課長可以了解人員或機器在所有作業細項的實際成本，此表對基層主管之功能如下：

表4-9　作業細項之實際成本分析表：作業觀點釋例

甲公司 製造一課 作業細項之實際成本表 2019年5月					
作業中心執行者： 次作業中心	作業大項	作業中項	作業細項	實際成本	成本占比
人員	製造	物料	領料		
			投料		
		生產	設定		
			製作		
		行政	……		
機器	製造	……	……		
合計					100%

(1) 了解作業細項之成本比重

　　傳統上，基層主管僅注意「作業」本身的管理，所以常為完成上級指揮的終極目標而不計任何成本代價，且不了解作業成本及其價值創造情況，甚為可惜。透過AVM之作業細項實際成本，基層主管可以清楚地了解每一項最細作業所花的成本，並從作業細項間的成本比重，得以深刻了解人員或機器成本在作業之間逐步累積的過程及其成本情況。

(2) 了解作業細項改善效益

　　過去對於作業模式的選擇、改變、刪除等改善後所帶來的效益，因無明確的成本資訊，使得基層主管無法了解作業改善後的真正效益，非常可惜。在作業細項之實際成本下，基層主管的努力不僅可以和中高階主管的改善方向緊密連結，且因為資訊經過AVM每月不斷地產生後，

可以立刻顯現出作業細項改善後的成本下降情況，即為作業改善效益提升程度。當努力改善作業細項成果可以繼續被揭露與追蹤，使得基層主管願意付出更多的心力，落實更多正確的作業細項改善措施，形成「作業改善」的良性循環。以圖4-9說明作業細項之實際成本與作業改善之循環內容，共包括八大步驟，此為AVM之PDCA的步驟內容。

由圖4-9可知，2019年4月產生作業細項之實際成本資訊，例如：產生機器A之內部失敗成本之金額很高，基層主管即可看到機器A之問題，進而採取改善措施；到了5月，AVM再產生資訊時，假設機器A

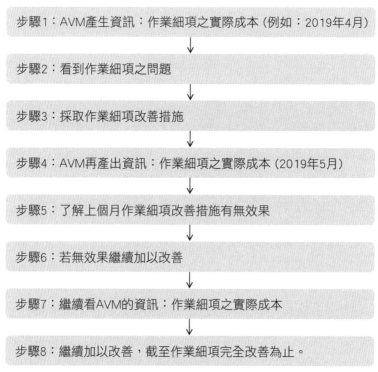

圖4-9　作業細項的實際成本與作業改善之循環圖

之內部失敗成本仍很高，並未改變，基層主管即可了解上個月的改善措施無效，得繼續加以改善，且持續看每個月的AVM資訊，一直改善到機器A之內部失敗成本下降到幾近「零」為止，才真正解決了機器A的作業問題。

(四) 作業屬性成本分析表

「作業屬性」包括四項，其相關成本分析表之內容說明如下：

1. 品質屬性成本分析表

品質屬性成本分析表將「品質管理」與「成本資訊」相互連結，讓管理者可以從作業的角度看到品質相關的成本代價，分別說明如下：

(1) 品質屬性成本分析表：總表觀點

品質屬性成本分析總表係從整體公司觀點了解組織為品質付出的代價，亦即讓總經理及其幕僚了解整個公司「品質成本」的發生情況，請見表4-10。

由表4-10可知，品質屬性成本分析總表揭露各項品質屬性之作業成本及所占比重，可帶給總經理及其幕僚如下功能：

A. **了解公司整體品質作業投入資源情況**：總經理及其幕僚從品質成本的占比中即可一目了然品質相關的作業成本情況，作為「品質成本管理」參考之用。

B. **清楚分類品質作業的成本**：利用預防成本、鑑定成本、內部失敗成本、外部失敗成本的分類，總經理及其幕僚可以清楚看到這些

表4-10　品質屬性成本分析表：總表觀點釋例表

甲公司		
品質屬性成本總表		
2019年5月		
品質屬性	成本	成本占比
預防作業		
鑑定作業		
內部失敗作業		
外部失敗作業		
非屬品質作業		
合計		100%

項目發生的比重大小，了解未來品質可改善之重點方向及內容。

(2) 品質屬性成本分析表：作業中心觀點

品質成本可以從作業中心觀點，以各項品質成本為主題，揭露各作業中心發生的品質成本情況，當為「內部標竿」之參考依據，請見表4-11至表4-14。

表4-11　品質屬性之預防成本分析表：作業中心觀點釋例表

甲公司		
作業中心預防成本表		
2019年5月		
作業中心	成本	成本占比
台中廠		
高雄廠		
……		
合計		100%

表4-12　品質屬性之鑑定成本分析表：作業中心觀點釋例表

甲公司 作業中心鑑定成本表 2019年5月		
作業中心	成本	成本占比
台中廠		
高雄廠		
……		
合計		100%

表4-13　品質屬性之內部失敗成本分析表：作業中心觀點釋例表

甲公司 作業中心內部失敗成本表 2019年5月		
作業中心	成本	成本占比
台中廠		
高雄廠		
……		
合計		100%

表4-14　品質屬性之外部失敗成本分析表：作業中心觀點釋例表

甲公司 作業中心外部失敗成本表 2019年5月		
作業中心	成本	成本占比
台中廠		
高雄廠		
……		
合計		100%

由表4-11到表4-14，可以讓作業中心之管理者了解下列事實：

A. 了解預防作業所付出之代價：品質管理源自事前預防的教育與訓練，因此作業中心應固定執行預防相關作業，若預防作業未確實執行，則該作業中心的預防成本將會異常地低，未來可能會增加內部及外部失敗之風險。

B. 檢視鑑定作業的存在：鑑定是檢驗品質的重要工作，若作業中心的鑑定作業未如實進行及落實，則該作業中心之鑑定成本可能很低，進而增加品質不佳發生的風險。

C. 了解內部失敗的作業成本：「內部失敗作業」是看到作業中心內部品質發生問題最直接的方法，當作業中心內部失敗成本上升，表示作業中心事前的預防或鑑定作業可能不足。

D. 了解外部失敗的作業成本：品質缺失被顧客發現時，所造成的損失通常最為嚴重，當作業中心的外部失敗成本越高，顧客對品質的滿意度越低，顯示公司之品質政策或工作必須進行大幅度的改善，否則可能嚴重到會「失去顧客」，不得不慎重處理。

(3) 品質屬性成本分析表：作業觀點

品質成本可以從最細的作業觀點，以各項品質成本為主題，揭露最細作業的品質成本內容，表4-15係以「鑑定作業成本」為釋例。

由表4-15之「鑑定成本」，可以分析作業中心最細鑑定作業之成本與占整體成本的比重，可以給基層管理者帶來如下功能：

A. 檢視鑑定作業的成本內容：觀察製造前、製造中及製造後之各項

表4-15　品質屬性成本分析表：作業觀點釋例表

甲公司台中廠 鑑定作業成本表 2019年5月				
作業大項	作業中項	作業細項	成本	成本占比
製造	產品檢驗	1.製造前檢驗		
		2.製造中檢驗		
		3.製造後檢驗		
……	……	……		
合計				100%

鑑定成本情況。

B.審視鑑定作業成本的合理性：從製造前、製造中及製造後之品質
鑑定作業成本，可以了解鑑定成本發生之合理性。例如：製造前
之鑑定品質作業成本很低，而製造後之鑑定品質作業成本很高
時，表示公司的鑑定品質作業管理不佳，亦即事前未管理好，因
而事後付出的代價可能很高。

2. 產能屬性成本分析表

產能屬性成本分析表能將「產能管理」與「成本資訊」連結一體，
讓管理者可以從作業的角度看到產能所付出之代價，分別說明如下：

(1) 產能屬性成本分析表：總表觀點

產能屬性成本總表從判定作業的「生產力」觀點出發，讓總經理及
其幕僚了解整體公司產能的分布情況，請見表4-16。

由表4-16可知，產能屬性成本分析表將作業成本根據有生產力、

表4-16　產能屬性成本分析表：總表觀點釋例表

甲公司 產能屬性成本總表 2019年5月		
產能屬性	成本	成本占比
有生產力作業		
無生產力作業		
間接生產力作業		
閒置作業		
合計		100%

無生產力、間接生產力及閒置產能之成本，加以揭露且了解成本占比情況，帶給總經理及其幕僚如下功能：

A.了解整體公司產能的運用情況：從有生產力產能成本的占比中，總經理及其幕僚即可快速地掌握整體公司產能有效利用的情況。以甲公司為例，若有生產力產能之成本占整體的比重越高，表示產能創造之生產力價值越大。

B.清楚分類待改善的產能：利用了解間接生產力成本、無生產力成本和閒置產能成本的情況，總經理及其幕僚可以具體地掌握產能改善的順序與空間。例如:閒置產能成本很大時，應加速改善產能閒置之問題。

(2) 產能屬性成本分析表：作業中心觀點

　　產能屬性成本可以就作業中心觀點，從有生產力成本為起點，揭露各作業中心發生的產能屬性成本情況，請見表4-17到表4-20。

由表4-17至表4-20之資訊，可協助作業中心管理者如下功能：

表4-17　產能屬性之有生產力成本分析表：作業中心觀點釋例表

甲公司 作業中心有生產力成本表 2019年5月		
作業中心	成本	成本占比
台中廠		
高雄廠		
……		
合計		100%

表4-18　產能屬性之無生產力成本分析表：作業中心觀點釋例表

甲公司 作業中心無生產力成本表 2019年5月		
作業中心	成本	成本占比
台中廠		
高雄廠		
……		
合計		100%

表4-19　產能屬性之間接生產力成本分析表：作業中心觀點釋例表

甲公司 作業中心間接生產力成本表 2019年5月		
作業中心	成本	成本占比
台中廠		
高雄廠		
……		
合計		100%

表4-20 產能屬性之閒置成本分析表：作業中心觀點釋例表

甲公司 作業中心閒置成本表 2019年5月		
作業中心	成本	成本占比
台中廠		
高雄廠		
……		
合計		100%

A.減少無生產力產能成本的浪費： 作業中心管理者可以從無生產力產能成本資訊中，試圖採取降低產能浪費之情況，以釋放出更多可用之產能。若作業中心的無生產力成本過高，該作業中心的作業應進行更細部的檢視及檢討，思考改善無生產力產能之方向及措施。

B.控制間接生產力成本： 間接生產力成本過高將降低產能直接創造之生產力價值，作業中心管理者應避免作業執行者從事過多間接生產力作業，以免影響產能的有效利用，例如：銷售部門開太多的內部會議，將使間接生產力之作業及成本增加，而使具生產力的作業減少，進而影響銷售部門之銷售業績。總之，若作業中心的間接生產力成本過高，作業中心管理者應注意該作業成本增加的原因，且應持續控制及下降間接生產力之產能成本。

C.善加利用閒置產能： 閒置產能是未被利用的產能，管理者可以從各作業中心的閒置產能成本中看到產能可加以利用的空間，進一步思考如何從未被使用的閒置產能中，創造或開拓出更多的

「生產力價值」及「營運績效」。

(3) 產能屬性成本分析表：作業觀點

產能屬性成本可以從最細的作業觀點，以各項生產力成本為核心，揭露最細作業的產能成本內容，以「無生產力」作業成本為例，如表4-21所示。

表4-21　產能屬性之無生產力成本分析表：作業觀點釋例表

台中廠 無生產力作業成本表 2019年5月				
作業大項	作業中項	作業細項	成本	成本占比
製造	產品品質管理	重製作業：機台1		20%
		重製作業：機台2		10%
……	……	……		
合計				100%

表4-21係以「無生產力成本」為例，分析作業中心相關的作業細項，例如：機台1或機台2之重製作業，屬無生產力之作業，從其相關成本金額及占整體成本的比重，可以帶給基層管理者如下功能：

A.**檢視無生產力的作業原因**：確認與無生產力相關之作業內容，並依成本金額大小來檢視無生產力作業之嚴重程度。

B.**從事無生產力產能之改善**：從無生產力之作業細項的成本占比中，對占比最高之「無生產力」作業先加以改善為宜，例如：表4-21之釋例中，機台1的重製作業成本占無生產力作業總成本的

20％，非常高，可能機台1為老舊機器，因而得先對機台1加以持續改善，直到重製作業成本之成本下降到一定程度為止，甚或就「成本效益」原則觀之，淘汰舊機器換新機器可能是最具經濟效益的措施。

3. 附加價值屬性成本分析表

附加價值屬性成本分析表係將「附加價值管理」與「成本資訊」連結，讓管理者可以從顧客觀點了解作業創造之價值是否為顧客所需，以下分別說明。

(1) 附加價值屬性成本分析表：總表觀點

附加價值屬性成本總表係從顧客需要的價值出發，讓總經理及其幕僚了解整體作業對顧客價值的創造情況，請見表4-22。

表4-22　附加價值屬性成本分析表：總表觀點釋例表

甲公司 附加價值屬性成本總表 2019年5月		
附加價值屬性	成本	成本占比
附加價值作業		
無附加價值作業		
必要性作業		
合計		100%

由表4-22可知，附加價值屬性成本將作業成本根據附加價值之有或無與必要性加以分類計算，並揭露不同的附加價值成本占整體成本的

比重，帶給總經理及其幕僚如下功能：

A.了解顧客可感受的附加價值：從有附加價值成本的占比，總經理及其幕僚即可快速了解整體價值鏈作業對顧客價值創造的程度，一般而言，有附加價值成本占整體成本的比重越高，即表示公司投入顧客有感的價值作業越多，顧客之滿意度就會越高。

B.清楚分類不具附加價值或非必要性成本：利用無附加價值成本或必要性成本的分類，總經理及其幕僚可以具體了解未能貢獻顧客價值的成本比重。例如：當無附加價值或必要性成本越高，表示投入之作業對顧客沒有價值，顧客不會買單且不願付錢，因而無法為公司創造收入，需快速改善。

(2) 附加價值屬性成本分析表：作業中心觀點

附加價值屬性成本可以從作業中心觀點，以不同附加價值成本為主，揭露各作業中心發生的作業成本，請見表4-23到表4-25。

由表4-23到表4-25之附加價值屬性成本分析中，可以帶給作業中心管理者如下功能：

A.比較顧客價值的貢獻：管理者可以從各作業中心的有附加價值成本比重，了解不同作業中心對顧客價值的貢獻度。若作業中心的有附加價值成本越高，表示該作業中心的作業對於顧客價值的創造越大，因而顧客的滿意度可能會越高。

B.降低無附加價值成本：無附加價值成本越高，顧客越感受不到作業中心的價值，管理者應引導作業中心找到創造顧客價值的方向

表4-23 附加價值屬性之有附加價值成本分析表：作業中心觀點釋例表

甲公司 作業中心有附加價值成本表 2019年5月		
作業中心	成本	成本占比
台中廠		
高雄廠		
……		
合計		100%

表4-24 附加價值屬性之無附加價值成本分析表：作業中心觀點釋例表

甲公司 作業中心無附加價值成本表 2019年5月		
作業中心	成本	成本占比
台中廠		
高雄廠		
……		
合計		100%

表4-25 附加價值屬性之必要性成本分析表：作業中心觀點釋例表

甲公司 作業中心必要性成本表 2019年5月		
作業中心	成本	成本占比
台中廠		
高雄廠		
……		
合計		100%

及做法。若作業中心的無附加價值成本長期都很高，管理者應思考該作業中心轉型的可能性。

C.控制必要性成本： 必要性成本是顧客未能感受但必要發生的成本，管理者應檢視其是否有不尋常的波動。當必要性成本激增，可能代表作業中心疏忽法規而延伸更多必須執行的遵循作業；又若必要性成本突然下降，亦可能代表應執行而未執行某些法規作業所致，此可能會導致極大的風險，管理者得深入探究其背後原因，進而加以改善及控制為宜。

(3) 附加價值屬性成本報表：作業觀點

　　附加價值屬性成本可以從最細的作業觀點，以各種附加價值成本為主，揭露最細作業的成本內容。表4-26係以「無附加價值」作業成本為例，分析其成本情況。

表4-26　附加價值屬性之無附加價值作業成本分析表：作業觀點釋例表

甲公司台中廠 無附加價值作業成本表 2019年5月				
作業大項	作業中項	作業細項	成本	成本占比
製造	產品品質管理	品質檢討會議作業		25%
		緊急問題檢討會議作業		20%
……	……	……	……	……
合計				100%

　　表4-26係以「無附加價值成本」為主，分析作業中心下相關的最細作業成本占整體成本的比重情況，可以帶給基層管理者如下功能：

A.檢視無附加價值的作業內容：確認無附加價值作業之項目，例
如：表4-26列示品質檢討會議之作業成本占無附加價值作業總成
本之比率為25％，又緊急問題檢討會議之作業成本占20％，都非
常地高且對顧客沒有價值，管理者應該想辦法快速地改善。

B.預期可以創造的顧客價值：在無附加價值的最細作業成本中，管
理者可以看到當減少不具附加價值的作業成本後，預期未來可以
增加創造顧客價值的可能性有多大。

4. 顧客服務屬性成本分析表

顧客服務屬性成本分析表將「顧客服務管理」與「成本資訊」連
結，讓管理者可以了解服務顧客所付出之代價，分別說明如下：

(1) 顧客服務屬性成本分析表：總表觀點

顧客服務屬性成本總表從服務顧客的觀點出發，讓總經理及其幕僚
了解不同的顧客服務作業所發生的成本，請見表4-27。

由表4-27可知，顧客服務屬性成本分析表將作業成本根據開發顧
客、提供顧客產品或服務、售後服務及維繫顧客作業之成本，並揭露不
同服務顧客的成本占整體的比重情況，帶給總經理及其幕僚如下功能：

A.了解顧客服務模式與策略目標的關係：從銷售前的顧客取得到銷
售後的顧客維繫成本占比中，總經理及其幕僚可以了解整體服務
顧客的模式著重於哪一個階段，並且清楚其與「策略」的關
聯。以甲公司為例，若目前策略目標為開發更多「新顧客」，但
是整體業務人員的顧客開發成本不增反減，則可能表示業務人員

表4-27　顧客服務屬性成本表：總表觀點釋例表

甲公司 顧客服務屬性成本總表 2019年5月		
顧客服務屬性	成本	成本占比
開發顧客作業		
提供顧客產品或服務作業		
售後服務顧客作業		
維繫顧客作業		
合計		100%

　　並未改變其銷售行為，亦即未主攻新顧客，因而甚難達到公司的策略目標。

B.思考顧客服務模式的改善方向：當售後服務成本或維繫顧客成本過高時，管理者可以思考服務顧客方式的改善空間，用更有效率的作業模式來服務顧客或穩固顧客關係。例如：維繫舊顧客成本長期過高，但無法為公司創造更高的收入時，管理者應思考舊顧客關係維繫的模式，可以從「人工服務模式」改變為「網路服務模式」，來維繫舊顧客的關係。

(2) 顧客服務屬性成本分析表：作業中心觀點

　　顧客服務屬性成本可以從作業中心觀點，以不同顧客服務屬性之成本為主，揭露各作業中心發生的作業成本，請見表4-28到表4-31。

　　由表4-28到表4-31列示各作業中心在顧客服務不同屬性的成本及占整體成本的比重，可以給作業中心管理者帶來如下功能：

表4-28 顧客服務屬性之開發顧客成本分析表：作業中心觀點釋例表

甲公司 作業中心開發顧客成本表 2019年5月		
作業中心	成本	成本占比
營業一處		
營業二處		
……		
合計		100%

表4-29 顧客服務屬性之提供顧客產品或服務成本分析表：作業中心觀點釋例表

甲公司 作業中心提供顧客產品或服務成本表 2019年5月		
作業中心	成本	成本占比
營業一處		
營業二處		
……		
合計		100%

表4-30 顧客服務屬性之售後服務顧客成本分析表：作業中心觀點釋例表

甲公司 作業中心售後服務顧客成本表 2019年5月		
作業中心	成本	成本占比
營業一處		
營業二處		
……		
合計		100%

表4-31　顧客服務屬性之維繫顧客成本分析表：作業中心觀點釋例表

甲公司 作業中心維繫顧客成本表 2019年5月		
作業中心	成本	成本占比
營業一處		
營業二處		
……		
合計		100%

A. **檢視新市場開發的執行力**：管理者可從各作業中心的開發顧客成本比重，了解不同作業中心對新顧客開發的投入情況，例如：營業一處的開發顧客成本越高，表示該處越專注於新顧客的開發作業，未來帶來的新收入之可能性會越大。

B. **發現顧客不滿意服務的現象**：當公司之營運模式不包括技術服務等售後服務時，假設銷售後的服務成本升高時，代表所提供的產品或服務越不足以滿足顧客的需求，此時管理者應了解成本過高的原因。例如：當營業二處的售後服務成本忽然升高，需先了解顧客大量要求售後服務的背後原因，是否來自於對產品或服務的不滿意所造成，再研擬改善措施。

C. **建立維繫顧客關係的標竿**：當作業中心用越少的維繫作業或資源來鞏固更多且更好的顧客關係時，越是經營顧客關係的標竿，作業中心管理者應鼓勵內部分享且給予獎勵。例如：營業一處用少於一倍的成本成功地維繫多一倍的顧客時，應鼓勵該處分享「顧客關係維繫」的寶貴經驗，且給予適當的有形及無形獎勵。

(3) 顧客服務屬性成本分析表：作業觀點

　　顧客服務屬性成本可以從最細的作業觀點，以不同的顧客服務成本為主題，揭露最細的作業成本內容。表4-32為「開發顧客作業成本」之釋例。

表4-32　**顧客服務屬性成本表：作業觀點釋例表**

甲公司營業一處 開發顧客作業成本表 2019年5月				
作業大項	作業中項	作業細項	成本	成本占比
銷售	市場開發	拜訪顧客		
		……		
……	……	……		
合計				100%

　　表4-32係以「開發顧客作業成本」為例，分析營業一處相關的作業細項之成本及其占整體成本的比重，可以給基層管理者帶來如下功能：

A.檢視開發顧客的作業及成本內容：確認開發顧客的具體作業內容，且從中了解每項作業所花的成本金額大小，以及評估所付的代價是否合理。

B.評估開發顧客之成本效益：當管理者了解開發新顧客所花之代價後，再與可創造之收入做比較，即可了解1元的開發顧客成本可帶來多少收入，當為「顧客開發管理」之參考依據。

十一、作業模組之結論

如前所述，作業模組之主要目的，在提供作業執行者作業細項之「實際產能及其實際成本」、「超用產能或剩餘產能」、「作業屬性及其實際成本」的內容。作業模組具有幾項重要資訊，如圖4-10所示。

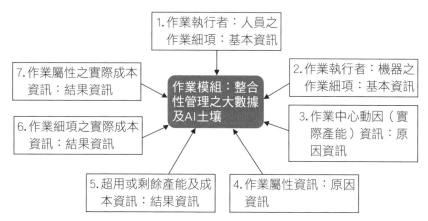

圖4-10　作業模組之相關資訊圖

由圖4-10中，可以清楚地了解作業模組具有兩項基本資訊：作業執行者：人員及機器之作業細項資訊、兩項原因資訊：作業中心動因（實際產能）及作業屬性等資訊，以及三項結果資訊：超用或剩餘產能及成本、作業細項之實際成本及作業屬性之實際成本等資訊，此些資訊可協助組織建構出非常有用及靈活的「因果關係」結合之「品質管理」、「產能管理」、「附加價值管理」及「顧客服務管理」等「整合性管理」之大數據分析，甚至AI預測之發展方向。

第5章 AVM「價值標的模組」之觀念及原則——知的層面

本章主要目的在說明「價值標的模組」之範疇、管理重點、要素、原則及相關管理報表，供讀者了解「價值標的模組」的精髓及重要觀念。

一、價值標的模組之範疇

價值標的模組為描述各項「價值標的」如何從作業細項成本歸屬至價值標的之重點架構內容，價值標的模組範疇，如圖5-1所示。

由圖5-1可知，價值標的模組從作業模組的作業細項成本開始，透過作業動因、服務動因或專案動因，將作業細項的實際成本歸屬至價值標的群組之中，例如：當管理者想了解公司在「產品」此價值標的投入之實際成本，即為「產品成本」，又在「顧客」此價值標的的投入之實際成本，即為「顧客成本」。近年來，企業界投入不少資源在大大小小不同的「專案」之中，故「專案成本」的累積就顯得非常重要，因而本章也將探討「專案」此價值標的的有關之成本課題。我們在計算價值標的之

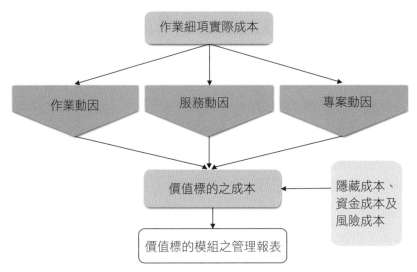

圖5-1　價值標的模組範疇圖

實際成本時，需考量價值標的之隱藏成本、資金成本及風險成本等，如此才易產生「價值標的」之「真實成本」，最後，「價值標的」模組會產生相關的管理報表。

二、價值標的模組之管理重點——價值標的成本

　　價值標的模組之目的在計算「價值標的成本」，主要為「產品」及「顧客」等價值標的之成本。「產品」此價值標的之成本包括材料、產品研發、產品設計、產品製造及產品管理等成本；又「顧客」此價值標的之成本則包括顧客購買之產品成本及顧客服務成本等，如圖5-2所示。

　　由圖5-2可知，「產品成本」串起產品材料、研發、設計、製造以至管理的成本，其中產品研發與設計主要以「專案」為核心，產品製造

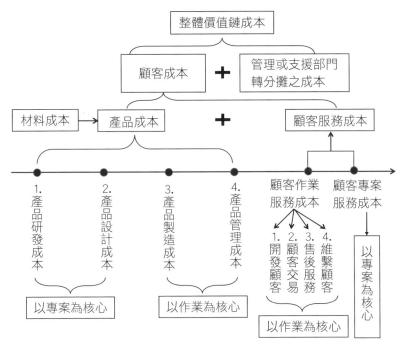

圖5-2　價值標的成本圖

與管理則以「作業」為核心。「顧客服務成本」包括顧客作業服務成本，主要以「作業」為核心，以及顧客專案服務成本，主要以「專案」為核心。「顧客成本」可完整地表達每位顧客購買產品與服務之總成本情況，在此擬強調：「顧客成本」加上「管理或支援部門轉分攤之成本」，即為公司「整體價值鏈成本」，不僅可以看出公司「整體成本」的全貌，且此「整體價值鏈成本」可當為「訂價」決策之參考依據，否則易產生「訂價偏低」，造成賺不到利潤之現象。

三、價值標的模組之主要要素

價值標的模組之主要要素，如表5-1所示：

由表5-1可知，價值標的模組之主要要素包括：

表5-1　價值標的模組之主要要素表

（一）價值標的之群組
（二）作業動因
（三）服務動因
（四）專案動因
（五）價值標的成本（考量隱藏成本、資金成本及風險成本）

（一）**價值標的之群組**：在價值標的模組中，首先得明確地定義出各項價值標的之分類群組內容，包括產品、顧客及專案等價值標的群組。

（二）**作業動因**：找出作業成本歸屬至「產品」之原因。

（三）**服務動因**：找出顧客服務成本歸屬至「顧客」之原因。

（四）**專案動因**：找出專案成本歸屬至「產品」或「顧客」之原因。

（五）**價值標的成本（考慮隱藏成本、資金成本及風險成本）**：了解不同價值標的之成本，包括：產品、顧客及專案之成本，此等成本必須考慮隱藏成本、資金成本及風險成本等。

四、價值標的群組

「價值標的群組」是管理者對每一種價值標的之分類，藉由一層一層的分類，了解價值標的之整體資訊。管理者從擬定「策略」到設定「績效評估」的過程中，價值標的分類架構可成為最基本的溝通工具，是組織管理「價值及績效」之基本標的。在資源模組中，我們只談到作業中心內之「價值標的」，但就公司整體而言，因應管理的多樣化及多元化，得根據不同管理者之管理需求，設計出不同的「價值標的群組」。

（一）價值標的群組之選取注意事項

價值標的群組選取之注意事項，如下所述：

1. **可連結策略與營運版圖**：一般而言，公司的策略大都與「產品」或「顧客」等價值標的有關，隨著企業經營版圖的擴張，若價值標的群組未隨著策略調整，就會因為原始營運版圖分析不足而難以回饋策略所需資訊。所以，當訂定新策略而出現新分類項目、甚至新分類階層時，原始營運版圖的價值標的群組應根據新策略的內容增加分類項目的廣度及分類階層的深度，以使營運版圖的分析腳步能跟上「策略」調整的資訊需求。

2. **可連結不同的管理系統**：就理論而言，價值標的之分類在企業內的不同管理系統中，應該有相同的名稱、定義及表達方式等，根據筆者之經驗顯示：在實務上，不同的管理系統常出現因導入時

空不同，故有不同的名稱及定義，以致發生無法有效整合的現象；亦即，不同的管理系統對相同價值標的有不同的分類方式甚至名稱，因而常常成為管理資訊整合程序繁雜、耗時的元凶。此時，管理者應審視各個管理系統原始分類對管理者是否具備整合效益，思考使用新增、停用、沿用或對照轉換之方式，進行「價值標的」全面整合工作。

（二）價值標的群組選擇之原則

如前所述，就現代之經營管理而言，重要之價值標的包括：產品、顧客及專案等三類，有關價值標的群組選擇時應掌握之原則，如表5-2所示。

表5-2　價值標的群組選擇原則表

價值標的 選擇原則	產品群組	顧客群組	專案群組
人	目標顧客	銷售人員	專案人員
事	功能特色	顧客服務	專案領域
時	推出時間	顧客生命週期	專案執行期間
地	製造地點	購買地點	專案所屬地區
物	產品規格	購買之產品	專案標的

由表5-2可知，不同之價值標的群組，可以從人、事、時、地與物等不同面向思考選取的方式，以下分產品、顧客與專案三種群組，分別說明如下：

1. 產品群組

產品群組是管理者對產品的分類，根據人、事、時、地與物可以有下列不同的分類方法，如下說明：

(1) **人──依「目標顧客」分類**：當企業將產品直接銷售給消費者時（即 B2C，Business to Customer），產品此價值標的便會依照市場鎖定的「目標顧客」而選取，即依照「目標顧客」加以分類，例如：青年族群系列或熟年族群系列產品等。

(2) **事──依「功能特色」分類**：依照產品之功能分類，使管理者了解各種產品功能的差異，例如：文書型筆電或運算型筆電等。

(3) **時──依「推出時間」分類**：依照產品不斷更新之時間先後順序版本或系列分類，使管理者同時看到新、舊產品的差異情況，例如：第一代機款或第二代機款等。

(4) **地──依「製造地點」分類**：對不同製造地區之產品進行分類，使管理者判斷產品最適合生產的地點，例如：製造地為美洲、歐洲或亞洲等，亦可視管理需求再細分至各國、各省或各區域等詳細地域。

(5) **物──依「產品規格」分類**：對產品規格加以分類，使管理者了解內部完成不同規格產品之情況，例如：依產品的材質、長度、寬度、高度、面積、體積、重量或其他規格等進行分類。

2. 顧客群組

顧客群組是管理者對顧客的分類，根據人、事、時、地與物可以有不同的分類方法，以下說明：

(1) **人──依「銷售人員」分類**：將銷售人員之相同顧客分類至該人員之群組中，使管理者可以了解每一位銷售人員服務顧客時的具體績效，例如：業務甲或業務乙的顧客。

(2) **事──依「顧客服務」分類**：依照「顧客服務」特質分類，使管理者了解協助顧客加值其服務時的獲利情況，例如：一般性服務或客製化服務等不同「顧客服務」種類。

(3) **時──依「顧客生命週期」分類**：依照顧客所處的生命週期分類，使管理者掌握服務不同生命週期顧客的情況，例如：嬰幼兒族群、青年族群、中年族群或老年族群等。

(4) **地──依「購買地點」分類**：對所處地區不同顧客進行分類，使管理者得知服務不同地區市場的情況，例如：銷售地為美洲、歐洲或亞洲等，亦可視管理需求再細分至各國、各省或各區域等詳細地域。

(5) **物──依「購買產品」分類**：當企業直接銷售產品給最終顧客時（B2C），可對終端顧客購買的產品種類進行分類，使管理者了解終端顧客不同產品的獲利情況，例如：以顧客購買電腦產品、手機產品或電視產品等加以分類。

3. 專案群組

專案群組是管理者對專案的分類，根據人、事、時、地與物可以有不同的分類方法，說明如下：

(1) **人──依「專案人員」分類**：對由不同專案人員管理之專案進

行分類，使管理者可以了解專案人員的專案管理績效，例如：專案人員 A 的所有專案或專案人員 B 的所有專案。

(2) 事——依「專案領域」分類：對領域不同之專案進行分類，使管理者掌握各領域專案的執行情況，例如：產品研發類專案、產品製程技術類專案或產品行銷類專案等。

(3) 時——依「專案執行期間」分類：對執行期間不同之專案進行分類，使管理者了解不同期間專案的執行情形，例如：短期專案、中期專案或長期專案等。

(4) 地——依「專案所屬地區」分類：對不同地區之專案進行分類，使管理者能掌握各地區的專案執行情形，例如：專案地為美洲、非洲、歐洲或亞洲等，亦可視管理需求再細分至各國、各省或各區域等詳細地域。

(5) 物——依「專案標的」分類：依專案未來利益之「價值標的」加以分類，例如：以利益特定「產品」或「顧客」之「專案」加以分類，如 Y 系列產品研發專案、Y 系列產品行銷專案或 Z 系列產品行銷專案等。

最後，在選取價值標的群組之過程中，若一種分類有多階層的選取需求時，階層數與項目數的選取，仍需回歸「管理效益」與「成本效益」兩大原則，分別說明如下：

(1) 管理效益原則

檢視不同管理者常用之「價值標的」分類階層，並新增或刪減至最有利於「管理效益」的階層數，使最高階的「策略」指揮能透過明確的

「價值標的」分類階層順序，逐階傳達至最基層之管理者，如此才能強化管理者向上彙報與向下傳達之效率。過於複雜的「價值標的」階層數，可能會拉長管理順序而降低傳達效率，但過於簡單的價值標的階層數，可能會因順序不清而無法區分管理順序、責任，進而影響「管理效益」。因此，在決定「價值標的」分類時，需注意資訊之「管理效益」此重要原則。

(2) 資訊成本與效益原則

　　一般而言，過於複雜的價值標的項目數因為要整合之管理系統較多，增加資訊蒐集的成本，但過於簡單之價值標的項目數又可能因分類模糊而影響資訊之使用效益，因此，在決定「價值標的」之分類時，得時時注意資訊之「成本與效益原則」此重要原則。

五、作業動因

　　作業動因為價值標的耗用作業成本的原因。在作業模組運算完作業細項之成本後，可根據作業細項成本與價值標的之關係，找出價值標的耗用作業細項成本的原因，此即為「作業動因」。總之，找尋作業動因應由最細項的作業開始，逐一確認作業細項成本主要貢獻哪一個價值標的，再找出價值標的耗用作業成本之最適宜衡量因子。值得注意的是，「作業中心動因」與「作業動因」字面雖然相似，實質意義卻有天壤之別，兩者間的差異如下，如表5-3所示。

表5-3　作業中心動因與作業動因之比較表

成本動因＼主要項目	作業中心動因（包括正常及實際產能）	作業動因
所屬模組	作業中心模組及作業模組	價值標的模組
成本流起點	作業執行者成本	作業成本
成本流終點	作業成本	價值標的成本
動因資料來源	作業執行者的產能資訊	價值標的之作業成本耗用量資訊

　　由表5-3可知，作業中心動因與作業動因截然不同，前者為作業中心模組及作業模組之主要要素，是作業執行者從事作業時發生之原因，資料的取得乃源自於作業執行者的「產能資料」；而作業動因為價值標的模組之要素，為價值標的耗用「作業成本」的原因，資料的取得乃源自價值標的之作業成本「耗用量資訊」。

（一）作業動因選取之注意事項

　　作業動因選取應該注意之事項，如下所述：

1. 確保作業動因資料的品質——資訊人員

　　由於價值鏈中各階段的作業細項都不相同，執行作業時留下來的資料紀錄及數據可能分屬於不同功能的資訊系統，資訊人員應至相關資訊系統中查詢，確保不同資訊系統儲存的資料具備合理的作業動因資訊品質。若對「作業動因」資料的品質產生疑慮時，資訊人員應與管理者共同商討改善「作業動因」資料品質的管理機制。

2. 了解作業動因——AVM 人員

傳統上，成本會計大都採用單一費率的方式來分攤費用，例如以人工小時或機器小時加以分攤間接費用，成本會計人員僅能從單一費率的高低波動中去解釋價值標的之成本變化，此方法的問題在於忽略「作業」的存在，因此成本會計人員很難將成本的變化回歸到「作業面」的說明。當公司設計 AVM 後，傳統成本會計人員即轉換為 AVM 人員，AVM 人員需擁有「作業」相關的記錄資料，且需了解「價值標的」耗用「作業成本」之「作業動因」資料的變化情況，如此不僅提升 AVM人員從「作業面」解釋成本變化的能力，更強化 AVM 人員與管理人員、作業人員溝通「成本觀念」的效率與效果，使 AVM 人員的工作價值大幅地提升。

3. 明確成本改善之方向——管理人員

當從作業釐清價值標的成本變化的原因後，價值標的之成本問題便有解決方向可循。設計出良好的作業動因，能讓管理者看到價值標的耗用作業成本的原因及情況，在正確的作業問題上思考明確改善的方向，實有助於真正改善「價值標的」之成本。

（二）作業動因選取之原則

作業動因有三種，從此三種差異即能了解作業動因選取之原則，如表5-4所示。

由表5-4可知，作業動因分為「頻率型」、「複雜度型」與「時間型」三種作業動因，分別說明如下：

表 5-4　作業動因選取原則表

主要項目 ＼ 作業動因類別	頻率型作業動因	複雜度型作業動因	時間型作業動因
適用作業	作業重複次數高、每次作業具標準化之程序，因而以「頻率」或「次數」來當為「作業動因」。	作業複雜度高，可依據複雜度因子來決定「作業動因」。	作業重複性低，甚至無重複性，每次作業視實際所需時間，當為「作業動因」。
重點內容	以與價值標的直接相關之「作業動因」耗用量記錄資料，進行作業成本歸屬。	以現有之作業記錄資料與價值標的之關聯性綜合判斷，進行作業成本歸屬。	以「記錄時間」（Time Sheet）方式取得一單位價值標的所花費之作業時間，進行作業成本歸屬。
優點	資料來源一致、客觀及簡單。	資訊蒐集成本較低。	以「時間記錄」方式蒐集資訊，準確度最高。
缺點	不適宜處理複雜度高之作業。	涉及複雜度因子之估計，故較具主觀性。	資訊蒐集之成本較高。
釋例	標準包裝作業次數。	乙產品之包裝作業複雜度為甲產品之 2 倍。	特殊包裝作業時間，此為無規則可循之包裝作業所花之時間。

1. 頻率型作業動因

「頻率型作業動因」適用於重複性高且標準化之作業，即每次作業幾乎完全相同。因此在選取此類作業動因時，可選擇貢獻「價值標的」有關之作業頻率記錄資料，據此進行作業成本歸屬。

頻率型作業動因之優點在於資料記錄的方法一致、內容客觀、形式簡單；而缺點則是無法處理複雜度高的作業，因為其假設前提為：每次作業具標準化流程，故每次作業幾乎完全相同。

典型的頻率型作業動因例子為「標準包裝作業次數」，此包裝次數限定為「標準式」的包裝方法，每次包裝作業皆因程序標準化而相同、不具複雜度，所以可直接根據價值標的耗用之「包裝次數」，來歸屬「作業成本」。

2. 複雜度型作業動因

複雜度型作業動因適用於複雜性高之作業，其作業可依「複雜度因子」決定「作業動因」。選取此類作業動因時，需從現有之作業記錄資料判斷與價值標的之關聯性，將關聯性依照複雜度層級由低而高分級給分，分數越高代表複雜程度越高，其所發生之作業成本越大。

複雜度型作業動因之優點在於可以用較低的資料紀錄，來計算複雜作業給予價值標的之成本，因為僅需記錄、歸類每次作業發生時的複雜度因子，即可將簡單與複雜的作業區分計算；然而，此方法的缺點是複雜程度的分級涉及估計，估計的方法儘管來自客觀數據的蒐集，仍難免受到專業人員的主觀判斷影響。此外，隨著作業模式的變化，應隨時考量重新調整、修正「複雜度」之分級內容，以免成本計算失去準確性。

典型的複雜度型作業動因例子為各產品包裝作業之「複雜度分

數」，視各產品的包裝不同而決定其複雜度情況，例如：乙產品之包裝作業複雜度為甲產品之2倍，此包裝複雜度分數可以透過AVM人員與管理者討論後加以分級，包裝作業複雜度分數越高之價值標的，其歸屬之包裝作業成本就越高。

3. 時間型作業動因

時間型作業動因適用於重複性低甚至不具重複性的作業。在選取此類作業動因時，大部分以「記錄時間方式」取得每一單位價值標的所花費之作業時間，越花時間的價值標的，其作業成本就越高。

時間型作業動因之優點在於用「時間」來決定成本，所以計算結果的準確性最高；缺點是資訊蒐集成本高，因為若採用人工逐筆記錄方式來蒐集資訊，不僅耗時且耗人力。筆者建議：應該善用現代高科技，盡量透過「資訊系統」自動化的方式來記錄及蒐集資訊。

典型的時間型作業動因例子為「特殊包裝時間」，此種包裝作業無標準化程序可循，亦無法根據複雜度因子具體分級決定所需時間，最適合的方式為根據每次的具體包裝作業需求進行記錄，由於每次的需求不盡相同，因此僅能記錄每次「價值標的」所花費的包裝時間，據此歸屬特殊包裝作業的成本。

根據以上所述，可以了解作業動因有三種，不過作業動因選取過程中應謹記以下兩項重要原則：

1. **資訊精確度原則**：作業與價值標的間應具備清楚的因果關係，例如產出關係或可解釋的貢獻關係。資訊之精確度非常重要，但當資訊成本遠大於精確度帶來的效益時，可以選擇具代表性的作業

動因，使計算結果不至於失去精確度但仍具代表性，此類代表性動因被簡稱為「替代性作業動因」。

2. 有形及無形之資訊成本原則

(1) 有形的資訊成本：蒐集作業動因資料的過程若需耗費龐大人力、物力，則應考量資訊帶來的有形效益是否高於投入之有形資訊成本。

(2) 無形的資訊成本：當作業動因的選取涉及作業模式的建立、刪除、改變時，員工在作業模式的變動過程中可能產生心理調適期，所以應給予足夠的時間去磨合及調整，以避免潛在的行為面衝擊，而衍生更多的無形資訊蒐集成本，此點不得不慎。

（三）作業動因之釋例

有關作業動因之釋例，如表5-5所示。

以「製造業」為例，表5-5之作業動因釋例，主要將作業分為三階，而「作業動因」乃根據作業細項進行選取，說明如下：

1. 訂單齊料管控：此作業細項主要貢獻之價值標的為「產品」，其作業動因為「原物料項目數」，亦即根據各產品之「原物料項目數」占比來歸屬此項作業成本。

2. 進料檢驗：此作業細項主要貢獻之價值標的為「產品」，其作業動因為「檢驗單數乘以產品類別複雜度因子」，亦即將每一筆檢驗單依據產品的複雜程度計算總分數，以各產品之分數占比來歸

表 5-5　作業動因釋例表

作業大項	作業中項	作業細項	作業動因	價值標的
1. 原物料採購與管理	生產原物料管理	訂單齊料管控	原物料項目數	產品
2. 原物料採購與管理	品質檢驗	進料檢驗	檢驗單數 * 產品類別複雜度因子	產品
3. 原物料採購與管理	原物料採購	來料入庫	來料入庫棧板數	產品
4. 生產排程規劃	生產排程規劃	開立製令	製令數	產品之製令
5. 產品製造	製令原物料管理	製令發料	發料時間	產品之製令
6. 產品製造	裁剪流程	展布	展布時間	產品之製令
7. 產品製造	裁剪流程	裁剪	裁剪時間	產品之製令
8. 產品製造	車縫流程	車縫	車縫時間	產品之製令
9. 產品製造	後段流程	包裝	包裝時間	產品之製令
10. 產品製造	品質檢驗	製程檢驗 - 車縫	檢驗次數	產品之製令
11. 產品製造	品質檢驗	製程檢驗 - 包裝	檢驗次數	產品之製令
12. 產品製造	品質檢驗	成品抽檢	抽檢件數	產品之製令
13. 產品製造	成品入庫	成品入庫	成品入庫棧板數	產品之製令

屬此項作業成本。

3. **來料入庫**：此作業細項主要貢獻之價值標的為「產品」，其作業動因為「來料入庫棧板數」，亦即依據產品入庫棧板數之占比來歸屬此項作業成本。

4. **開立製令**：此作業細項主要產出之價值標的為「產品」之「製令」，其作業動因為「製令數」，亦即依據製令數占比來歸屬此項作業成本。

5. **製令發料**：此作業細項主要相關之價值標的為「產品」之「製令」，其作業動因為「發料時間」，即依每筆製令實際發料的時間占比來歸屬此項作業成本。

6. **展布**：此作業細項主要相關之價值標的為「產品」之「製令」，其作業動因為「展布時間」，即依據每筆製令的展布時間占比來歸屬此項作業成本。

7. **裁剪**：此作業細項主要相關之價值標的為「產品」之「製令」，其作業動因為「裁剪時間」，即依據每筆製令的裁剪時間占比來歸屬此項作業成本。

8. **車縫**：此作業細項主要相關之價值標的為「產品」之「製令」，其作業動因為「車縫時間」，即依據每筆製令的車縫時間占比來歸屬此項作業成本。

9. **包裝**：此作業細項主要相關之價值標的為「產品」之「製令」，其作業動因為「包裝時間」，即依據每筆製令的包裝時間占比來歸屬此項作業成本。

10. **製程檢驗──車縫**：此作業細項主要相關之價值標的為「產品」之「製令」，其作業動因為「檢驗次數」，即依據每筆製令的車

縫檢驗次數占比來歸屬此項作業成本。

11.**製程檢驗──包裝**：此作業細項主要相關之價值標的為「產品」之「製令」，其作業動因為「檢驗次數」，即依據每筆製令的包裝檢驗次數占比來歸屬此項作業成本。

12.**成品抽驗**：此作業細項主要相關之價值標的為「產品」之「製令」，其作業動因為「抽檢件數」，即依據每筆製令的成品抽檢件數占比來歸屬此項作業成本。

13.**成品入庫**：此作業細項主要相關之價值標的為「產品」之「製令」，其作業動因為「成品入庫棧板數」，即依據每筆製令在成品入庫時的棧板數占比來歸屬此項作業成本。

由上述十三個「作業動因」之釋例中可知，就製造業而言，其價值標的包括最細項之「製令」或「工單」以及最粗項的「產品」或「產品群組」，其作業成本累積之方式，從最細的「製令」或「工單」之相關作業成本，累積為「產品」或「產品群組」之相關作業成本。

六、服務動因

就理論而言，服務動因亦為「作業動因」的一種，但其與作業動因之目的不同，因而筆者創新地發展出「服務動因」此觀念，服務動因為「顧客」此「價值標的」耗用「顧客服務作業成本」的原因。表5-6為作業動因與服務動因之比較內容。

由表5-6可見，作業動因與服務動因之內容很不相同。作業動因建立在作業執行者提供產品細項作業與「產品」此「價值標的」間之關係；而服務動因為提供顧客服務作業與「顧客」此價值標的間之關係。

表5-6　作業動因與服務動因之比較表

作業動因或服務動因　　主要項目	作業動因	服務動因
價值標的	產品	顧客
作業起點	產品作業之起點	顧客服務作業之起點
成本項目	產品成本	顧客服務成本

因此就作業起點而言，作業動因從「產品作業之起點」為開端，服務動因則從「顧客服務作業之起點」為開端；作業動因以「產品成本」為成本項目，服務動因則以「顧客服務成本」為成本項目。在此擬提醒讀者：前面所談與「作業動因」有關之「價值標的」，實以「產品」或「產品群組」為主。

（一）服務動因選取之注意事項

有關服務動因選取應注意之事項，如下所述：

1. 確保服務動因資料的品質——資訊人員

由於「服務動因」涉及廣泛的顧客服務作業內容，這些顧客服務作業內容記錄著「顧客服務用量」此「服務動因」資料，以及銷售產品之資料，因此資訊人員應注意顧客服務相關系統內之資料是否保留著顧客購買服務與產品組合時的正確資料。若資料於填寫時產生品質疑慮，資訊人員應與管理者共同研討改善資訊品質的管理機制。

2. 了解顧客獲利之改善方向——管理人員

傳統上，管理者很難獲得顧客之成本及利潤資訊，因而往往僅能憑

直覺去判斷顧客服務可以改善之處，此作法的主要缺點在於難以了解問題的真正所在，因而甚難解決問題。透過AVM，顧客服務流程的成本會被透明化地揭露出來，使管理者不僅看到每位顧客在服務流程的情況及問題，更能根據成本數字大小來排序問題的嚴重性，選擇改善後效益最大者為主，例如：若A顧客之「客製化服務」很高，但其價格並不高，此為導致服務A顧客虧損之主因，此時則需想辦法改變A顧客之「客製化服務」內容或方式，例如：少用「人工方式」來服務A顧客，而改用「網路服務」方式，如此一定可以改善服務A顧客虧損的情況。

（二）服務動因選取之原則

一般而言，顧客服務包括「標準化」服務及「客製化」服務兩種，其相關的服務動因選取之原則，如表5-7所示：

表5-7　服務動因選取原則

顧客服務類別／主要項目	標準化服務	客製化服務
主要內容	每一位顧客接受相同「標準化」的服務時，所有顧客皆需歸屬相同成本	當顧客接受客製化服務時，需將「服務作業成本」直接歸屬至該顧客之中
成本歸屬原則	透過「服務動因」歸屬	直接歸屬，不需透過「服務動因」歸屬
成本項目	標準化服務成本	客製化服務成本

由表5-7可見，服務動因選取原則會因服務本身為「標準化服務」或「客製化服務」而有不同，以下說明：

1. **標準化服務成本**：標準化服務成本為一般化的顧客服務之作業成本，故被稱為「一般化服務成本」。根據作業成本在顧客開發、交易、售後服務及維繫等「標準化」流程中發生的目的、性質或情況等，逐項選擇適合之「服務動因」，日後任何顧客發生該項作業成本時，即統一以「服務動因」進行歸屬至顧客之中。

2. **客製化服務成本**：此為對顧客之「客製化服務」所付出之代價，在發生當下即應記錄該筆服務成本所對應之特定顧客，此方法為「直接歸屬」法，亦即直接歸屬客製化服務成本至特定顧客手中。

（三）服務動因之釋例

有關服務動因之釋例，以「一般化服務成本」為例，如圖5-3所示。

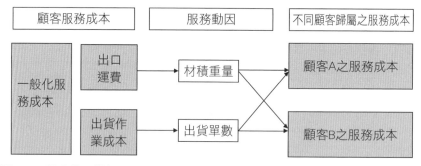

圖5-3　服務動因釋例圖

從圖5-3釋例可知，檢視對顧客的出貨流程後，歸納出「一般化服務成本」，包含「出口運費」及「出貨作業成本」兩項，逐項選取「服務動因」說明如下：

1. **出口運費**：為資源模組直接歸屬至「顧客」此價值標的的費

用，而每位顧客負擔之出口運費應根據「材積重量」此「服務動因」來歸屬至顧客Ａ或Ｂ身上。

2. **出貨作業成本**：為作業模組之實際作業成本，每位顧客分擔的出貨作業成本，應根據購買產品的「出貨單數」此「服務動因」來歸屬至顧客Ａ或Ｂ身上。

如前所述，只有「一般化服務成本」需要透過「服務動因」歸屬至不同顧客身上，至於「客製化服務成本」則「直接歸屬」至特定顧客身上。

七、專案動因

如前所述，在競爭激烈時代，對一般公司而言，處於微笑左端的「研發及設計作業」，大部分以「專案」方式來管理；又微笑右邊的「顧客行銷及服務作業」，部分以「專案」方式來管理，因所投入之成本相當多，需要好好地加以管理這些「專案成本」，且將「專案成本」正確地歸屬至價值標的之中，因而有「專案動因」觀念的產生。

（一）專案動因選取之要件

專案動因為價值標的（產品或顧客）耗用專案成本的原因。當公司決定管理「專案成本」時，管理者應衡量、定義各專案貢獻之「價值標的」，以及未來的可能效益回收期間。無論進行的專案屬於何種類型，管理者總希望了解每個專案對「未來獲利」的影響情況，因此專案的最終效益者，最常附加在「產品」或「顧客」等價值標的的身上，以協助

「產品」或「顧客」提升利潤。

在實務上,選取「專案動因」的要件,在於公司對專案貢獻的建立與效益回收期間的追蹤,是否有明確的管理機制,說明如下:

1. **明確專案貢獻之「價值標的」**:越能明確化專案貢獻之價值標的,就越能清楚地掌握專案成本之歸屬情況,當專案對「產品」產生貢獻時,需以「專案動因」歸屬專案成本給產品,又當專案對「顧客」產生貢獻時,則需以「專案動因」歸屬專案成本給顧客。

2. **建立專案效益回收期間**:當專案效益回收期間的評估與建立越明確,專案成本歸屬給產品或顧客的方式就越合理。筆者常看到企業界以不同規模的專案方式進行內部改造,倘若這些專案推動初期的原因不明,可能會因無法衡量效益回收期間,導致專案投入很多成本,卻增加「專案失敗」的風險。

(二) 專案動因選取之原則

有關專案動因選取之原則,如表5-8所示。

表5-8　專案動因選取原則表

主要要素 ＼ 專案動因選取原則	專案貢獻及效益原則
專案貢獻之價值標的	具體界定專案效益所貢獻之「價值標的」為全部或一部分之產品或顧客。
專案效益回收期間	清楚界定專案效益之回收期間。
預期專案之價值總貢獻數	預估專案回收期間之價值總貢獻數,即為「專案動因之總量」。

由表 5-8 可知，專案動因選取原則為「專案貢獻及效益」之明確化，此明確化由三項要素組成，包含確立專案貢獻之「價值標的」、專案效益回收期間及預期專案之價值總貢獻數，以下分別說明：

1. 專案貢獻之價值標的──專案效益在「產品」或「顧客」身上？

就理論而言，管理者總希望專案為企業帶來大收入及大利潤，因而專案之目的必須清楚具體地描述其貢獻之「價值標的」。一般而言，能夠創造營收的典型價值標的為「產品」或「顧客」，因此描述貢獻之價值標的時，應界定其未來效益所貢獻之價值標的為全部或部分之產品或顧客。又不同類型的專案所貢獻之價值標的與範圍皆不同，以下分別說明：

(1) **產品研發專案：**此種專案之貢獻「標的」為專案所研發之「產品」。一般而言，產品研發專案分為三種：已完成之成功專案、進行中之專案及失敗專案等三種，其中已完成且成功之研發專案的成本必須透過「專案動因」歸屬至貢獻的「產品」之中；又研發中專案及失敗專案，主要在累積所發生之「成本」情況，供管理者作為改善之參考依據及點醒之用。

(2) **顧客服務專案：**顧客服務專案可分為一般化服務與客製化服務兩種來探討，分述如下：

   A.**一般化服務專案：**此種專案之貢獻標的為使用「標準化」服務之「所有顧客」。

   B.**客製化服務專案：**此種專案之貢獻標的為使用「客製化」服務之「特定顧客」。

(3) 管理制度專案：為「管理制度」創新或改善之專案，其效益及於全部或一部分之「產品」或「顧客」身上。

2. 專案效益回收期間——專案效益「何時」發生及停止？

可以根據專案效益回收期間，將專案成本歸屬至所貢獻之價值標的身上，所以應明確地定義專案效益開始回收之起點及終點，亦即明確地評估專案效益回收之「期間」，例如：三年或五年不等。在專案效益回收期開始之前，也就是所謂的專案執行期間，主要目的為累積專案所有相關成本，在專案完成且成功後，即應透過「專案動因」，將專案成本歸屬給「產品」或「顧客」。

3. 預期專案價值總貢獻數——專案效益總共有「多少」？

不同專案產生效益的形式也不盡相同，管理者應對各式各樣的專案回收期間，例如：三年或五年對產品或顧客之「價值總貢獻數」進行評估，此即為產品或顧客之「專案動因總量」，例如：估計 A 系列產品研發成功專案，在未來三年可以對所生產之 A 系列產品都有貢獻，且預估三年之 A 系列產品會生產 50,000 件，此 50,000 件為「專案動因總量」，即為產品研發成功專案對產品之「價值總貢獻數」。

綜上所述，「專案貢獻及效益」明確化是「專案動因」選取時的核心原則，而明確化的過程中，管理者必須定義專案所貢獻之價值標的、明訂專案效益回收期間及預期專案價值之總貢獻數，倘若缺少上述任一要素，專案成本便難以歸屬至價值標的之中。

（三）專案動因之釋例

有關專案動因之釋例，以「產品研發成功專案」為例，如圖5-4所示。由圖5-4可知，最左邊之系列產品研發成功專案之總成本，透過產品效益回收期間（假設為三年）之「專案價值總貢獻數：預估三年之總生產量」的比率加以歸屬給產品甲、乙或丙；然後個別產品根據每年占三年預估之「產品總生產量」比率來歸屬「每年之研發成本」，至於每月不同產品的研發成本，則可以根據每月的「產品生產量」比率加以歸屬。

就實務而言，當預估之專案效益回收期間及專案價值之總貢獻數，隨著不同時間而與實際發生情況有所差異時，可以「半年」為期間來檢視差異情況，加以「調整」其預估內容為宜。又現在已有不少製造業自行開發「模具」，其「模具專案」成本對「產品」的歸屬情況，與「產品研發成功專案」之處理方式相似，不再說明。

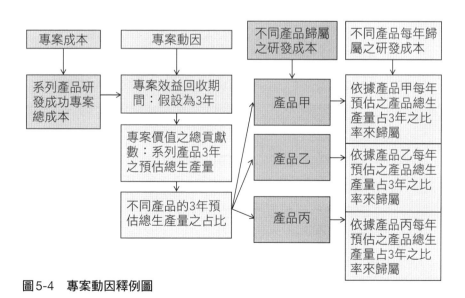

圖5-4　專案動因釋例圖

八、價值標的之隱藏成本、資金成本及風險成本

　　若要精確地計算出價值標的之真實成本，則需考量價值標的之隱藏成本、資金成本及風險成本。茲以「產品存貨」為例，其相關之隱藏成本包括存貨之儲存、管理及報廢等成本，這些成本都不會在財務會計報告中顯現，唯以AVM之「作業」為細胞，才易明確地了解存貨儲存作業、管理作業及報廢作業等的相關「隱藏成本」。

　　根據筆者多年之經驗顯示：只要清楚地定義出與產品或顧客等「價值標的」有關之「作業」，運用AVM制度，即能明確地計算出與產品或顧客有關之「隱藏成本」。至於「價值標的」之「資金成本」及「風險成本」，都得透過數學模式之估算過程而產生。有關價值標的之「隱藏成本」、「資金成本」及「風險成本」之形成邏輯，如圖5-5所示。

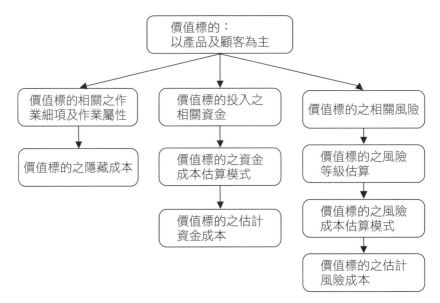

圖5-5　價值標的之隱藏成本、資金成本及風險成本之形成邏輯圖

以「顧客」此價值標的為例，其相關之「資金成本」及「風險成本」不容忽略，例如：有些顧客之付款期限很長，因而需估算此顧客延遲付款之「資金成本」，才能知道顧客之真實成本及其利潤。當公司將產品或服務賣給顧客時，有可能發生收不到貨款之風險，例如：銀行銷售現金卡給顧客時，需對顧客估設其「風險等級」，並估算其相關之「風險成本」，才易真正了解顧客之實際成本及利潤。臺灣的銀行業因雙卡風暴而虧損不少，其主要原因之一，是未對雙卡顧客估計「風險成本」，當把顧客之風險成本扣除後，銀行業即易了解不少現金卡之顧客一定不賺錢，例如：對失業已五年之顧客給予現金卡，其風險甚大，風險成本甚高，因為這些顧客未來之還款能力甚低，銀行不僅賺不到此顧客之利息，連本金都會虧掉。臺灣現金卡之經驗顯示：若未估計顧客之「風險成本」，給予不對的顧客「現金卡」時，銀行不僅賺不到有形的利潤，且損傷無形的品牌商譽，更甚者造成整個社會及國家的不安，此教訓得謹記在心。

九、價值標的成本

有關價值標的成本之計算步驟及細節，以「產品」此價值標的為例，加以說明如下：

（一）產品成本計算之步驟

產品成本之計算，有下列七大步驟，如圖5-6所示。

根據圖5-6，可以了解計算產品成本包括七大步驟之三大階段：「計算產品之作業成本」、「取得產品所有專用資源」與「加總作業成本

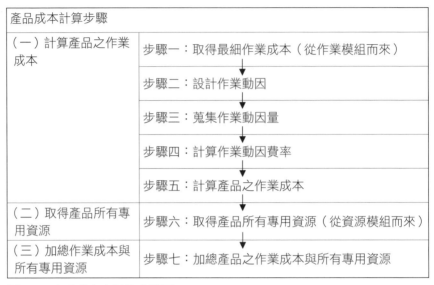

產品成本計算步驟	
（一）計算產品之作業成本	步驟一：取得最細作業成本（從作業模組而來）
	步驟二：設計作業動因
	步驟三：蒐集作業動因量
	步驟四：計算作業動因費率
	步驟五：計算產品之作業成本
（二）取得產品所有專用資源	步驟六：取得產品所有專用資源（從資源模組而來）
（三）加總作業成本與所有專用資源	步驟七：加總產品之作業成本與所有專用資源

圖5-6 產品成本之計算步驟圖

與產品所有專用資源」，以下逐步說明：

步驟一：取得最細作業成本：從作業模組的計算結果中，可以得知每一項最細作業的作業成本，而此「作業細項成本」為價值標的模組之計算起點。

步驟二：設計作業動因：觀察每一項最細作業之內容並逐一了解其對產品的貢獻時，其作業動因可分為頻率型、複雜度型、時間型等三種。

步驟三：蒐集作業動因量：根據每項作業之作業動因蒐集其使用量資料，故又稱為作業動因量。蒐集過程中必須注意每筆資料應註記貢獻此產品的具體對象，並依照每個產品所使用的作業動因量彙總出總作業動因量。

步驟四：計算作業動因費率：將每一項作業之作業成本除以彙總後之總作業動因量，可得到每單位作業動因量之作業成本，即為作業動因費率。由於作業動因本身有頻率型、複雜度型或時間型之差異，其單位成本之意涵亦不盡相同，各類型作業動因費率之說明如下：

1. **頻率型作業動因費率**：由於作業動因量由系統內直接取得，故單位作業成本可依照各作業動因量的「原始單位」加以解讀，例如每次作業成本（作業成本／次）、每批作業成本（作業成本／批）、每公斤作業成本（作業成本／公斤）等。

2. **複雜度型作業動因費率**：由於作業動因量為取得之記錄資料再根據產品之複雜度給予加權，所以作業動因量的單位名稱，已從原始資料轉換為加權後之名稱，例如：點數，因此單位作業成本之解讀亦改為每點數作業成本（作業成本／點數）。

3. **時間型作業動因費率**：作業動因量本身即為時間量，因此在時間型作業動因下，單位作業成本又稱單位時間作業成本，例如每分鐘作業成本（作業成本／分鐘數）、每秒作業成本（作業成本／秒數）。

步驟五：計算產品之作業成本：在每項作業所貢獻的產品中，依照不同產品所耗用的作業動因量分別乘以該作業的作業動因費率，即為不同產品於該作業之作業成本。

步驟六：取得產品所有專用資源：「資源模組」包含作業中心之五大資源，其中一項：作業中心價值標的使用之資源應直接歸屬至價值標的之中，因而可輕易地取得不同產品所有專用之資源，並納入產品成本之中。在此提醒讀者：產品之「材料成本」也屬於產品的「專用資源」之

一。

步驟七：加總產品之作業成本與所有專用資源：將產品的作業成本及產品之所有專用資源加總，即產生「產品總成本」。

在此提醒讀者：假設透過數學模式之估算產生產品之資金及風險成本時，需將此兩項成本加入「產品成本」之中。

（二）產品成本計算之釋例

有關產品成本計算之釋例，如圖5-7所示。

圖5-7之釋例係以「製造業」為例，假設不考慮產品之資金成本及風險成本，產品此價值標的成本，可依照前述的七大步驟逐步計算而得，茲分述如下：

步驟一：取得最細作業成本：假設從作業模組的計算結果中，可取得生產的所有相關之作業成本，包含備料作業成本20,000元、製造作業成本150,000元及檢查作業成本100,000元，總共為270,000元。

步驟二：設計作業動因：觀察備料、製造與檢查作業對產品之貢獻後，決定備料作業之「作業動因」為「備料次數」，此為頻率型作業動因；製造作業之作業動因為「製造時間」，此為時間型作業動因；檢查作業之作業動因為「檢查單數乘以產品類別點數」，此為複雜度型作業動因。

步驟三：蒐集作業動因量：統計備料作業於各種產品的備料次數，分別為產品X備料2次、產品Y備料3次，總共備料5次；統計製造作業於各種產品的製造時間，分別為產品X製造8小時、產品Y製造12小時，

圖5-7 價值標的成本之產生釋例圖

步驟一：取得最細作業成本（作業模組）　→　步驟二：設計作業動因　→　步驟三：蒐集作業動因量

作業執行者	最細作業	作業成本	作業動因	作業量合計	價值標的	
					產品X	產品Y
生產之所有作業成本共27萬元	備料	$20,000	備料次數	5次	2次	3次
	製造	150,000	製造時間	20小時	8小時	12小時
	檢查	100,000	檢查單數x產品類別點數	40點	2張x5點	3張x10點

步驟四：計算作業動因費率

最細作業	作業動因費率
備料	$20,000÷5次=$4,000/次
製造	$150,000÷20小時=$7,500/小時
檢查	$100,000÷40點=$2,500/點

步驟五：計算產品產品之作業成本

最細作業	作業成本合計	產品X	產品Y
備料	$20,000	$8,000	$12,000
製造	150,000	60,000	90,000
檢查	100,000	25,000	75,000
小計	270,000	93,000	177,000

步驟六：取得產品所有專用資源

		產品X	產品Y
進口費用：產品		10,000	15,000
行銷費用：產品		20,000	0
材料費用：產品		200,000	300,000
小計		230,000	315,000

步驟七：加總產品之作業成本與所有專用資源

		產品X	產品Y
產品總成本		$323,000	$492,000

總共製造20小時；統計檢查作業於各種產品的檢查單數，並依據產品類別的複雜度決定產品類別點數，點數越高者越複雜，產品X檢查2張且每張產品X的點數為5點，故產品X共產生10點作業量；產品Y檢查3張且每張產品Y因為複雜度較高所以點數乘以10點，故產品Y為30點作業量，所以X與Y總共產生40點作業量。

步驟四：計算作業動因費率：將備料作業成本20,000元除以總備料次數5次，得作業動因費率$4,000/次；將製造作業成本150,000元除以總製造時間20小時，得作業動因費率$7,500/小時；將檢查作業成本100,000元除以總點數40點，得到作業動因費率$2,500/點。

步驟五：計算產品之作業成本：將備料作業動因費率$4,000/次分別乘以產品X之2次與Y之3次，可得產品X之備料作業成本為$8,000、產品Y為$12,000；將製造作業動因費率$7,500/小時分別乘以產品X之8小時與Y之12小時，可得產品X之製造作業成本為$60,000、產品Y為$90,000；將檢查作業動因費率$2,500/點分別乘以產品X之10點與產品Y之30點，得產品X之檢查作業成本為$25,000、產品Y為$75,000。

步驟六：取得產品所有專用資源：根據資源模組之計算結果，取得產品X與Y發生進口費用各為$10,000與$15,000；產品X發生行銷費用$20,000；另外，產品X之材料費用為$200,000，而產品Y之材料費用為$300,000。

步驟七：加總產品之作業成本與所有專用資源：將產品X之作業成本$93,000與所有專用資源成本$230,000加總，得出生產品X之總成本為$323,000；同理，將產品Y之作業成本$177,000與所專用資源成本$315,000加總，得出生產品Y之總成本為$492,000。

在此提醒讀者：若要計算產品X或Y之利潤，只要將產品X或Y之收入扣除產品X或Y之總成本，即可產生產品X或Y之利潤額。

十、價值標的模組管理報表

（一）價值標的模組管理報表架構

完成價值標的群組、作業動因、服務動因、專案動因及價值標的之成本後，價值標的模組之設計工作即已完成，接下來介紹價值標的模組所能提供的管理報表及功能。在此之前，先來解說價值標的模組管理報表的架構，請見圖5-8。

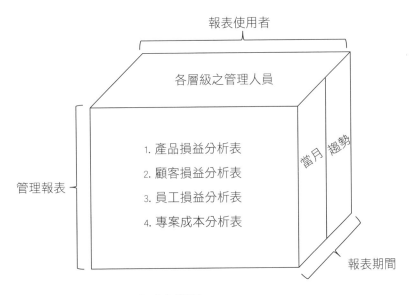

圖5-8　價值標的模組管理報表架構圖

由圖5-8可知，價值標的模組管理報表架構述明三大主軸：報表使

用者、管理報表、報表期間，分述如下：

1. 報表使用者

　　價值標的模組報表之使用者為總經理及其幕僚，因為他們主要的責任為預測經營環境與制定策略，故需要了解執行策略後究竟為公司整體創造多少利潤或產生多少負擔。又價值標的模組之報表，也可供中階及基層管理者作為「管理決策」之參考依據。

2. 管理報表

　　價值標的模組之管理報表，主要可分為產品損益分析表、顧客損益分析表、員工損益分析表及專案成本分析表等四大類別：

(1) 產品損益分析表：以「產品」此價值標的提供損益報表，讓管理者清楚各類產品之詳細損益情況。此外，該報表亦可根據產品群組而計算出不同群組的產品損益情況，例如：廠區別或地區別之產品損益分析表。

(2) 顧客損益分析表：以「顧客」此價值標的提供損益報表，讓管理者掌握各類顧客之詳細損益情況。此外，該報表亦可根據顧客群組而計算出不同群組的顧客損益情況，例如：地區別或國家別之顧客損益分析表。

(3) 員工損益分析表：此為「員工」為公司創造之損益報表，例如：可以詳細地了解銷售人員在不同產品或不同顧客身上創造之損益情況。

(4) 專案成本分析表：價值標的模組不僅可提供產品、顧客及員工

之損益，亦可提供「專案」此價值標的之成本分析情況，以供不同專業領域的管理者從事「專案成本管理」之用。

3. 確認報表期間

管理報表之期間視管理需求之性質而不同，以營運性管理與策略性管理分別說明如下：

(1) **營運性管理需求**：此類需求重視當期產品及顧客的整體損益情況，因此需要定期檢視、追蹤短期損益表現及發生之成本與預期之差異，分析差異通常會將當期與同年前期或前年同期資料做比較，使管理者進一步了解當期表現卓越或是不如預期之具體原因。

(2) **策略性管理需求**：當公司策略決定切入新產品、新市場、維持現有市場或退出市場時，均需先取得產品或顧客長期累積下來的損益資訊，從而評估其損益表現情況，以判斷公司未來於產品或顧客市場應繼續或停止開發之決策參考。

（二）產品損益分析表

在價值標的模組之管理報表中，「產品」是基本的價值標的，因此「產品」不僅為成本與利潤分析的基礎，更是未來結合「績效管理」與「獎酬制度」的核心。分析產品成本與利潤時，通常總經理及其幕僚或其他層級管理者可依以下順序，加以閱表分析：

1. 產品損益總表：依照價值標的群組分類來綜觀產品損益的整體表

現。

2. **產品損益排名表**：以總表之資訊為基礎，對產品之損益表現進行排名，有關獲利之產品可以結合獎酬的發放；至於虧損之產品，可以依據嚴重程度決定解決虧損產品問題之順序。

3. **產品價值鏈成本分析表**：以排名表找出值得分析之產品，進一步分析其價值鏈成本，協助了解獲利或是虧損之成本結構，作為解決之道的參考依據。

根據以上介紹，可以了解產品損益能從總表、排名表與成本分析表的閱表順序，找出重要產品獲利或虧損的原因，而實務上管理者對於損益之資訊並非僅從損益金額的觀點分析，還需重視損益率之分析。產品損益金額及產品損益率分析之情況及其意涵，如表5-9所示。

表5-9　產品損益金額及損益率分析之比較表

分析面向 / 閱表順序	產品損益金額分析	產品損益率分析
1. 產品損益金額總表	了解整體產品損益之金額	了解整體產品之損益能力高低
2. 產品損益金額排名表	找出賺最多或虧最多的產品	找出最好賺或最難賺的產品
3. 產品價值鏈成本分析表	了解賺最多或虧最多的成本結構	了解好賺或難賺的成本結構

表5-9之分析以「產品損益」為主，產品損益即為產品收入減除產品成本，產品損益不包含顧客服務成本。而從產品損益金額或損益率分析中，可以組合出不同之報表，其意涵各有不同，分述如下：

1. 產品損益金額分析表

　　產品損益分析最常以「金額」為單位進行報表編製，以總表、排名表、成本結構分析表之內容說明如下：

(1) 產品損益金額總表 —— 了解整體損益多寡

　　產品損益金額總表將所有產品依照管理者選擇之產品系列分析方式分類彙總，將各分類之產品損益金額分別列示，請見表5-10所示。

表5-10：產品損益金額總表

損益項目	甲公司 產品損益金額總表：產品群組系列分類 2019年5月			
	A系列產品	B系列產品	C系列產品	合計
	金額	金額	金額	金額
產品收入				
產品成本				
產品損益				

　　由表5-10可知，產品損益金額總表係根據產品此價值標的之「系列別」加以編制，管理者可以從產品損益金額總表中，了解不同「系列產品群組」之損益相關資訊，如下所述：

A.了解整體產品群組損益金額：產品損益金額總表，主要揭露產品群組經過企業所有作業流程後所產生的總損益金額。整體產品群組損益金額越高，表示公司實質創造之經濟效益越大。

B.**掌握不同系列產品損益金額**：結合產品群組之分類內容，不同系列產品的損益金額，提供不同系列產品績效指標之參考資訊，可讓管理者依此資訊連結至「獎酬機制」，例如：A系列之產品利潤比其他系列產品還高，其績效越好，管理A系列產品之相關人員的未來獎酬也可能越高。

(2) 產品損益金額排名表——找出賺最多或虧最多的產品

以產品損益金額總表之資料為基礎，可以產生產品損益金額排名表，由於整體產品損益金額乃由所有獲利產品與所有虧損產品所組成，兩者之管理方式必然有所不同，因此製作排名表時應將獲利與虧損產品分開列示，介紹如下：

A.產品利潤金額排名表：獲利排行榜——找出賺最多的產品

獲利排行榜為以所有獲利產品來排序，從利潤金額最高者開始排序，然後依照管理者欲採計之名次數編號排列，參見表5-11所示。

表5-11　產品利潤金額排名表：獲利排行榜

甲公司 產品利潤金額排名表：獲利前20名 2019年5月				
產品利潤 金額排名	產品名稱	產品代碼	產品利潤金額	整體產品 利潤占比
第1名				
第2名				
第3名				
……				

由表5-11可知，此獲利排行榜以產品利潤金額為基礎，並揭露整體產品利潤占比，提供管理者如下功能：

(A) **了解高利潤貢獻產品**：使管理者了解公司大部分獲利源自哪些產品類別，進而思考應如何鞏固產品市場，以持續創造更多利潤。由於這些高利潤貢獻產品是公司的經營命脈，因而公司得深入地了解這些獲取高利潤產品之主因為何？俾為「產品管理決策」之參考依據。

(B) **連結產品績效與獎酬**：產品利潤金額的創造與作業執行者的工作息息相關，在公司內部存在競爭的條件下，管理者可以將排名結果用於產品績效評估之參考，例如：A系列創造之產品利潤金額都在前三名，表示管理A系列產品之相關人員的績效較好，未來可領取的獎金會較多，此正可鼓勵公司部門間之良性競爭。

B. 產品虧損金額排名表：虧損排行榜——找出虧最多的產品

產品虧損排行榜以所有虧損產品來排序，從虧損金額最高者先排，然後依照管理者欲採計之名次數編號排列，參見表5-12所示。

表5-12　產品虧損金額排名表：虧損排行榜

甲公司 產品虧損金額排名表：虧損前20名 2019年5月				
產品虧損 金額排名	產品名稱	產品代碼	產品虧損金額	整體產品 虧損占比
第1名				
第2名				
第3名				
……				

由表5-12可見，此虧損排行榜以產品虧損金額為基礎，並揭露整體產品虧損占比，提供管理者之功能如下：

(A) **警示高虧損額產品**：當產品的虧損金額越高，代表公司實質經濟效益流失亦隨之升高，此時管理者可以結合整體產品虧損占比，得知目前哪些主要產品類別的虧損正在侵蝕整體獲利，進而思考對此類虧損產品應該如何改善。

(B) **決定產品改善之優先順序**：虧損金額越高之產品，嚴重程度越高，相對而言，改善效益亦最高，管理者改善時可依照虧損金額的嚴重程度及改善所需投入之成本評估，作為改善虧損的先後順序。一般而言，改善效益越高，而所需投入之成本越低之產品應優先進行改善，使公司能在最短時間內用最少成本，獲得最大的產品改善效益。

(3) 產品價值鏈成本分析表——了解產品賺最多或虧最多之成本結構

無論產品出現於產品利潤金額的獲利排行榜或是虧損排行榜中，管理者總希望了解這些產品類別成功或失敗的原因，AVM利用價值標的模組之計算結果，可以將成本以「價值鏈」的方式，展現出各項產品相關流程的成本，參見表5-13所示。

由表5-13可知，每一項產品包括研發、設計、製造、管理的成本及各項成本占整體價值鏈成本之占比情況，提供管理者之功能如下：

A. 分析高利潤金額產品之成本結構：在合理價格之情況下，獲利金額越高之產品所發生的成本不一定會越高，管理者可以從「價值

表5-13　產品價值鏈成本組成分析表

甲公司 產品價值鏈成本分析表(註1) 2019年5月														
產品名稱	數量	收入	產品價值鏈成本											利潤
			研發成本		設計成本		製造成本		管理成本		成本合計			
			金額	百分比	金額	百分比	金額	百分比	金額	百分比	金額	百分比		金額
1. 組合產品(註2)														
(1)單一產品														
a. 女裝														
b. 男裝														

補充說明：
註1.產品成本包括研發、設計、製造與管理等相關成本，但不包括顧客服務成本。
註2.指一個產品群組，例如產品線或產品類別；配合AVM模型之「產品」價值標的之設計。

鏈」的角度檢視高貢獻產品類別的成本結構及組合，進而從中思考增加長期「產品競爭力」的方向。

B.分析高虧損金額產品之成本問題：在合理價格之情況下，當產品類別的虧損金額越高，表示成本問題越嚴重，以「價值鏈」角度剖析虧損產品的成本後，管理者可以理性分析成本問題落於價值鏈何處，針對問題開始以AVM之資訊，追蹤發生大額成本之主因，進而從事相關作業流程之改善措施。

2. 產品損益率分析表

在競爭益趨激烈的環境下，產品損益若僅以「金額」資料報告，將

使管理者無法得知產品損益率之好壞，缺乏此資訊會使公司落入低價競爭的陷阱之中，可能使公司產能滿載於低利潤率產品上，卻無意間捨棄了高利潤率產品，進而出現訂單大增、產能滿載卻獲利不足的窘境。有關總表、排名表及成本分析表之產品損益率分析，說明如下：

(1) 產品損益率總表——了解產品獲利能力高低

　　產品損益率總表將所有產品依照管理者選擇之產品群組分析方式分類彙總，將各分類之產品成本率及利潤率分別列示，如表5-14所示。

表5-14　產品損益率總表

甲公司 產品損益率總表：系列分類 2019年5月					
損益率項目	A系列產品	B系列產品	C系列產品	D系列產品	合計
產品成本率					
產品利潤率					

　　由表5-14可知，產品利潤率總表能根據各種產品群組之方式編列，有關「系列分類」則為產品群組的一種，管理者可以從產品利潤率總表中獲得下列重要資訊：

A. 了解整體產品利潤率情況： 在價格合理的情況下，當產品利潤率越高，代表產品可以創造相對更好的利潤。整體產品利潤率可使管理者綜觀整體產品面的經營效益，成為評斷各產品「獲利能力」的重要指標。

B.掌握各系列產品利潤率：結合產品群組的分類內容，產品利潤率總表從分類內容揭露各系列產品之利潤率情況，例如：A系列產品利潤率比B、C或D系列產品還高，管理者可依據此資訊，來進行未來「產品策略」的調整。

(2) 產品損益率排名表——找出最好賺或最難賺的產品

以產品損益率總表之資料為基礎，可以結合產品群組分類產生損益率排名表，由於整體產品損益率乃由所有獲利產品與所有虧損產品組成，兩者之管理方式必然有所不同，因此製作排名表時應將獲利與虧損產品分開呈現，介紹如下：

A. 產品利潤率排名表：獲利排行榜——找出最好賺的產品

產品獲利率排行榜以所有獲利產品來排序，從利潤率最高者先排，然後依照管理者欲採計之名次數編號排列，參見表5-15所示。

表5-15　產品利潤率排名表：獲利排行榜

甲公司 產品利潤率排名表：獲利前20名 2019年5月			
產品利潤率排名	產品類別／名稱	產品利潤率	整體獲利占比
第1名			
第2名			
第3名			
……			

由表5-15可見，此排行榜以「產品利潤率」為基礎，提供管理者之功能如下：

(A) **了解高獲利能力產品**：獲利能力越高之產品，代表單位產品利潤率越高，但其利潤總金額卻未必高，因此將此排名結合整體產品利潤占比資訊後，可以協助管理者找到未曾發現、占比低的高潛力產品類別，進而思考是否應將該「產品」作為公司之「核心產品」。

(B) **結合未來產品策略**：透過產品群組之利潤率，找出高獲利能力之產品類別後，管理者可以強化未來「策略」與該類產品之結合，進而調高生產該類產品的產能比重，使公司在相同的產能下可以創造比過去更高的利潤。

B. 產品虧損率排名表：虧損排行榜──找出最難賺的產品

虧損排行榜以所有虧損產品來排序，從虧損率最高者先排，然後依照管理者欲採計之名次數編號排列，參見表5-16所示。

由表5-16可見，此虧損排行榜以「產品虧損率」為基礎，提供管理者之功能如下：

(A) **警示高虧損率產品**：虧損率越高之產品，代表其成本超過價格越多，以相同價格的兩種產品而言，虧損率高的產品隨著銷售數量上升，所產生的虧損金額將遠比虧損率低的產品還快且多。因此找出高虧損率的產品，並逐一了解其原因且著手改善，可以避免未來銷售量上升，反而導致虧損金額瞬間擴大的風險。

表5-16　產品虧損率排名表：虧損排行榜

甲公司 產品虧損率排名表：虧損前20名 2019年5月			
產品虧損率排名	產品類別/名稱	產品虧損率	整體虧損占比
第1名			
第2名			
第3名			
……			

(B) **判斷虧損率高之產品問題**：高虧損率之產品主要可能由兩大因素造成：價格過低或產品成本過高，說明如下：

a. **價格過低**：此現象可以透過市場資訊的蒐集、彙整、比較而驗證，當發生低價虧損之現象時，管理者可以分析其原因，若為公司可控制之因素，可合理調整價格，使產品能維持在基本利潤率之中。

b. **產品成本過高**：若價格合理，但產品成本異常上升時，管理者應追查異常成本發生的原因。若高虧損率發生於新產品，此意謂著內部流程可能無法有效且穩定地完成新產品，若發生於舊產品，則表示內部流程產生變化或異常，進而導致舊產品成本過高。總之，一定得找到產品虧損的主因，且對症下藥。

(3) 產品價值鏈成本分析表——了解產品好賺或難賺之成本結構

　　與對產品利潤或虧損金額的問題持相同處理態度及方法，管理者對於出現在產品利潤率排行榜或是虧損率排行榜的產品，皆需掌握這些產品類別好賺或難賺的成本結構，AVM利用價值標的模組之計算結果，可以清楚呈現各類產品之價值鏈階段成本，詳見表5-13之「產品價值鏈成本分析表」釋例。由該表可知，價值鏈成本分析將每一項產品從研發、設計、製造、管理之成本，以及整體價值鏈成本之占比情況揭露於此表。分析高獲利率與高虧損率的產品時，此表讓管理者掌握以下兩項分析功能：

A. 分析高利潤率產品之核心流程成本：在合理價格下，管理者會致力於找出高利潤率產品獲利的關鍵核心流程落在何處，了解其成本結構情況後，並可藉此成本優勢複製更多高利潤率產品，以提高公司未來整體的利潤率。

B. 分析高虧損率產品之流程成本：當排除價格過低因素，並確認高虧損率產品之問題出自成本過高因素後，管理者可進一步檢視導致產品大幅虧損的原因出在價值鏈中何項流程之相關成本，進而評估並提出改善產品流程或退出虧損產品市場之對策。

3. 產品管理對策

　　如前所述，透過AVM可以清楚地了解產品之獲利或虧損金額，以及利潤率或虧損率，對管理者而言，最重要之課題為如何提升產品利潤金額或利潤率，因而對虧損之產品甚或利潤不高之產品，皆想加以調整改變，其可採取之對策，如圖5-9所示。

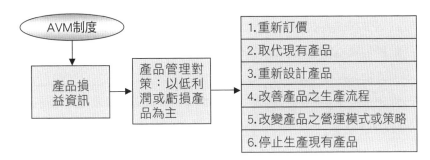

圖5-9　產品損益資訊對產品管理對策之影響圖

　　由圖5-9可知，當由AVM產出之產品損益資訊中，了解低利潤或虧損之產品情況時，管理者可採取六種對策，包括：重新訂價、取代現有產品、重新設計產品、改善產品之生產流程、改變產品之營運模式或策略及停止生產現有產品。在此特別提醒：需透過AVM資訊長期深入分析後，才能採取停止生產現有產品之對策為宜。

（三）顧客損益分析表

　　一般而言，顧客向公司購買產品或服務，公司從而擁有顧客資料，因此收入資料皆可與顧客連結，此時顧客可視為一種同時產生成本與收入之價值標的。顧客購買產品或服務時的收入，扣除顧客總成本（即產品成本與顧客服務成本之加總）即為顧客利潤，成為顧客管理的核心資訊。又就純粹的服務業而言，只有服務收入及成本，而沒有產品之收入及成本的資訊。當顧客資訊可與收入及成本資訊連結時，總經理及幕僚或其他階層管理者通常可依以下順序閱表分析：

1. **顧客損益總表**：依照顧客此價值標的群組之設計，以核心分類綜觀整體顧客利潤。

2. **顧客損益排名表**：以總表之資訊基礎，對獲利顧客與虧損顧客加以排名。

3. **顧客成本與利潤分析表**：進一步分析入榜顧客之成本結構與利潤情況。

　　根據以上介紹，可以從顧客損益分析報表之總表、排名表及成本與利潤分析表的順序，逐步分析獲利或虧損顧客的情況，而管理者對於損益之資訊不能只從金額的觀點分析，亦需重視損益率之分析，顧客損益金額分析及顧客損益率分析之比較意涵，如表5-17所示。

表5-17　顧客損益金額及損益率意涵之比較表

分析面向 報表順序	顧客損益金額分析	顧客損益率分析
1. 顧客損益金額總表	了解整體顧客損益多寡	了解顧客獲利能力高低
2. 顧客損益金額排名表	找出賺最多或賠最多的顧客	找出最好賺或最難賺的顧客
3. 顧客成本與利潤分析表	了解賺多或虧多的顧客成本與利潤結構	了解好賺或難賺的顧客成本與利潤結構

　　表5-17之比較係以「顧客損益」為主，假設顧客不僅購買產品且包括服務，因而顧客損益為顧客收入減除顧客總成本，此總成本包含產品成本及顧客服務成本，而顧客服務成本包括「一般化」及「客製化」服務兩種不同成本。又從顧客損益金額及損益率分析中，可以組合出不同之報表，其分析意涵各不相同，分述如下：

1. 顧客損益金額分析

顧客損益分析最常以「金額」為單位進行報表編製，其於總表、排名表及成本與利潤分析表之內容，說明如下：

(1) 顧客損益金額總表——了解整體顧客損益多寡

顧客損益金額總表將所有產品及服務依照管理者選擇之顧客群組分析方式分類彙總，將各分類之損益金額分別列示，參見表5-18所示。

表5-18　顧客損益金額總表

甲公司 顧客損益金額總表：通路分類 2019年5月				
	A通路 顧客	B通路 顧客	C通路 顧客	D通路 顧客	合計
	金額	金額	金額	金額	金額
收入（包括產品及服務收入）					
產品成本					
一般化服務成本					
客製化服務成本					
顧客利潤					

由表5-18可知，顧客利潤金額即顧客收入減除顧客總成本（包括產品成本、一般化服務及客製化服務成本），顧客利潤金額總表可以根據各種顧客群組之方式製表，上例之「通路分類」即為一種顧客群組，管理者可以從顧客損益金額總表中，知曉下列事實：

A.**了解整體顧客損益金額**：顧客損益金額總表揭露各類顧客購買之產品與服務，經過企業所有流程後所產出的總損益金額，整體顧客損益金額越高，代表公司實質產出的經濟效益越高。

B.**掌握各類顧客損益金額**：結合顧客群組之分類內容，顧客損益金額總表能從分類內容中揭露各類顧客之損益金額情況，例如：A通路顧客之利潤總額大過於B、C或D通路顧客，因而公司得深耕A通路顧客之產品與服務。

(2) 顧客損益金額排名表──找出賺最多或賠最多的顧客

以顧客損益金額總表之資料為基礎，結合顧客群組分類產生損益金額排名表，由於全部顧客損益金額乃由所有獲利顧客與所有虧損顧客組成，兩者之未來策略必然有所不同，因此製作排名表時應將獲利與虧損顧客分開呈現，說明如下：

A. 顧客利潤金額排名表：獲利排行榜──找出賺最多的顧客

獲利排行榜以所有獲利顧客為排序，從利潤金額最高者開始排序，見表5-19所示。

由表5-19可見，此獲利排行以「顧客利潤」金額為基礎，並進一步揭露整體顧客利潤占比，提供管理者之功能如下：

(A)認識高利潤貢獻顧客：顧客利潤金額結合整體顧客利潤占比，使管理者了解公司提供的產品及服務，大部分獲利來自哪些顧客類別，進而思考應鞏固之「核心顧客」。由於這些高利潤貢獻顧客是公司的經營命脈，因而公司得深入地了解這些獲取高利

表5-19 顧客利潤金額排名表：獲利排行榜

甲公司 顧客利潤金額排名表：獲利前20名 2019年5月				
顧客利潤 金額排名	顧客名稱	顧客代碼	顧客利潤金額	整體顧客 利潤占比
第1名				
第2名				
第3名				
……				

　　潤顧客之主因為何？俾為「顧客管理決策」之參考依據。

(B) 連結顧客績效與獎酬：高顧客利潤金額可能來自於作業執行者成功為顧客提供公司產品與服務的組合，管理者可利用此排名結果作為「顧客管理」相關績效資訊參考，並將考核結果與獎酬制度連結一體。

B. **顧客虧損金額排名表：虧損排行榜──找出賠最多的顧客**

　　虧損排行以所有虧損顧客來排序，從虧損金額最高者開始，見表5-20所示。

　　由表5-20可見，此虧損排行榜以「顧客虧損」金額為基礎，並進一步揭露整體顧客虧損占比，提供管理者之功能如下：

(A) 警示高虧損額顧客：當顧客的虧損金額越高，表示公司實質經濟效益流失越快速，此時管理者可以從整體顧客虧損占比中，得知目前提供給哪類或哪個顧客的產品或服務虧損正嚴重侵蝕公司整體獲利，進而思考對此類虧損顧客應該如何調整其產品

表5-20　顧客虧損金額排名表：虧損排行榜

甲公司 顧客虧損金額排名表：虧損前20名 2019年5月				
顧客虧損 金額排名	顧客名稱	顧客代碼	顧客虧損金額	整體顧客 虧損占比
第1名				
第2名				
第3名				
……				

或服務之組合，或流程改善。

(B) 決定顧客成本改善之順序：虧損金額越高之顧客，其改善後帶來之效益亦最高，管理者可依照虧損金額的嚴重程度以及改善所需付出之成本評估，當為改善顧客虧損情況的先後順序，針對改善效益越高、所需成本越低之問題應優先處理，使公司能在最短時間內，用最少成本獲得最大的顧客虧損改善效益。

(3) 顧客成本與利潤分析表──了解賺多或賠多之顧客成本與利潤結構

　　當管理者從排名表確認欲分析之顧客後，可進一步利用顧客成本與利潤分析表，了解顧客之成本及利潤結構內容，參見表5-21所示。

　　由表5-21可知，假設顧客服務也可以創造利潤，顧客利潤即包括產品利潤及服務利潤兩項；又與顧客有關之成本包括：產品成本、一般服務成本及客製化服務成本等三項。顧客成本與利潤分析表可提供管理者，如下功能：

表5-21　顧客成本與利潤分析表

	甲公司 顧客成本與利潤分析表：顧客別 2019年5月					
	顧客A		顧客B		合計	
	金額	收入 占比	金額	收入 占比	金額	收入 占比
產品收入		100%		100%		100%
產品成本						
產品利潤						
服務收入						
一般服務成本						
客製服務成本						
服務利潤						
顧客利潤（產品利潤＋ 服務利潤）						

A. **分析顧客之產品利潤**：顧客購買產品時，其產品收入減產品成本即為顧客之產品利潤，可協助管理者了解該顧客於產品相關之研發、設計、製造與管理等產品價值鏈是否獲得合理利潤。若於產品階段即產生大量虧損，管理者應進一步檢視顧客購買產品之價值鏈成本資訊，並針對問題流程加以快速改善。

B. **分析顧客之總利潤**：如前所述，假設顧客服務可以計價，因此「服務收入」減去一般服務成本及客製化服務成本，即可得到「服務利潤」。而顧客利潤則為產品利潤加上服務利潤，當銷售產品本身具產品利潤，但顧客整體利潤卻為虧損時，此表示顧客

服務成本過多，因而產生「服務虧損」，此時管理者應進一步檢視該顧客於標準化服務或客製化服務之成本是否過高，才會導致「虧損」，作為未來改善之參考依據。根據筆者的長期經驗顯示：臺灣大部分公司皆以「代工」為主，因而需從事許多大大小小的「客製化服務」，因而導致成本過高，故非常容易產生「虧損」之現象。

2. 顧客利潤率分析

一般而言，顧客利潤若僅以「金額」資料報告，將使管理者無從得知提供哪些產品與服務組合相對有較優渥的利潤率，缺乏此資訊會使公司落入低價競爭之陷阱中，有時因忙碌於服務低利潤率顧客上，無意間卻忽略了高利潤率顧客，使公司陷入顧客量雖多卻整體獲利不足的窘境。有關顧客利潤率分析於總表、排名表、成本及利潤分析之情況，說明如下。

(1) 顧客利潤率總表——了解顧客獲利能力高低

顧客利潤率總表將所有顧客依照管理者選擇之顧客群組分析方式分類彙總，將各分類之利潤率分別統計，參見表5-22所示。

由表5-22可知，顧客利潤率總表能根據各種群組之方式製表，此表之「通路分類」即為一種顧客群組，管理者可從顧客利潤率總表中，獲得下列資訊：

A. 了解整體顧客利潤率情況：在正常訂價的情況下，顧客利潤率越高，代表在產品、標準化服務或客製化服務下，可以創造相對更

表5-22　顧客利潤率總表

	A通路顧客	B通路顧客	C通路顧客	D通路顧客	合計
甲公司 顧客利潤率總表：通路分類 2019年5月					
顧客收入					
顧客成本					
顧客成本率					
顧客利潤					
顧客利潤率					

好的利潤，換句話說，即每一元價值鏈成本為公司獲利的能力越好。整體顧客利潤率可以使管理者綜觀整體顧客策略的執行成效，成為評估顧客獲利能力的重要參考依據。

B.比較各類顧客利潤率：結合顧客群組之分類內容，顧客利潤率總表能從分類內容揭露各類顧客之利潤率，例如：A通路顧客之利潤率高於B、C或D顧客，因而管理者可以依據顧客獲利能力的高低，進行未來策略調整方向之參考依據。

(2) 顧客利潤率排名表──找出最好賺或最難賺的顧客

以顧客利潤率總表為基礎，可以結合適當的顧客群組分類產生利潤率排名表。由於顧客利潤率包括利潤率為正的賺錢顧客，及利潤率為負的虧損顧客，在兩者管理方式不同下，製作排名表時應將正利潤率及負利潤率之顧客分開呈現，茲介紹如下：

A. 顧客利潤率排名表：獲利率排行榜──找出最好賺的顧客

獲利排行榜以所有獲利顧客為排序，從利潤率最高先排，再依照管理者欲採計之名次數排列，見表5-23所示。

表5-23　顧客利潤率排名表：獲利排行榜

甲公司 顧客利潤率排名表：獲利前20名 2019年5月				
顧客利潤率排名	顧客名稱	顧客代碼	顧客利潤率	整體顧客 利潤占比
第1名				
第2名				
第3名				
……				

由表5-23可見，此獲利排行榜以「顧客利潤率」為基礎，揭露每位顧客之利潤率情況，提供管理者之功能如下：

(A) 認識高獲利能力顧客：獲利能力越高之顧客，表示該顧客之利潤率越大，卻不一定表示該顧客利潤「金額」亦高，因此將排名結合整體利潤占比資訊後，可以協助管理者找到高利潤率的潛力顧客之類別或項目，進而思考是否應深耕開發該類顧客。

(B) 連結未來顧客面策略：結合顧客群組分類，發現高獲利能力之顧客類別後，管理者可以強化未來策略與該類顧客之結合，進而調高未來公司服務該顧客的比重，或複製產品與服務的組合經驗給予其他潛在顧客，使公司可以創造更好的利潤。

B. 顧客虧損率排名表：虧損率排行榜——找出最難賺的顧客

虧損排行榜以所有虧損顧客為排序，從虧損率最高者先排，再依照管理者欲採計之名次數排列，見表5-24所示。

表5-24　顧客虧損率排名表：虧損排行榜

甲公司 顧客虧損率排名表：虧損前20名 2019年5月				
顧客虧損率排名	顧客名稱	顧客代碼	顧客虧損率	整體顧客 虧損占比
第1名				
第2名				
第3名				
……				

由表5-24可見，此虧損排行榜以「顧客虧損率」為基礎，並揭露每位虧損顧客之「虧損率」情況，提供管理者之功能如下：

(A) 警示高虧損率顧客：虧損率越高之顧客表示其產品、服務成本超過其收入越多，以相同收入的兩位顧客而言，當虧損率較高的顧客購買數量上升，所產生的虧損金額將比虧損率低的顧客快且多。因此找出高虧損率的顧客，並逐一了解其購買的產品或服務問題之所在，如此可以避免產生此類顧客銷量上升而虧損更加擴大的問題。

(B) 決定顧客虧損率改善順序：根據表5-24可充分地了解顧客虧損率高排名的顧客，管理者應優先改善與此顧客相關之作業流程

及成本。

(3) 顧客成本與利潤率分析表 ── 了解好賺或難賺顧客之成本與利潤率結構

　　對於出現在顧客利潤率獲利排行榜或是虧損率排行榜的顧客，管理者可利用顧客成本與利潤率分析表，呈現好賺或難賺顧客於各產品及服務的成本率與利潤率情況，進而了解這些顧客好賺或難賺的成本及利潤之結構內容。

　　顧客成本與利潤率分析表將各個顧客之成本及利潤率，拆解為各類產品及服務的成本率與利潤率兩種情況，見表5-25所示。

表5-25　**顧客之產品及服務成本率與利潤率分析表**

甲公司 顧客之產品及服務成本率與利潤率分析表 2019年5月				
顧客及其成本率 與利潤率 產品及服務	顧客A		顧客B	
	成本率	利潤率	成本率	利潤率
產品X				
產品Y				
產品Z				
服務D				
服務E				
服務F				

　　由表5-25可知，透過顧客之產品及服務成本率與利潤率分析，提供管理者之功能如下：

A. **找出顧客之高利潤率產品及服務**：在合理價格下，管理者可從中了解到高利潤率顧客的關鍵主要來自哪種產品及服務之組合，並複製這些高獲利組合的特質於潛在顧客之中，進而帶動公司未來整體利潤之上升。

B.**警示顧客之高虧損率產品及服務**：在合理價格下，針對高虧損率顧客之產品及服務進一步分析，管理者可從中了解各種產品及服務組合的虧損情況，並依據影響整體利潤的嚴重程度，進一步從顧客成本與利潤分析表（如表5-21之內容）中，剖析問題來自於哪些產品及服務，以進行顧客虧損率之改善處理。

3. 顧客管理決策

如前所述，AVM可提供顧客別的成本和利潤資訊，當為「顧客管理決策」的參考依據。透過AVM資訊，可將所有開發至維繫客戶關係之成本透明化，藉由精確之顧客收入、成本及利潤資訊分析，進而對顧客進行「區隔管理」。一般而言，顧客可區分為「最好」的顧客、「中等」的顧客及「不好」的顧客三種，作為「顧客管理決策」之參考，如圖5-10所示。

由圖5-10可知，公司透過AVM資訊可以了解顧客之獲利或虧損情況，包括「高利潤」的最好顧客、「中利潤」的中等顧客及「低利潤或虧損」的不好顧客，以作為公司從事「顧客區隔管理」之參考依據。對於利潤較低甚或虧損之顧客族群得謀求改善措施，而對於高利潤潛力族群之好顧客，則需加以深根服務，以維護顧客之長期良好關係。AVM能為CRM提供整合性之「原因」及「結果」整合資訊，因而能提升CRM之管理效益。

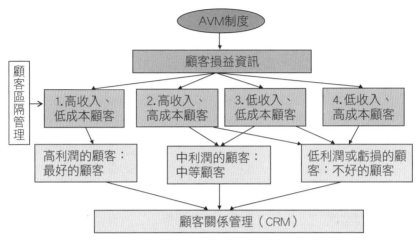

圖5-10　顧客損益資訊對顧客管理決策之影響圖

（四）員工損益分析表

當公司之顧客資料可以與員工連結時，此種員工大部分為「銷售人員」，即可將銷售之收入、成本資訊與銷售人員分類進行銷售人員損益分析，從中了解銷售人員創造之損益情況，通常可依下列順序進行分析：

1. **銷售人員損益總表**：從銷售人員綜觀整體創造之損益情況。
2. **銷售人員收入與利潤排名表**：以總表資訊，對銷售人員收入、利潤表現加以排名。
3. **個別銷售人員利潤與成本分析表**：進一步分析入榜銷售人員之利潤與成本結構情況，作為未來銷售人員「績效評估及獎酬管理」之參考依據。

根據以上介紹，了解銷售人員損益分析報表，可以從總表、排名表與分析表的順序，逐步分析公司內不同銷售人員獲利或虧損的情況，以下分別介紹：

1. 銷售人員損益總表——了解銷售人員整體損益表現

將銷售人員負責之顧客彙整後，可以將所有顧客之收入、產品成本、服務成本及利潤加以整合一體，如表5-26所示。

表5-26　銷售人員損益總表

<table>
<tr><td colspan="5">甲公司
銷售人員損益總表
2019年5月</td></tr>
<tr><td rowspan="2">損益項目　　銷售人員</td><td colspan="2">A銷售人員</td><td colspan="2">B銷售人員</td></tr>
<tr><td>金額</td><td>收入占比</td><td>金額</td><td>百分比</td></tr>
<tr><td>收入</td><td></td><td>100%</td><td></td><td>100%</td></tr>
<tr><td>產品成本</td><td></td><td></td><td></td><td></td></tr>
<tr><td>產品利潤</td><td></td><td></td><td></td><td></td></tr>
<tr><td>顧客服務成本</td><td></td><td></td><td></td><td></td></tr>
<tr><td>顧客服務利潤</td><td></td><td></td><td></td><td></td></tr>
<tr><td>顧客利潤</td><td></td><td></td><td></td><td></td></tr>
</table>

由表5-26之銷售人員損益總表，揭露了各銷售人員於收入、產品成本、產品利潤、顧客服務成本、顧客服務利潤、顧客利潤及收入占比，此等資訊可以提供管理者了解銷售人員為公司賺取利潤之情況。當銷售人員為公司賺取之利潤越高，表示銷售人員對公司的利潤貢獻越

大，其個人績效越好，未來可領取之獎金將會越高。傳統上，企業大都只重視銷售人員之「收入」表現，而忽略了其「利潤貢獻」，此將產生負作用，因為若只一味地重視收入提高，而忽略收入提高的同時，可能已犧牲掉公司可以賺取更高利潤的機會，不得不慎。

2. 銷售人員收入與利潤排名表──了解卓越銷售人員之表現

可以將銷售人員之收入及利潤一起列出排名結果，以供未來績效評估及獎酬管理之用。參見表5-27所示。

表5-27　銷售人員收入與利潤排名表

甲公司 銷售人員收入與利潤排名表 2019年5月					
收入與利潤排名 名次	收入排名			利潤排名		
	員工名字	員工代號	收入金額	員工名字	員工代號	利潤金額
第1名						
第2名						
第3名						
……						

由表5-27可知，銷售人員收入與利潤排名表將各銷售人員之收入與利潤加以排名，提供管理者如下功能：

(1) 檢視高收入的銷售人員之利潤表現：如前所述，依據傳統觀念，銷售人員之績效與收入有著密不可分的關係，但是創造高收入的背後可能來自很多潛在利潤的犧牲，此時應同時檢視銷

售人員之收入及利潤排名，了解在顧客收入高的同時，是否保
有合理的利潤。

(2) **協助銷售人員深耕高利潤之顧客**：銷售人員利潤排名可以協助
管理者找到能為公司創造高利潤的銷售人員，以及其提供給顧
客的產品與服務組合情況。這些銷售人員因具獲利能力，管理
者可以協助其深耕高利潤的顧客族群，進而有效地掌握住好的
顧客族群，同時可以鼓勵其進行內部分享，讓其他員工好好地
學習，又公司應該給予分享者適當的獎酬鼓勵。

3. 個別銷售人員利潤及成本分析表——分析個別銷售人員之績效表現

無論銷售人員出現於排行榜何處，管理者總希望了解銷售人員獲利
的背後主因，因而透過個別銷售人員利潤及成本分析表，即可了解銷售
人員的利潤及成本結構情況，如下所述：

(1) 個別銷售人員利潤分析表——找出關鍵顧客與產品

個別銷售人員利潤分析表將一位銷售人員所有顧客之利潤，拆解為
各類產品或服務利潤金額，見表5-28所示。

由表5-28可知，個別銷售人員利潤分析表彙整顧客於各產品及服
務之利潤金額、利潤占比與累計利潤金額，提供管理者之功能如下：

A. 找出銷售人員之成功銷售經驗：管理者可以針對獲利的銷售人員
進行顧客獲利分析，了解哪些顧客的哪些產品及服務為銷售人員
成功之關鍵，並鼓勵銷售人員從中思考如何將此經驗轉移至其他

表5-28　個別銷售人員利潤分析表

甲公司 個別銷售人員利潤分析表：A銷售人員 2019年5月						
顧客及利潤 項目 產品及服務	A顧客			B顧客		
	利潤 金額	利潤 占比	累計利 潤金額	利潤 金額	利潤 占比	累計利 潤金額
產品X						
產品Y						
產品Z						
服務D						
服務E						
服務F						
合計		100%			100%	

潛在顧客，為公司創造更大的利潤。

B.警示銷售人員之失敗銷售經驗：管理者可以針對虧損的銷售人員之虧損顧客進行虧損產品及服務分析，了解該銷售人員對於顧客之產品及服務產生嚴重虧損之情況及原因，從中了解失敗銷售經驗，作為未來改進之參考依據。

(2) 個別銷售人員成本分析表——找出銷售人員之產品及服務賺或賠之成本結構

當管理者從排名表、利潤分析表中確認欲分析之銷售人員、顧客與其產品及服務後，可進一步利用個別銷售人員成本分析表，從價值鏈成本之結構分析中，了解個別銷售人員於不同顧客之產品及服務的整體成

本情況，見表5-29所示。

表5-29　個別銷售人員成本分析表

甲公司 個別銷售人員成本分析表：A銷售人員 2019年5月						
顧客與 產品 成本	A顧客				B顧客	
	X產品		Y產品		X產品	
	金額	成本占比	金額	成本占比	金額	成本占比
產品成本						
一般服務成本						
客製化服務成本						
顧客總成本		100%		100%		100%

由表5-29可知，顧客之整體成本包括產品成本、一般服務成本及客製化服務成本，管理者從成本金額及成本占比中可以了解下列事實：

A. 分析產品成本情況：了解該銷售人員對顧客推出之產品及服務本身是否具低成本或低成本占比，而產生高利潤情況，針對此種成功銷售人員之經驗，管理者可以鼓勵其在內部分享，並且給予適當的獎勵。

B. 分析顧客總成本情況：在產品利潤合理的情況下，能夠創造高顧客利潤的銷售人員，表示其服務經驗優於一般銷售人員，所以能夠以合理的一般服務成本及客製化服務成本替公司維持良好的利潤；而產生高顧客虧損的銷售人員則可能存在服務問題，若一般服務成本沒有問題，則可能因「客製化服務」成本大幅增加而造

成虧損，此時則應思考銷售人員所從事的客製化服務是否符合公司主要之營運方向，作為未來調整及改善之參考依據。

(五) 專案成本分析表

一般而言，大多數公司的「專案管理」將費用面、時間面或流程面資訊，都歸由不同部門管理，因而當專案發生問題時，管理者卻很難從分離的資訊去斷定專案之問題所在，例如：專案延遲的原因究竟是預算過少？效率過低？或是流程不合理所造成呢？利用「專案成本分析表」，可以統合專案當期及累計成本之資訊，再對欲分析的專案檢視其成本發生情況，以了解更細節之成本結構，介紹如下：

1. 專案成本總表 —— 了解整體專案之執行成本

將各專案之當期成本及累計成本彙總後，可以編製專案成本總表，如表5-30所示。

由表5-30可知，專案成本總表提供各個專案執行過程中新增加之成本金額與累計成本金額，提供管理者之功能如下：

(1) 從成本追蹤專案之執行情況：傳統上，當專案於預算編製後，專案之重要工作活動的追蹤僅能以「工時」追蹤，此「時間資訊」僅能從專案管理的相關系統中取得。AVM將「專案」當為一項「價值標的」，從專案最細的「作業細胞」中不斷累積專案執行的成本，因此可以從「成本」不斷累積的「時間」過程中追蹤專案的執行情況，以提升「專案執行」的效率。

表5-30 專案成本總表

甲公司 專案成本總表 2019年5月				
專案類型		上期累計之成本	本期新增之成本	本期累計之成本
產品專案	A專案			
	B專案			
顧客專案	C專案			
	D專案			
行政專案	E專案			
	F專案			

2. 專案細項成本分析表——檢視專案執行之全部成本

當管理者從專案成本總表確認欲分析專案之成本內容時,可以進一步使用專案細項成本分析表,了解專案執行過程發生的材料費用、作業成本等情況,茲以「產品研發專案」為例,見表5-31所示。

由表5-31可知,產品研發專案細項成本分析表將產品研發專案全部成本之新增金額與累計金額分別揭露,提供管理者之功能如下:

(1) 追蹤專案全部成本:傳統上,管理者會將專案之相關成本及人員工時分開控管,而AVM則以專案人員「工時」為基礎,計算出產品研發專案相關「作業成本」,使管理者可一次掌握各作業中心於「產品研發專案」使用之全部資源,例如:材料、模具、物料及作業成本等,進而每月累計專案之總成本,當為評估未來研發專案效益之基礎資訊。如前所述,產品研發專案分為三種:成功專案、進行中專案及失敗專案等,我們都得了解

表5-31　專案細項成本分析表

	甲公司 專案細項成本分析表：A產品研發專案 三民研發作業中心 2019年5月					
	上期累計之成本		本期新增之成本		本期累計之成本	
	金額	成本占比	金額	成本占比	金額	成本占比
材料成本						
模具成本						
物料成本						
作業成本						
其他成本						
總　成　本		100%		100%		100%

不同專案實際投入成本之情況，俾為研發專案人員「績效評估」及改善之參考依據。

(2) **追蹤專案成本之異常情況**：從表5-31可知，產品專案成本包括材料、模具、物料、作業及其他成本，從前期累計、本期新增及本期累計之成本金額及成本占比中，很容易看到專案成本之異常情況，例如：假設專案進行情況未有任何改變，然而專案本期新增之作業成本大過於前期累計之作業成本很多時，表示「專案」之執行過程出現某些問題，此時可透過AVM之「專案成本」作業相關資訊，了解專案「作業成本」大幅增加係來自於哪些作業項目及其背後原因，以供「專案改善」之參考依據。

十一、價值標的模組之結論

如前所述，價值標的模組之主要目的在透過「作業動因」、「服務動因」及「專案動因」，計算出「產品」、「顧客」、「員工」甚至「專案」等「價值標的」之成本與利潤或效益內容。又價值標的模組具有幾項重要資訊，如圖5-11所示。

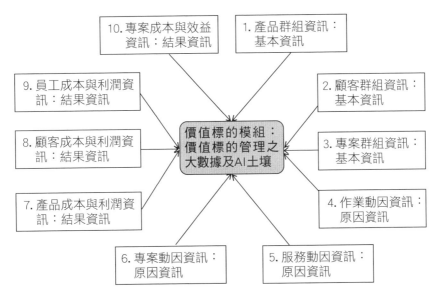

圖5-11　價值標的模組之相關資訊圖

由圖5-11中，可以清楚地了解價值標的模組具有三項基本資訊：產品群組、顧客群組及專案群組等資訊，又有三項原因資訊：作業動因、服務動因及專案動因等資訊，以及四項結果資訊：產品成本與利潤、顧

客成本與利潤、員工成本與利潤及專案成本與效益等資訊，透過這些資訊可以協助組織建構出非常有用且靈活的「因果關係」整合的「產品管理」、「顧客管理」、「員工管理」及「專案管理」之大數據分析，甚至AI預測之發展方向。

第6章 AVM 的相關智財權——知的層面

就人文社會科學而言，其相關的智財權包括：著作權、IT系統、專利權及商標權等四種，筆者於1990年學成返台後持續深入地研究ABC，因而形成本土化之AVM制度，經長年深耕「知行合一」，形成及累積了各種不同的「智財權」，如圖6-1所示。

由圖6-1可知，AVM相關的智財權包括：1.著作權、2.AVM之IT系統、3.AVM延伸的相關IT系統與AI及4.專利權及商標權等，分別說明如下：

一、著作權

筆者任教之初，即著手撰寫與ABC或AVM相關的實務性文章，三十年來已超過一百篇，刊登於《會計研究月刊》、《經理人月刊》、《哈佛商業評論》及《能力雜誌》等實務性管理刊物。本書與關於ABCM的《作業基礎成本管理：知行合一論》（上海立信會計出版社，2019年

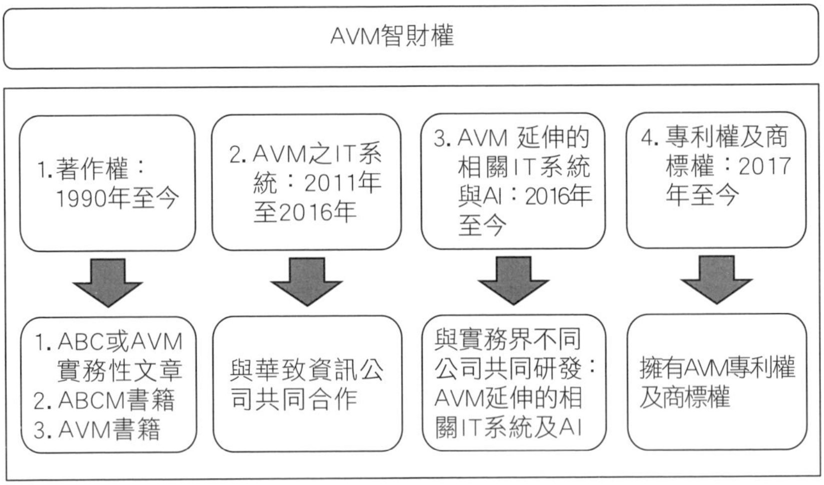

圖6-1　AVM智財權累積圖

7月出版）皆強調筆者一貫的信念「知行合一」。

　　ABCM一書由筆者將過去二十多年來在臺灣發表的所有「實務性」文章彙編而成。而本書則整合了有關AVM之學術創新與長年的實務運用成果，本著「知行合一」理念，分為「知」與「行」兩大主軸，讓讀者了解AVM的相關觀念及原則，並提供AVM實務設計前的診斷及設計步驟，分享實施AVM之個案內容。希望藉由這兩本書，讓更多人認識、理解ABCM及AVM的理論知識、實務設計及運用方向的重點內容。

二、AVM 之 IT 系統

　　筆者長期實踐「知行合一」的信念，形成AVM之SOP及知識管理（KM），達到穩定成熟的階段後，著眼根留臺灣且快速解決臺灣企業「成本、利潤及價值管理」的課題，因而開始構思AVM之IT系統的開

發。筆者於2011年與高雄華致資訊公司合作，經過五年間反覆進行修改，共同開發AVM的IT系統，又經過兩年測試，成功地發展出AVM之IT雲端系統，於2018年6月23日正式對外發布AVM之IT系統，共獲得國內九家報紙及四家電視媒體之報導，希望能對臺灣之實務界產生重大的影響力。AVM之IT系統包括雲端教育版本、中小企業版本及大企業版本等三種，透過不同產業之AVM資料庫建構，從事長期「大數據分析」及「AI預測」的工作，如圖6-2所示。

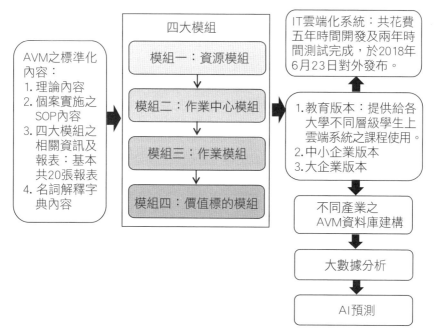

圖6-2　AVM的IT系統圖

出處：吳安妮，2015年11月，〈管理會計技術商品化：以ABC為核心之作業價值管理系統（AVMS）為例〉，《會計研究月刊》，第359期，第23頁。

由圖6-2可知，AVM之IT系統的主要創新之處在於：

（一）AVM主要是將企業投入的所有資源透過作業中心執行的各種作業，歸屬至價值標的，可避免固定成本費用化之後，無法追蹤與有效管理的問題。

（二）AVM之IT系統的架構，是根據理論的四大模組——「資源」、「作業中心」、「作業」及「價值標的」分別設計成可以彈性調整的資訊系統，不僅支援多公司、多事業單位，還可多幣別。在資料分析維度上，可以自行新增分類欄位，因此能夠隨著公司導入AVM的深度（資料蒐集來源與精緻度）與廣度（導入單位增加）而調整，不需反覆修改程式；又產出的資料同時提供正常產能成本與實際產能成本，並能與不同模擬資料版本進行比較。

（三）使用者介面為瀏覽器，企業版可部署於雲端伺服器，針對不同產業，例如：銀行及通訊產業的大量交易資料，可調整為分段批次處理，避免硬體資源過度耗用，拖慢整體運算速度。

有關AVM之IT系統對實務界及學術界的主要影響力，說明如下：

（一）導入AVM後，個案公司可強化其他資訊系統之運用，因為可以提供AVM IT系統所需的資料，例如：製造業的製造執行系統（MES）需提供材料耗用、加工時間與人數、工具耗用、完工良率及重工製程等。機器生產為主的公司應導入自動化才能正確蒐集稼動率，高耗能產業需蒐集各機台能源耗用數據，服務業需「工時蒐集系統」，顧問業則需「專案管理系統」。

（二）公司的資訊基礎完備之後，將各單位執行各項作業的時間、品質及產能等資訊匯入 AVM 之 IT 系統中分析運算，產出的「原因」與「結果」整合之資訊，可以協助少量多樣的製造業分析產品成本及利潤，減少浪費，提升效能，並聚焦於獲利的產品。

（三）AVM 的精神是以「作業」為管理細胞，當每個細胞都能健康地工作，企業就能快速成長。AVM 之 IT 系統能快速地幫助公司實施 AVM 制度，達到善用資源、減少浪費、專注於從事有價值的顧客服務，進而協助製造業或服務業進行產業升級及轉型。

（四）AVM 雲端教育版本之主要目的在作為大學校園教育 AVM 人才之用，達到強化 AVM 人才的實務設計及運用能力。AVM 教育版本，於 2016 年開始在臺灣部分大學的課堂上免費使用，積極教導 AVM 相關知識，培育對臺灣實務界有貢獻之 AVM 人才。

三、AVM 延伸之相關創新 IT 系統

由於 AVM 結合了「原因」與「結果」整合的因果關係資訊，因而以 AVM 為核心，得以持續開發出不少由 AVM 延伸的相關 IT 系統，如圖 6-3 所示。

從圖 6-3 可知，由 AVM 延伸的已發布之創新 IT 系統內容，說明如下：

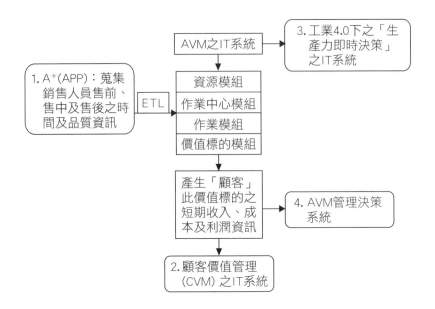

図6-3　AVM延伸之相關IT系統圖

（一）已發布之AVM延伸相關創新IT系統

已發布之AVM延伸相關創新IT系統之重點內容，如下所述：

1. A+ (APP)之IT系統：此A+系統於2018年6月23日對外發布。A+
為一項APP，主要是蒐集銷售人員從事銷售作業（包括售前、售
中及售後）的「時間及品質」等「原因資訊」，例如：拜訪的客
戶、推銷的產品、拜訪的內容及拜訪花費的時間，再透過ETL
匯入AVM的「作業模組」，將「原因」與「結果」資訊加以整
合，此「結果資訊」為業務人員投入之費用，例如：薪資及交際

費用等，進而計算出每位銷售人員在每位顧客之售前、售中及售後服務的成本資訊。此種原因與結果整合之資訊不僅可作為「顧客管理」之用，亦可作為「業務人員」績效評估及獎酬發放之參考依據，有助於公司樹立「業務及顧客管理」之標竿。

過去企業總是無法有效地量化業務在客戶身上之服務成本，尤其是「客製化服務」成本，訂價時常因缺乏這些攸關資訊，導致報價往往有所偏誤，且常認為「大客戶就是好客戶」或「大訂單就是好訂單」，落入「顧客管理」之迷思。透過A⁺與AVM的結合，提供管理者正確的「業務人員」及「顧客」相關的原因與結果整合之資訊，上述問題皆可迎刃而解，讓公司真正獲利，且提升管理之「軟實力」及「競爭力」。

2. **「顧客價值管理」（CVM）之IT系統**：此CVM系統於2019年6月29日對外發布。如圖6-3所示，當AVM產生顧客之收入、成本及利潤資訊後，透過AI之預測模式，得以預測出顧客之「存活期間」及顧客之「未來利潤」等資訊，進而運用顧客生命週期價值（CLTV）模式，預測出顧客之生命週期價值，提升長期之「顧客價值」，達到「科學化管理」之目的。為了達到「顧客價值」運算過程之「全自動化」目的，因而孕生出顧客價值管理（CVM）此IT系統，透過CVM系統可以掌握顧客生命週期之長短，從中制定不同的顧客管理決策，從顧客長期之生命週期價值中，也能了解顧客未來對公司價值的影響情況，進而當為顧客長期「經營策略」之參考依據。此產品在2020年獲得臺灣的「發明專利」。

3. **「生產力即時決策」（iPDM）之IT系統**：此iPDM系統於2019年

6月29日對外發布。世界各國發展工業4.0時，都非常強調工業4.0之軟體及硬體技術，卻忽略了與「管理」結合的重要性，甚為可惜。筆者發現：若能將工廠製造的「原因」與「結果」資訊加以整合，就能即時產生製造過程中每個訂單的每項作業之時間、品質、產能及成本等資訊。工廠現場的管理者不僅能立即了解產品生產過程中之機器、人員、人機協作、機器間合作及人員間合作之「時間」與「品質」等即時資訊，亦可同時掌握成本及利潤之即時資訊，因而作業、訂單成本過高的原因一目了然，使生產管理人員可快速地解決生產現場之問題，採取正確的管理決策，提升製造之「生產力」。為了將工業4.0之「生產力即時資訊」採行全自動化處理，筆者與新漢公司及華致資訊公司共同合作，花費三年時間共同完成iPDM之IT系統，此系統未來亦將與AI結合，形成iPDM之AI「預測」及「預警」系統。

4. **AVM管理決策系統（AVM Decision Making System, AVM-DM）**：此AVM-DM系統於2020年8月25日對外發布1.0版（包括十二種管理決策之內容）。作業價值管理（Activity Value Management, AVM）可以產生「原因」與「結果」整合資訊，為了解決企業各階層主管對「管理決策」的需求，因而開發一套「AVM管理決策系統（AVM-DM）」，提供如第一章圖1-14所示之二十種之管理決策報表及管理圖（圓餅圖、長條圖、鯨魚圖、趨勢比較圖），包括：資源管理決策、品質管理決策、產能管理決策、附加價值管理決策、顧客服務管理決策、工單管理決策、產品管理決策、產品研發管理決策、顧客管理決策、通路管理決策、訂價管理決策及員工管理決策等。

（二）進行中的 AVM 延伸之相關創新 IT 系統

1. 智慧製造管理決策系統：在智慧製造環境下，將硬體設備、軟體及 AVM 結合一體，打造出智慧製造下的「管理決策系統」是當前工業 4.0 下之趨勢。透過町洋企業之 iO-GRID，可以有效採集各類型機台的「原因」資訊，再與 AVM 系統結合，即可快速地產生不同工單、產品、顧客、工廠之成本及利潤資訊。本系統目前正在開發中，預計 2021 年 6 月前會完成三項相關 IT 產品之開發。

（三）未來 AVM 延伸之相關創新 IT 系統

未來三年 AVM 延伸之相關創新 IT 系統，如圖 6-4 所示。

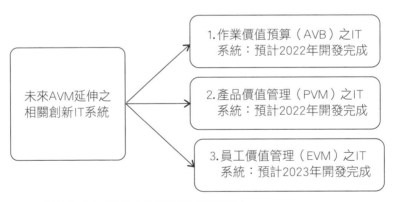

圖 6-4　未來三年 AVM 延伸之相關創新 IT 系統圖

由圖 6-4 可知，未來三年 AVM 延伸的相關創新 IT 系統之內容及目的，說明如下：

1. **「作業價值預算」（AVB）之IT系統**：公司實施AVM後，可以運用「作業」的觀念，來建構作業價值預算（AVB）。AVB的執行方式為先確認價值標的（產品或顧客），再評估其需執行的作業項目，由哪一個作業中心執行，進而預估其可能需要的費用預算，產生未來「預算管理」的有用資訊，進而研發出AVB之IT系統。未來規劃整合與「預算」有關之大數據，進而發展出其相關的AI出來，如圖6-5所示。

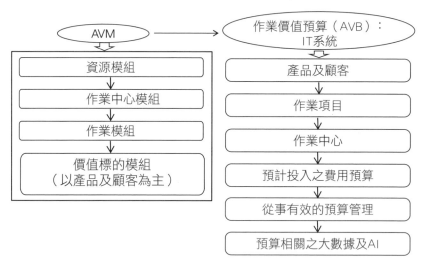

圖6-5　AVM引導AVB之IT系統及其AI圖

2. **「產品價值管理」(PVM)之IT系統**：AVM可以整合產品相關之時間、品質、產能等「原因資訊」及產品成本、利潤及價值（產品生命週期價值）等「結果資訊」，運用AVM產生或加值此等資訊，進而研發出PVM之IT系統。未來規劃發展與「產品」（包括新舊產品）有關的大數據，進而研發出其相關之AI，如圖6-6所示。

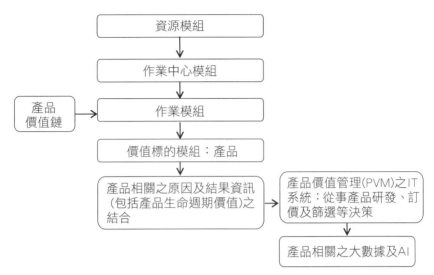

圖6-6　AVM引導PVM之IT系統及其AI圖

3. **「員工價值管理」（EVM）之IT系統**：AVM可以整合員工相關的時間、品質、產能等「原因資訊」及員工成本、利潤及價值（員工生命週期價值）等「結果資訊」，運用AVM產生或加值此等資訊，進而研發出EVM之IT系統。未來規劃能整合與員工有關之大數據，進而發展出與「員工價值管理」有關之AI，如圖6-7所示。

四、專利權及商標權

如前面所述，為了根留臺灣，提升我國產業的軟實力，除了發展AVM之IT、大數據及AI等商品外，筆者亦積極從事AVM相關的專利權及商標權之整體布局，以及創造權利金的收入，如圖6-8所示。

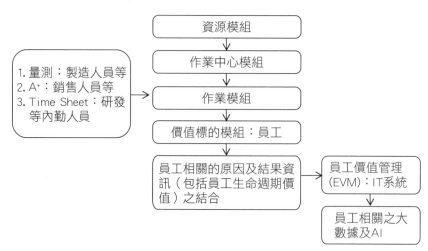

圖6-7　AVM引導EVM之IT系統及其AI圖

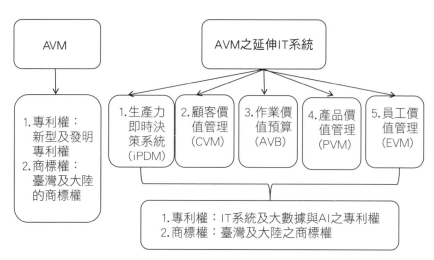

圖6-8　AVM相關的專利權及商標權之整體布局圖

有關AVM的專利權及商標權之整體布局，說明如下：

（一）專利權

1. 已獲得專利權

(1)於2018年12月獲得「作業價值管理系統」新型專利。

(2)於2019年5月獲得「作業價值管理系統」發明專利。

2. 未來擬申請的專利權

(1)未來擬申請「生產力即時決策（iPDM）之IT系統」的專利權。

(2)未來擬申請「顧客價值管理（CVM）之IT系統」的專利權。

(3)未來擬申請「作業價值預算（AVB）之IT系統」的專利權。

(4)未來擬申請「產品價值管理（PVM）之IT系統」的專利權。

(5)未來擬申請「員工價值管理（EVM）之IT系統」的專利權。

(6)未來擬申請「顧客長短期管理」之大數據及其AI的專利權。

(7)未來擬申請「生產力即時決策系統」（iPDM）之大數據及其AI
的專利權。

(8)未來擬申請「產品長短期管理」之大數據及其AI的專利權。

(9)未來擬申請「員工長短期管理」之大數據及其AI的專利權。

(10)未來擬申請「預算管理」之大數據及其AI的專利權。

（二）商標權

1. 已獲得商標權

(1)於2017年獲得臺灣的「作業價值管理（AVM）」商標權。

(2)於2017年獲得中國的「作業價值管理（AVM）」商標權。

2. 未來擬申請之商標權

(1)未來擬申請「生產力即時決策（iPDM）系統」的商標權。

(2)未來擬申請「顧客價值管理（CVM）」的商標權。

(3)未來擬申請「AVM管理決策系統（AVM-DM）」的商標權。

(4)未來擬申請「作業價值預算（AVB）」的商標權。

(5)未來擬申請「產品價值管理（PVM）」的商標權。

(6)未來擬申請「員工價值管理（EVM）」的商標權。

（三）AVM權利金

目前AVM已創造超過新台幣700萬元的權利金收入，未來權利金收入將會持續增加及成長。

由上述專利權及商標權之整體布局中可以了解，就專利權而言，AVM已取得兩項專利，未來規劃申請十項與AVM IT系統及大數據和AI相關之專利權；目前AVM已取得兩項商標權，未來擬再申請六項商標權，就整體的專利權及商標權合計共有二十項，其中並不包括未來可能與實施AVM的個案公司合作，延伸AVM之各種智財權。總之，唯有持續地累積AVM之各項智財權，才能讓AVM在國際發光發熱，使AVM的發源地「臺灣」成為AVM的「世界典範」。

第7章　AVM 設計前的診斷及規劃——行的層面

作業價值管理（AVM）是整合 ERP、MES 及 ISO 等，產生「原因資訊」的管理制度及「結果資訊」的財務會計制度。在任何新制度導入前，先透過「診斷評估」，再進行完整的「專案規劃」，才易提升導入新制度的成效。如同醫生給予病人各種醫療服務前，一定要先了解就診病人的醫療背景，包括就醫、用藥紀錄以及相關的檢查數據等，對於該病患之病情有全面性的了解後，才能對症下藥，達成最佳的醫療效果。因此，針對各公司設計客製化的 AVM 制度時，首先必須全面性了解公司之各種管理制度現況，才能有正確的設計方向，換言之，AVM 設計前對公司各種管理制度現況的診斷及規劃非常重要。

在導入 AVM 前，有三個重要階段：AVM 設計前之診斷、AVM 設計前之管理方向確認及 AVM 設計前之規劃，如圖 7-1 所示。

由圖 7-1 可知，在設計 AVM 之前，有三個階段共十二項步驟要進行，分別說明如下：

一、AVM設計前之診斷階段：了解公司管理制度之現況
　　步驟1-1：了解管理制度及資訊系統現況
　　步驟1-2：了解與資源模組有關的內容現況
　　步驟1-3：了解與作業中心模組有關的內容現況
　　步驟1-4：了解與作業模組有關的內容現況
　　步驟1-5：了解與價值標的模組有關的內容現況

二、AVM設計前之管理方向確認階段：確認管理議題之具體內容
　　步驟2-1：確認組織之使命、願景、核心能力及策略
　　步驟2-2：確認公司之管理議題
　　步驟2-3：產生價值標的與管理議題整合之棋盤圖

三、AVM設計前之規劃階段：範疇、期程、團隊及發展階段
　　步驟3-1：AVM導入之範疇
　　步驟3-2：AVM導入之期程
　　步驟3-3：AVM專案團隊
　　步驟3-4：AVM長期發展階段之規劃

圖7-1　AVM設計前之診斷及規劃階段步驟圖

一、AVM 設計前之診斷階段：了解公司管理制度之現況

　　在AVM設計前必須進行一系列的公司診斷，了解公司管理制度之現況，以利於未來AVM導入時的設計。診斷方式可以針對公司之高階主管及各部門管理者，透過「問卷與訪談」方式，全面掌握公司之現況，並進一步將其關聯至AVM之四大模組，以了解現行制度與理想狀態之缺口，從而進行後續規劃之工作。「問卷與訪談」之主題，包括管理制度及資訊系統、資源模組、作業中心模組、作業模組及價值標的模

組等五個部分之「現行情況」。

AVM設計前之診斷階段共有五大步驟，有關各步驟常見之「共同議題」，簡要舉例說明如下：

（一）步驟1-1：了解「管理制度」及「資訊系統」之現況

本步驟主要在了解公司「管理制度」及「資訊系統」之現況，有關問卷與訪談內容之釋例，說明如下：

1. 公司現行管理制度與系統有哪些，例如：ERP、MES、BI、ISO 9000、CRM、簽核系統或工時系統等，各項管理制度與系統導入的時間、範圍及具體內容為何？
2. 公司現行之資訊人員，對於公司資訊系統之掌控、修改與應用之權限與能力為何？
3. 公司不同層級主管目前如何進行營運管理，例如：會議模式、頻率、主管權責等，目前各種「管理決策」參考之「資訊」有哪些，例如：各類型報表或表單等，又如何產生該等資訊呢？
4. 公司目前管理方面，尚缺乏哪些「管理決策」所需之資訊呢？

AVM是以「作業」為管理細胞，目的係結合公司內部的各項管理制度，且利用各項資訊系統所產出之「資訊」，有效地整合到AVM制度之中，如海納百川之觀念，活化及發揮各項管理制度的最大效益。一言以蔽之，通盤了解公司現行制度及資訊系統，是AVM設計前診斷評估的第一步。

了解公司現有管理制度與資訊基礎工程的現況後，可以進一步評估

公司提供AVM所需資訊的完整度與缺口。一般而言，ERP系統是AVM最重要之基礎工程，完整的ERP系統可以提供AVM「資源」及「作業模組」所需之相關資訊，對於縮短AVM的導入時程具有關鍵性的影響。又對於「製造業」而言，MES系統亦為非常重要之系統，可以產生AVM「作業模組」所需要之「原因資訊」，以利於未來AVM的設計及運用。

（二）步驟1-2：了解與資源模組有關的內容現況

AVM之「資源模組」與「會計制度」最有關係，因而本步驟主要了解現行會計制度之處理與政策、成本計算原則及作業中心之利潤衡量方式等，有關此步驟「問卷與訪談」內容之釋例，說明如下：

1. 目前公司會計科目的使用情形，編碼、內容及定義如何？此部分之問題主要以「費用科目」為主。
2. 目前公司的成本、費用科目之相關政策，例如：材料成本、製造成本、折舊攤提、人事費用及交際差旅費等。
3. 目前公司的成本、費用科目是否依不同部門之不同管理需求加以區分，例如：部門別、產品別、顧客別及專案別等，如何歸屬或分攤間接成本至各部門、產品或顧客等。
4. 目前公司是否實施成本/利潤中心制度呢？公司有實施內部轉撥計價嗎？又轉撥計價方式及具體內容為何？
5. 公司目前之組織架構與ERP系統是否一致？兩者之差異情況為何？
6. 公司目前對各部門的可控制或不可控制之資源有區分嗎？其具體

做法及內容為何？

7. 公司目前每個月是否產出各部門之損益表或費用報表等，其具體內容又為何？

上述列舉之問題，主要目的在了解公司在AVM模組設計前的到位程度及缺口情況，即可了解公司目前「資源模組」的齊備度及就緒度，作為未來設計客製化AVM「資源模組」的參考依據。

（三）步驟1-3：了解與作業中心模組有關的內容現況

AVM之「作業中心模組」，主要為公司之作業執行者及其「正常產能規劃」等內容，有關此步驟「問卷與訪談」內容之釋例，說明如下：

1. 公司現行的作業中心有哪些？是否有「產能預測及規劃」之制度？其具體內容為何？

2. 公司現行事業部門間人員調動及跨部門支援之型態及頻率如何？是否有詳細記錄？

3. 就製造業而言，公司現行人員與機台之工作配比及管理模式如何？

4. 公司現行是否有機台之「標準工時」及「正常產能」制度？制度的具體內容與範圍為何？

5. 公司現行是否有人員「標準工時」及「正常產能」制度？又制度的具體內容與範圍為何？人員的正常產能規劃是否包括直接及間接人員？

AVM之「作業中心模組」，主要在設計各作業中心的「作業執行者」以及其標準工時與正常產能。對於製造業而言，「作業執行者」包括人員與機台設備之正常產能管理模式；對於服務業而言，主要在了解「人員」的「正常產能」情況。從「問卷與訪談」中即可理解「作業中心」模組之齊備度及就緒度情況，作為未來設計AVM之「作業中心模組」的參考依據。

（四）步驟1-4：了解與作業模組有關的內容現況

　　「作業模組」相關之內容，主要為公司現行「作業」之設計與「管理」情形，有關此步驟「問卷與訪談」內容之釋例，說明如下：

1. 公司目前是否建立標準作業流程（SOP）？建立之範圍及細緻程度如何？

2. 公司目前是否記錄並管理「人員」或「機台」之實際作業時間？

3. 公司若已導入MES或工時系統，其資訊與ERP系統結合之程度如何？各系統之「作業項目與內容」是否一致？

4. 公司目前對「人員」或「機台」發生之異常作業，例如：重工、停工待料、故障停機等的時間及原因相關資訊，是否有特別的制度加以詳細記錄？其具體內容為何？

5. 公司目前是否將「作業」依不同性質或屬性分類管理，例如：就品質、產能、附加價值及顧客服務等加以分類及管理？作業屬性之內容及範圍為何？

作業模組導入時，最費力耗時的就是設計各部門之「作業」，以及蒐集各項作業細項之實際產能（工時）資訊。若公司已建立相關「工作內容」之完整「SOP」，即可當作未來設計「作業模組」之參考基礎。

此外，實務上許多公司採行不同形式之「工時記錄」，無論是否利用MES或完整之「工時記錄系統」，除探討其現行記錄之細緻、完整度外，第一線人員之作業習慣亦相當重要。根據筆者觀察：導入AVM前已習慣記錄「工時」之公司，對於AVM實際工時的記錄及實施，較不會有太大的阻礙與反彈，未來資訊之蒐集可更「順利」且「完整」。

透過了解現行「作業屬性」之情形，亦可得知公司目前對於「作業」內容之管理重點，除筆者已定義之四類型作業屬性外，AVM設計前，也可了解公司額外定義之「作業屬性」內容，未來在設計AVM之「作業模組」時，即可符合公司之客製化管理需求。

（五）步驟1-5：了解與價值標的模組有關的內容現況

「價值標的」模組主要為產品/服務與顧客，乃至工單、專案或員工等價值標的之成本內容，有關此步驟「問卷與訪談」的內容釋例，說明如下：

1. 若公司為製造業，目前工單之管理方式為何？如何搭配倉管系統？「重工」是否分別開立工單？

2. 公司目前之產品成本包含哪些項目？研發、設計及產品管理等成本如何歸屬或分攤至產品成本之中？

3. 公司目前是否針對個別顧客蒐集、計算其服務成本？若有，服務成本包含哪些項目？又目前如何計算服務成本？

4. 公司目前如何計算產品/服務與顧客之利潤？

5. 公司目前專案之管理方式，包含專案起訖、期程、管理頻率等為何？是否獨立計算專案之成本？

6. 公司目前之專案成本，如何歸屬至「產品」或「顧客」身上？

7. 公司是否每月對每位銷售人員計算其成本與利潤貢獻？若有，其計算方式為何？

8. 公司目前針對產品/服務、顧客、專案或員工產出哪些「管理資訊及報表」？該等資訊及報表如何影響不同層級管理者的「管理決策」？

　　本步驟主要為了解價值標的模組中，除了「作業動因」所需的資訊外，尚有公司對於工單、專案，到產品/服務與顧客及員工等各項價值標的之管理現況，包含現有成本及利潤之計算、所產出之管理報表等。了解公司與「價值標的」模組相關的內容現況，才有助於公司未來設計AVM「價值標的模組」之「客製化內容」。

二、AVM 設計前之管理方向確認階段：確認管理議題之具體內容

　　全盤了解公司之管理制度及資訊系統現況後，下一步驟即是全面掌握公司之管理方向及議題，共有三個步驟，茲分別說明如下：

（一）步驟2-1：確認組織之使命、願景、核心能力及策略

　　本步驟首先透過調查高階主管對公司使命、願景、核心能力及策略

之想法，以釐清公司未來的經營管理方向，作為AVM設計時之引導方向。筆者建議：先由所有高階主管分別填寫公司使命、願景、核心能力及策略之「調查表」，如表7-1所示。

表7-1　使命、願景、核心能力及策略調查表

項目	內容	填寫人員及所屬部門
1. 使命		
2. 核心價值		
3. 願景		
4. 核心能力		
5. 策略或創新策略		
6. 短期之策略目標		
7. 中/長期之策略目標		

　　彙總所有高階主管填寫之公司使命、願景、核心能力及策略內容之後，即可透過公開「確認」會談，決定公司「使命、願景、核心能力及策略」之相關內容，作為確認下一階段管理議題之參考依據。

（二）步驟2-2：確認公司之管理議題

　　本步驟主要釐清公司現階段營運概況與主要面臨之「管理問題」，進而形成「管理議題」，以作為未來設計AVM模型及產出管理報表資訊之參考依據。可以先透過「調查方式」，了解高階主管及各部門主管所面臨之「管理問題」與關切之「管理議題」，其中管理議題包括策略性及一般性兩種，如表7-2所示。

　　彙總高階主管及各部門主管所關切之管理問題及議題後，即可透過

表7-2　管理問題及議題調查表

管理項目	管理問題	管理議題	
		策略性	一般性
產品管理			
客戶管理			
內部流程管理			
產能管理			
品質管理			
效率管理			
……			

跨部門公開確認會談，決定高階主管及各部門主管關切之「管理議題」，以利未來AVM之設計工作。

（三）步驟2-3：產生價值標的與管理議題整合之棋盤圖

為了進一步釐清管理需求與價值標的之關聯性，透過公開訪談會議及棋盤圖（亦稱矩陣圖）方式，呈現公司整體及各部門之「價值標的與管理議題」整合之關係內容，如圖7-2所示。

進行訪談後，將「價值標的」與「管理議題」整合之對應標示於棋盤圖之交點上，得以更清楚地了解中高階主管所重視之價值標的與管理議題的對應關係，不僅可聚焦「管理議題及重點」，且作為後續AVM設計之引導方向。

在此擬以A個案公司為釋例，說明其「棋盤圖」的內容。A個案公司在棋盤圖中之價值標的，包含產品、顧客、專案、員工及供應商等五項，管理議題共有八項，依據重要程度順位從一到八依序為：成本管

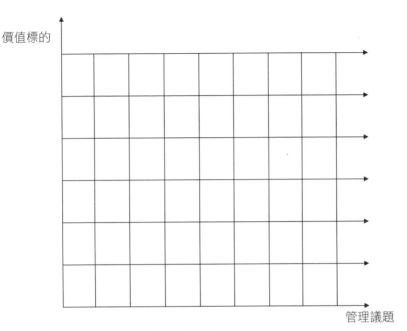

価值標的

管理議題

圖7-2　價值標的與管理議題整合之棋盤圖

理、利潤管理、品質管理、產能管理、附加價值管理、顧客服務管理、
供應商管理及訂價管理等，不同「管理議題」對應之「價值標的」各有
不同，如圖7-3所示。

　　有關A個案公司的個別「管理議題」之「管理現況」及「未來改善
目標」等內容，分別說明如下：

1. 成本管理

【管理現況】A個案公司目前無法準確地計算出各項價值標的之成本
資訊，A個案公司目前僅以一般「傳統方式」來計算價值標的之「成
本」。

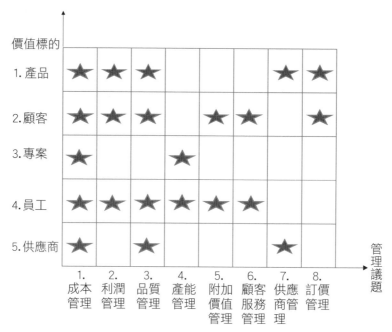

圖7-3　A個案公司之棋盤圖

【未來改善目標】透過AVM之導入，可以計算出各項價值標的之成本，包括產品、顧客、專案、員工及供應商等成本資訊。

2. 利潤管理

【管理現況】A個案公司目前無法計算出各項價值標的之「利潤」資訊。

【未來改善目標】透過AVM之導入，即可清楚地計算各項價值標的為公司創造之「利潤」或「損失」情況，包括產品、顧客及員工等「利潤」資訊。

3. 品質管理

【管理現況】A 個案公司目前之製造不良率偏高，有太多的內部失敗作業，但公司無法計算出「內部失敗作業」之相關成本資訊。

【未來改善目標】透過 AVM 之導入，找出與「品質」有關的作業分析，不僅計算出「內部失敗成本」，且可得知品質不佳的「原因」，是來自於產品本身、顧客、員工或供應商等，當為品質改善之參考依據。

4. 產能管理

【管理現況】A 個案公司目前未對「員工」從事「產能規劃」，且無法計算出超用或剩餘產能之情況。

【未來改善目標】透過 AVM 之導入，進行各項作業之產能分析，可以找出產能不足或過剩的問題，例如：找出專案及員工之產能問題，即可針對問題加以改善，以促進產能之價值提升。

5. 附加價值管理

【管理現況】A 個案公司目前缺乏作業之「附加價值」屬性資訊，因而無法思考如何提高「作業」之附加價值力。

【未來改善目標】透過 AVM 之導入，進行作業之「附加價值」分析，可以找出顧客所認為之無附加價值及浪費的工時，來自於員工哪些作業，從而針對問題加以改善，以提高「作業」之附加價值。

6. 顧客服務管理

【管理現況】A 個案公司目前無法得知業務人員對不同顧客的「服務

管理」資訊。

【未來改善目標】透過AVM之導入，明確訂定業務人員之作業，並結合CRM蒐集相關資訊，即可明確知道不同業務人員對不同顧客的「服務管理」情況及其所耗費之成本金額，作為「顧客服務管理」改善之參考依據。

7. 供應商管理

【管理現況】A個案公司目前未評估不同供應商對「產品製造」的影響情況。

【未來改善目標】透過AVM之導入，可以明確記錄供應商在製造產品不同階段之時間及成本影響情況，以作為「供應商績效評估」的參考依據。

8. 訂價管理

【管理現況】A個案公司目前之訂價決策，主要以產品成本之加成當為基礎，因而常發生訂價錯誤之情況。

【未來改善目標】透過AVM之導入，將「產品成本」及「顧客服務成本」兩者加總，即可當為顧客之「訂價決策」的參考依據。此種訂價方式，實符合「使用者付費」之原則，甚為合理且公平。

三、AVM 設計前之規劃階段：範疇、期程、團隊及發展階段

　　根據前述兩大階段，已能充分了解公司現行對應AVM四大模組的

管理運作與資訊系統，以及利用AVM達成之管理目標後，即可從事AVM設計前之規劃工作。AVM設計前之規劃共有四大步驟，分別說明如下：

（一）步驟3-1：AVM導入之範疇

對於組織單純、規模不大且資訊基礎工程完備之「中小企業」而言，在模組設計與資訊蒐集上的困難度較低，導入AVM初期便可考量直接納入全公司之範圍進行設計。然而對於公司事業體眾多、地理跨區廣大，甚至規模大至集團轄下有數家分公司者，導入之初，筆者建議：先選定某一個部門作為AVM導入第一階段之示範單位，選擇的標準是部門主管願意全程投入，而且樂於接受新觀念與新挑戰者為優先考量，便能在較短的時間內彰顯AVM之成效。當AVM在一個部門獲取成功經驗，極易培育出足夠的AVM種子人才，以利後續階段將AVM模組複製到公司其他部門，如此不僅降低AVM導入的障礙，且增加AVM導入的成功機會及效益。

（二）步驟3-2：AVM導入之期程

經過公司現行資訊系統完整度之了解，以及AVM導入範疇之界定後，便可推估導入過程中所需處理之資料來源是否完備，以及資料量之多寡，進一步預估AVM導入之期程。一般而言，在公司基礎工程完備的前提下，AVM第一階段導入時程，從公司內部的教育訓練，到模組設計完成並產出各模組之管理報表，建議第一階段的規劃期為六～八個月。第二期為資料分析期，大約為半年，當然公司規模的大小也是影響AVM導入期程的關鍵因素。在AVM規劃中，亦需規劃四大模組個別之

成果產出期程及定期之工作匯報等時程，以確保各模組之設計方向，以及期間資料的蒐集內容符合預期。

（三）步驟3-3：AVM專案團隊

導入AVM前，必須決定專案團隊之成員。AVM導入涉及之範圍甚廣，絕非公司專案經理帶領少數人員即能解決。根據筆者長年的經驗顯示：AVM制度於公司運作之成敗關鍵在於高階管理者，例如：董事長或總經理之決心。倘若高階管理者堅信能利用AVM制度為公司帶來效益，上行下效，定能順利推展成功；反之，AVM若由下而上帶動，必定困難重重，且難以達成公司整體之「管理需求」。

故除專案經理外，若能由未來AVM產出資訊之主要使用者——高階管理者擔任專案負責人，作為跨部門之統籌協調角色，是最為理想的方式。專案團隊中，會計主管是必然的參與者之一，現行一般公司少有設立「管理會計部門」或「績效管理室」，故需由財務會計單位人員加以培訓並參與專案，強化其「管理會計」之思維，進而轉型成為AVM之骨幹。此外，為順利將AVM與公司現有之資訊系統進行嫁接，亦需納入「資訊部門」熟悉系統之執行人員，方能快速解決資料處理與系統調整上之需求。AVM的作業模組三主要為「作業管理」人員或「工業工程」人員之專業領域，因而建議AVM一定要包含此種專業人員參與。其餘團隊成員便是公司欲培育的各部門「AVM種子人員」，筆者建議：每一部門得由部門負責人及未來接班人當為AVM之種子人員。

（四）步驟3-4：AVM長期發展階段之規劃

AVM是公司為長期整合性管理工程系統之建制，一般而言，其長

| 1.設計前期：AVM設計前的診斷及規劃 |
| 2.設計期：AVM設計之SOP化 |
| 3.IT化期：AVM資訊計算及產生之IT化 |
| 4.追蹤期：AVM經營問題長期之追蹤化 |
| 5.大數據分析期：個案公司內外部資訊之整合 |
| 6.經營管理整合期：AVM與策略、平衡計分卡及智慧資本等制度之整合 |
| 7.AI預測期：建制AI之預測模型 |

圖 7-4 AVM 長期發展階段圖

期發展階段，如圖7-4所示。

　　如圖7-4所示，AVM之長期發展階段包括七大階段：設計前期、設計期、IT化期、追蹤期、大數據分析期、經營管理整合期及AI預測期等重要階段。透過此七大長期階段之發展，AVM一定能為公司創造整體經營績效之大躍進及大成長。

　　綜合以上三大階段所述，AVM設計前之診斷及規劃，主要目的是讓AVM專案規劃與執行者能充分且清楚地了解公司現況，以及管理階層所關注的「管理議題」，以規劃出整體AVM專案之執行方向，如此才有助於未來AVM之設計方向及具體內容之落實。

第 8 章 食品業實施 AVM 案例：日正食品——行的層面

一、食品產業簡介

食品產業是民眾賴以為生的民生基礎，更反映了國家發展程度與生活品質。由於全球化的關係，世界貿易往來頻繁，食品市場競爭日趨激烈，而臺灣食品業者如何扎根本土，擴展國際市場已成為當前的重要課題。

食品產業概分為上中下游，上游業者主要生產大宗原料，如大麥、油脂、糖、飼料及肉品等。中游業者為食品加工製造商，將原料進行加工成業者可進行後續加工的中間產物，如茶葉、調味粉等。下游業者則是製造消費者可直接食用之食品，如罐頭、冷凍食品等，餐飲業、零售通路亦屬下游業者。除此之外，食品產業還有支援產品製造的食品機械業，如混合攪拌機及充填包裝機等。

本個案公司所屬之食品產業當前面臨眾多挑戰，食品業的特點在於

「薄利多銷」，但國內市場規模太小，業者若想持續成長，勢必得打入國際市場。臺灣食品業「高度同質性」也是一大挑戰，需投入研發及創新，讓自己的產品具有差異性，藉以提升顧客的忠誠度，方能在競爭激烈的食品業中占有立足之地。同時，臺灣的原物料多仰賴海外進口，易受國際價格波動影響，此也是食品業者必須克服的難題。

二、個案公司簡介

　　日正食品工業股份有限公司（以下簡稱日正食品）是劉慶堂先生於1975年創立，最初取名「日正食品油行」，1987年更名為「日正雜糧有限公司」，並於1988年開始擴大版圖，1993年再度轉型為「日正食品工業股份有限公司」，2004年成立新品牌「青的農場」，至今取得國內外無數認證、獎項及專利。

　　日正食品成立至今已逾四十年，以「天然、便利、健康的雜糧食品專業提供者」為使命，產品種類多達上千種，光是「冬粉」品項就有十二種。日正食品的產品特色在於打破國人秤重量的慣例，使用小包裝食材產品的方式，逐漸打開國內市場，發展至今，儼然成為國內食品雜糧小包裝業界的「領導品牌」，產品外銷歐、美、澳等五大洲。同時，日正食品經營的產品項目愈來愈多元化，如今已擴展為種子、籽粉、澱粉、糖品、麵食、油品、飲品、調味、補品及DIY等十大系列。

　　近年來，食安風暴頻起，日正食品對於委託代工的冬粉產品不甚放心，遂決定將冬粉產品改為「自產自銷」。2015年12月，在南投設立冬粉廠，並擴廠闢建專責生產冬粉的作業線，以達到「溯源管理」目的，並為食安善盡把關的責任，達到公司之使命。

三、日正食品實施 AVM 的背景

日正食品的製造費用分攤原本係以單一動因「人工小時」為基礎加以分攤給「產品」，然而隨著產品種類多元化、加工等間接費用提高，產品成本遭到嚴重扭曲。產量大的產品因工時長而分攤較多的成本，與經理人普遍認為產量大應產生規模經濟效益之想法相違；又在單一製造費用分攤法下，無法區分自動化生產與純手工生產品項的差異化，甚至發生同一品項可能因排程關係，而於自動化及純手工產線皆安排生產，最後訂價卻是相同的困境。

「成本失真」造成業務單位報價不準確，尤其當食品產業競爭激烈，又受到國際原物料波動影響時，業務在報價及評估客戶服務時（尤其接代工單），發現計算出來之成本往往無法與其他廠商競爭，因此對於「成本資訊」之正確性產生質疑，以至於工廠間的衝突越來越大，此問題顯示：全公司缺乏一套有用的「成本管理制度」。

上述問題，肇因於各部門所耗用之資源或費用是以傳統的「會計科目」來表達，偏向「綜合面」及「歷史性」，管理者無法得知各項價值標的（如產品或顧客）耗用特定部門之資源情況，故無法計算出正確且精準之價值標的損益資訊。

為了解決上述的問題，日正食品決定於 2010 年 3 月導入 AVM，希望藉由 AVM 制度之「使用者付費」原則，及從「作業流程」角度切入之特質，有效地提升公司「成本資訊」之準確度，讓經理人員不僅能改善內部營運流程，且提升公司整體績效與獲利能力。日正食品導入 AVM 專案之時程，如圖8-1所示。

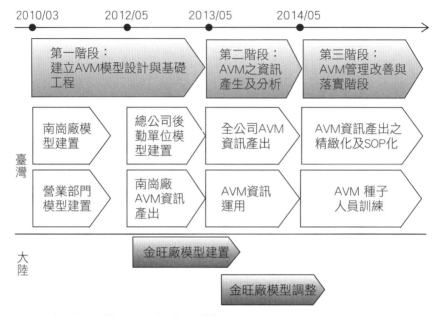

圖8-1　日正食品導入AVM專案時程圖

出處：日正食品提供。

　　由圖8-1中可知，日正食品導入AVM制度分為三個階段：第一階段從2010年3月至2013年5月，此階段主要為「建立AVM模型設計與基礎工程」，其模型建構單位依序為南崗廠、營業部門與總公司後勤單位，於此階段結束時產出南崗廠初步之AVM資訊，大陸金旺廠在此階段的後期也開始從事模型建置。第二階段自2013年5月至2014年5月，此階段為「AVM資訊產出與分析」，以提升經營決策品質。第三階段從2014年5月至今，為「AVM管理改善與落實階段」，主要任務在於AVM資訊產出之「精緻化及SOP化」以及BI軟體導入。又此階段透過對管理階層及種子人員之教育訓練，使管理階層及種子人員了解AVM

模型設計之原則與架構，培養出對公司整套 AVM 模型持續維護與發展之「策略性人才」。

四、日正食品實施 AVM 的步驟及內容

日正食品以使命、願景、價值、策略及平衡計分卡作為指引，引導 AVM 之設計方向，AVM 的實施步驟，從「確認管理議題與價值標的之關係」到 AVM 管理報表產出。有關日正食品之 AVM 實施步驟，如圖 8-2 所示。日正食品因實施 AVM 制度較久，因而有較詳細及明確之 AVM 內容，供讀者參考。

由圖 8-2 中可知，日正食品實施 AVM 共有五大步驟及二十一項小步驟，分別說明如下：

（一）步驟 1：確認管理議題與價值標的之關係

導入 AVM 制度之第一步驟，必須與各階層主管清楚地溝通，了解他們欲透過 AVM 取得哪些資訊、從事哪些「管理決策」及達到哪些「管理效益」。透過深度訪談與討論，日正食品管理階層強調對於產品、客戶、內部流程、產能及品質等管理議題與管理資訊之需求，並釐清公司現階段營運概況與主要面臨之管理問題，以作為設計 AVM 模型及產出管理報表之參考依據。

日正食品藉由棋盤圖，清楚地了解各主管重視的「管理議題」與「價值標的」之對應關係，作為引導後續 AVM 設計之用，如圖 8-3 所示。

步驟1：確認管理議題與價值標的之關係

步驟2：資源模組
步驟2-1：設計價值標的
步驟2-2：設計作業中心
步驟2-3：從事資源重分類
步驟2-4：設計資源動因
步驟2-5：區分可控制或不可控制資源
步驟2-6：產生資源模組之管理報表

步驟3：作業中心模組
步驟3-1：定義各作業中心之作業執行者
步驟3-2：設計作業大項及中項
步驟3-3：設計作業中心動因——明定作業大項及中項之正常產能
步驟3-4：計算作業大項或中項之單位標準成本
步驟3-5：產生作業中心模組之管理報表

步驟4：作業模組
步驟4-1：設計作業細項
步驟4-2：設計作業中心動因——蒐集作業細項之實際產能
步驟4-3：決定「超用產能」或「剩餘產能」及其成本
步驟4-4：設計作業屬性
步驟4-5：產生作業模組之管理報表

步驟5：價值標的模組
步驟5-1：設計作業動因
步驟5-2：設計其他價值標的動因及服務動因
步驟5-3：計算出價值標的之成本
步驟5-4：產生價值標的模組之管理報表

圖8-2　日正食品實施AVM步驟圖

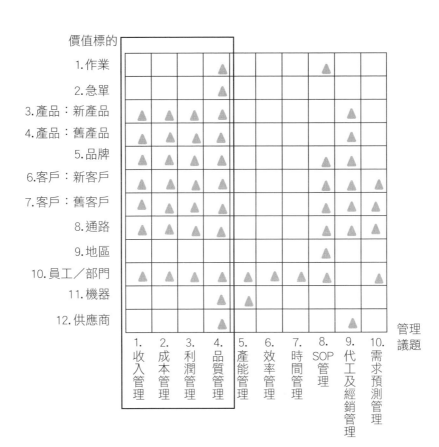

價值標的＼管理議題	1.收入管理	2.成本管理	3.利潤管理	4.品質管理	5.產能管理	6.效率管理	7.時間管理	8.SOP管理	9.代工及經銷管理	10.需求預測管理
1.作業				▲				▲		
2.急單				▲						
3.產品：新產品	▲	▲	▲	▲					▲	
4.產品：舊產品	▲	▲	▲	▲						
5.品牌	▲	▲	▲	▲				▲		
6.客戶：新客戶	▲	▲	▲	▲				▲		▲
7.客戶：舊客戶	▲	▲	▲	▲				▲		▲
8.通路	▲	▲	▲	▲				▲		
9.地區								▲		
10.員工／部門	▲	▲	▲			▲	▲	▲		▲
11.機器				▲	▲					
12.供應商				▲					▲	

圖8-3　日正食品之管理議題及價值標的之對應關係棋盤圖

出處：日正食品提供。

　　由圖8-3可知，日正食品之焦點主要關注於新舊產品、新舊客戶、品牌、通路及員工之「收入管理」、「成本管理」、「利潤管理」與「品質管理」等四項管理議題，故未來AVM管理報表將優先產生其相關資訊。

（二）步驟2：資源模組

資源模組之設計包括六項小步驟，分別為2-1：設計價值標的、2-2：設計作業中心、2-3：從事資源重分類、2-4：設計資源動因、2-5：區分可控制或不可控制資源，及2-6：產生資源模組之管理報表，其具體內容分別說明如下：

步驟2-1：設計價值標的

價值標的為成本歸屬之終點，雖然是成本歸屬的最終端，事實上卻是成本產生的源頭，意即，為了這些價值標的，公司才會進行一連串的作業活動。透過管理、執行及成本等三方面思考，且考量價值標的之粗細程度是否符合管理需求、資料蒐集與處理的難易度，以及是否符合成本效益等原則，而形成「價值標的」之內容。

如圖8-3的棋盤圖，日正食品已清楚地知道各部門所關注的主要價值標的包括：作業、急單、新舊產品、品牌、新舊客戶、通路、地區、員工、部門、機器及供應商等十二項。

步驟2-2：設計作業中心

日正食品的作業中心主要參考現行組織架構來設計，例如：業務單位（作業中心）共分三階，依序為「營業部」、「所」及「組」，第四階「組員」為「預留用」，如圖8-4所示。

步驟2-3：從事資源重分類

日正食品的資源重分類內容，如圖8-5所示。

由圖8-5可知，日正食品將會計科目分類並加以整合，如：薪資、加班費、退休金及保險費等會計科目，重新分類整合為管理會計觀念之「人事費用」。租金與廠房的折舊費用分類至「場地費用」項目。

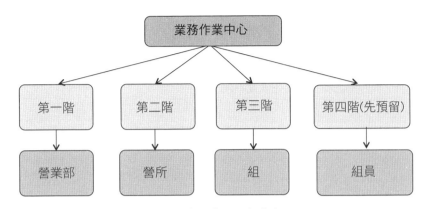

圖8-4　作業中心的設計：以日正食品業務單位為例

出處：日正食品提供。

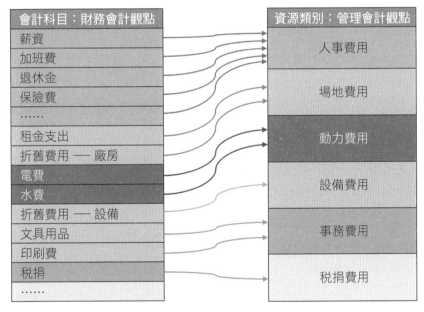

圖8-5　日正食品的資源重分類圖

出處：日正食品提供。

步驟2-4：設計資源動因

日正食品的資源動因內容，如表8-1所示。

表8-1　資源動因表：以日正食品為例

日正食品 資源動因表 2019年1月	
資源類別	**資源動因**
人事費用	直接歸屬作業中心
場地費用	使用面積比例
動力費用	用電比例
設備費用	直接歸屬作業中心
事務費用	直接歸屬作業中心
影印費用	使用比例
火險費用	投保金額比例
運輸費用	直接歸屬產品或客戶

出處：日正食品提供。

由表8-1可知，「場地費用」的資源動因為「使用面積比例」，是按照各作業中心使用面積大小來歸屬「場地費用」；「人事」、「設備」與「事務」等費用是各作業中心的花費，故可直接歸屬至作業中心之中；而「運輸費用」可直接歸屬到所運輸的產品或客戶等「價值標的」之中。

步驟2-5：區分可控制或不可控制資源

日正食品根據AVM之理論基礎將資源區分為可控制及不可控制之資源，其中可控制之資源「作業中心自用之資源」：包括直接歸屬到作業中心，或透過「資源動因」歸屬到作業中心之資源。另一方面，透過直接歸屬到價值標的之資源即為「價值標的所使用之資源」。此外，尚

有「內部服務之成本」：包含內部交易成本（實施內部轉撥計價）及受支援作業成本（作業中心間互相支援之作業）兩部分，日正食品透過內部的服務使用比例計算方式，將成本歸屬到個別作業中心之中。以上三者皆係作業中心的「可控制資源」。

又日正食品「不可控制資源」內容為管理作業中心：如廠長室，以及支援作業中心：如會計、人資部門，及IT等部門分攤至各作業中心之資源。

步驟2-6：產生資源模組之管理報表

本模組可為各作業中心產出可控制與不可控制資源耗用及其比例之「五大資源表」，以及結合產品與顧客收入資訊的「作業中心損益表」，供各作業中心主管對自身的資源耗用進行管理，如表8-2及表8-3所示。

由表8-2可知，日正食品A營所與製造B-1課，於2019年1月所耗用的五大資源，包括可控制與不可控制資源之占比，例如：A營所可控制資源為1,505,950元，而不可控制資源為38,950元。而由表8-3可知製造B-1課及B-2課的可控制之淨利與淨利率，使作業中心之管理者可以清楚得知作業中心實際產生的盈虧情形，當為作業中心「績效考核」的參考依據。

（三）步驟3：作業中心模組

作業中心模組之設計包括五項小步驟，分別為3-1：定義各作業中心之作業執行者、3-2：設計作業大項及中項、3-3：設計作業中心動因——明訂作業大項及中項之正常產能、3-4：計算作業大項或中項之單位標準成本，及3-5：產生作業中心模組之管理報表，其具體內容分別說明如下：

表 8-2　日正食品五大資源表：以 A 營所及製造 B-1 課為例

<table>
<tr><td colspan="5">日正食品
A 營業所及製造 B-1 課
五大資源表
2019 年 1 月</td></tr>
<tr><td rowspan="2">作業中心耗用之資源</td><td colspan="2">A 營所</td><td colspan="2">製造 B-1 課</td></tr>
<tr><td>金額</td><td>比例</td><td>金額</td><td>比例</td></tr>
<tr><td>1. 作業中心自用之資源</td><td></td><td></td><td></td><td></td></tr>
<tr><td>人事支出</td><td>635,250</td><td>41.12%</td><td>568,320</td><td>33.14%</td></tr>
<tr><td>……</td><td></td><td></td><td></td><td></td></tr>
<tr><td>作業中心自用之資源小計</td><td>932,560</td><td>60.36%</td><td>835,800</td><td>48.74%</td></tr>
<tr><td>2. 價值標的使用之資源</td><td></td><td></td><td></td><td></td></tr>
<tr><td>服務甲客戶</td><td>3,520</td><td>0.23%</td><td>-</td><td>-</td></tr>
<tr><td>乙原料</td><td>-</td><td>-</td><td>3,500</td><td>0.20%</td></tr>
<tr><td>……</td><td></td><td></td><td></td><td></td></tr>
<tr><td>價值標的使用之資源小計</td><td>565,890</td><td>36.63%</td><td>789,650</td><td>46.05%</td></tr>
<tr><td>3. 內部服務之成本</td><td></td><td></td><td></td><td></td></tr>
<tr><td>D 營所助理支援</td><td>7,500</td><td>0.49%</td><td>-</td><td>-</td></tr>
<tr><td>製造 B-2 課協助乙產品生產</td><td>-</td><td>-</td><td>15,000</td><td>0.87%</td></tr>
<tr><td>……</td><td></td><td></td><td></td><td></td></tr>
<tr><td>內部服務之成本小計</td><td>7,500</td><td>0.49%</td><td>15,000</td><td>0.87%</td></tr>
<tr><td>可控制之資源小計</td><td>1,505,950</td><td>97.48%</td><td>1,640,450</td><td>95.67%</td></tr>
<tr><td>4. 管理作業中心分攤之資源</td><td></td><td></td><td></td><td></td></tr>
<tr><td>營業 A 部（各所平均分攤）</td><td>3,260</td><td>0.21%</td><td>-</td><td>-</td></tr>
<tr><td>廠務 B 部管理室（各課平均分攤）</td><td>-</td><td>-</td><td>17,500</td><td>1.02%</td></tr>
<tr><td>……</td><td></td><td></td><td></td><td></td></tr>
<tr><td>管理作業中心分攤之資源小計</td><td>3,260</td><td>0.21%</td><td>17,500</td><td>1.02%</td></tr>
<tr><td>5. 支援作業中心（SSU）分攤之資源</td><td></td><td></td><td></td><td></td></tr>
<tr><td>人資部門（依部門人數分攤）</td><td>8,500</td><td>0.55%</td><td>9,500</td><td>0.55%</td></tr>
<tr><td>……</td><td></td><td></td><td></td><td></td></tr>
</table>

日正食品 A營業所及製造B-1課 五大資源表（續） 2019年1月				
作業中心耗用之資源	A營所		製造B-1課	
	金額	比例	金額	比例
支援作業中心（SSU）分攤之資源小計	35,690	2.31%	56,710	3.31%
不可控制之資源小計	38,950	2.52%	74,210	4.33%
作業中心耗用之資源合計	1,544,900	100.00%	1,714,660	100.00%

出處：日正食品提供，表中數字皆為虛擬之資料。

表8-3　日正食品作業中心損益表：以製造B-1課及B-2課為例

日正食品 製造B-1課及B-2課 作業中心損益表 2019年1月				
作業中心淨利項目	製造B-1課		製造B-2課	
	金額	收入比例	金額	收入比例
收入				
外部顧客收入	1,926,260	98.59%	2,015,400	100.00%
內部顧客收入	27,500	1.41%	-	-
收入小計	1,953,760	100.00%	2,015,400	100.00%
A.作業中心可控制之資源				
1.作業中心自用之資源	835,800	42.78%	799,640	39.68%
2.價值標的使用之資源	789,650	40.42%	958,960	47.58%
3.內部服務之成本	15,000	0.77%	79,750	3.96%
作業中心可控淨利	313,310	16.04%	177,050	8.78%
B.作業中心不可控制之資源				
4.管理作業中心分攤資源	17,500	0.90%	22,500	1.12%
5.支援作業中心分攤資源	56,710	2.90%	79,260	3.93%
作業中心淨利（率）	239,100	12.24%	75,290	3.74%

出處：日正食品提供，表中數字皆為虛擬之資料。

步驟3-1：定義各作業中心之作業執行者

　　日正食品業務單位的作業執行者主要為「人」，而工廠單位之作業執行者包括「人」與「機台」，以日正食品南崗廠儲運組為例，其作業執行者，如表8-4所示。

表8-4　定義作業之作業執行者表：以日正食品南崗廠儲運組為例

日正食品 南崗廠儲運組 作業執行者表 2019年1月	
作業方向	作業執行者
進貨作業	人及機台
生產作業	人及機台
出貨作業	人及機台
重工處理	人
行政作業	人
供應商作業	人
銷管作業	人

出處：日正食品提供。

　　由表8-4可知，「進貨作業」、「生產作業」及「出貨作業」皆由「人」及「機台」共同來執行，而其他作業皆由「人」來執行。

步驟3-2：設計作業大項及中項

　　日正食品總共歸納出作業大項共三十七項及作業中項一百一十四項。以南崗廠儲運組之作業大項及中項為範例，如表8-5所示，在此提醒讀者：表8-4之「作業方向」，其實為「作業大項」之內容。

表8-5 作業大項及中項表：以日正食品南崗廠儲運組為例

日正食品 南崗廠儲運組 作業大項及中項表 2019年1月	
作業大項	**作業中項**
進貨作業	進貨驗收
	入庫作業
	退換貨處理
出貨作業	出貨處理
	外銷作業
	退換貨處理
重工處理	重製
行政作業	庫存巡檢
	盤點作業
	棧板管理
	會議
	教育訓練
	庶務性工作
供應商作業	供應商評鑑

出處：日正食品提供。

　　由表8-5可知，日正食品南崗廠儲運組之作業大項中之「進貨作業」，其作業中項包括：進貨驗收、入庫作業及退換貨處理等。

步驟3-3：設計作業中心動因——明定作業大項及中項之正常產能

　　日正食品設計作業大項及中項後，便要決定作業中心動因，即驅動作業執行者（人員或機台）正常產能的因子，通常為「時間」。以南崗廠儲運組進貨作業中之「進貨驗收」的甲員工2019年1月為例，假設他每天上班8小時，上班20天，則1月的總正常產能為160小時或9,600分

鐘。

步驟3-4：計算作業大項或中項之單位標準成本

前例的甲員工，若其2019年1月之月薪為32,000元，則其進貨作業每小時的單位標準成本為200元，每分鐘之單位標準成本為3.33元。

步驟3-5：產生作業中心模組之管理報表

訂定各項作業大項及中項的正常產能時間及標準成本後，作業中心模組可以產生「正常產能及標準成本表」，供各單位主管了解公司整體價值鏈中各項作業大項及中項的正常產能及標準成本情形，有利於整體產能之規劃與管理，如表8-6所示。

表8-6　作業大項或中項之正常產能及標準成本表：以日正食品為例

日正食品 作業大項或中項之正常產能及標準成本表 2019年1月			
作業大項	作業中項	標準時間 （分鐘）	標準成本 （標準時間 × 單位標準成本）
進貨作業	進貨驗收	18,750	62,438
	入庫作業	10,875	36,214
	退換貨處理	5,400	17,982
出貨作業	出貨處理	138,750	462,038
	外銷作業	58,800	195,804
	退換貨處理	9,300	30,969
行政作業	盤點作業	28,800	95,904
	信件處理	27,200	90,576
	會議	84,400	281,052
	教育訓練	36,000	119,880
	庶務性工作	126,000	419,580
生產作業	包裝	38,250	127,373

出處：日正食品提供，表中數字皆為虛擬之資料。

（四）步驟4：作業模組

作業模組之設計包括五項小步驟，分別為4-1：設計作業細項、4-2：設計作業中心動因——蒐集作業細項之實際產能、4-3：決定「超用產能」或「剩餘產能」及其成本、4-4：設計作業屬性，及4-5：產生作業模組之管理報表，其具體內容分別說明如下：

步驟4-1：設計作業細項

有關日正食品的作業細項內容，以南崗廠儲運組為例，其作業細項如表8-7所示。

表8-7　作業細項表：以日正食品的南崗廠儲運組為例

日正食品 南崗廠儲運組 作業細項表 2019年1月		
作業大項	作業中項	作業細項
進貨作業	進貨驗收	OEM及經銷品點收
	入庫作業	搬運-OEM及經銷品
	退換貨處理	清點、分類
		退供應商
出貨作業	出貨處理	出貨訂單處理
		車趟安排
		填出貨標籤
		理貨作業
		挑選分類
		分裝
		網購出貨

作業大項	作業中項	作業細項
出貨作業	外銷作業	貼空箱
		……
	退換貨處理	清點、分類
		割包
		報廢處理
		退供應商
重工處理	重製	理貨作業
		清點、分類
		割包
		報廢處理
行政作業	庫存巡檢	安全庫存量維持
		效期不足及呆滯品
	盤點作業	統計庫存量
		月盤點
		年度盤點
	棧板管理	修補
		進出存管制
	會議	會議
行政作業	教育訓練	教育訓練-辦理
		教育訓練-參與
	庶務性工作	整倉
		……
供應商作業	供應商評鑑	評鑑資料紀錄
生產作業	包裝	正常貼標
		特殊貼標

日正食品
南崗廠儲運組
作業細項表（續）
2019年1月

出處：日正食品提供。

由表8-7可知，各個作業中項下再細分為數個步驟，例如：作業大項「出貨作業」之作業中項有「出貨處理」，其作業細項包括：「出貨訂單處理」、「車趟安排」、「填出貨標籤」、「理貨作業」、「挑選分類」、「分裝」及「網購出貨」等。

步驟4-2：設計作業中心動因——蒐集作業細項之實際產能

日正食品利用諸多方式，如IT工時系統、手機APP等較便捷的方式，讓廠務部門的作業員，抑或業務部門的業務員皆能方便、快速地記錄作業細項之實際工時資訊。

步驟4-3：決定「超用產能」或「剩餘產能」及其成本

續以日正食品南崗廠儲運組的甲員工為例，其2019年1月的正常產能時間為160小時，而實際產能為165小時，因而1月有5小時的「超用產能」。

步驟4-4：設計作業屬性

日正食品所定義的作業屬性，以前述南崗廠儲運組的「出貨處理」為例，如表8-8所示。

由表8-8可知，此處列舉之「出貨處理」之各細項作業，於「產能屬性」包括直接或間接生產力，其中「出貨訂單處理」、「車趟安排」、「理貨作業」及「網購出貨」，皆有利於顧客及產品貢獻度，係為「直接生產力」作業；而「填出貨標籤」、「挑選分類」及「分裝」，係為「間接生產力」作業。又就「附加價值屬性」而言，除「挑選分類」及「分裝」屬「無附加價值」作業外，其他皆屬「有附加價值」之作業。「顧客服務屬性」部分，皆為提供顧客產品與服務的作業。而上列出貨相關作業，不影響產品品質，與品質屬性無關聯，故以「N/A」列示。

表8-8　作業屬性表：以日正食品南崗廠儲運組為例

<table>
<tr><td colspan="8" style="text-align:center">日正食品
南崗廠儲運組
「出貨作業」作業屬性表
2019年1月</td></tr>
<tr><td>作業
大項</td><td>作業
中項</td><td>作業細項</td><td>品質
屬性</td><td>產能屬性</td><td>附加價
值屬性</td><td>顧客服
務屬性</td></tr>
<tr><td rowspan="7">出貨
作業</td><td rowspan="7">出貨
處理</td><td>出貨訂單處理</td><td>N/A</td><td>直接生產力</td><td>有附加價值</td><td>提供成本</td></tr>
<tr><td>車趟安排</td><td>N/A</td><td>直接生產力</td><td>有附加價值</td><td>提供成本</td></tr>
<tr><td>填出貨標籤</td><td>N/A</td><td>間接生產力</td><td>有附加價值</td><td>提供成本</td></tr>
<tr><td>理貨作業</td><td>N/A</td><td>直接生產力</td><td>有附加價值</td><td>提供成本</td></tr>
<tr><td>挑選分類</td><td>N/A</td><td>間接生產力</td><td>無附加價值</td><td>提供成本</td></tr>
<tr><td>分裝</td><td>N/A</td><td>間接生產力</td><td>無附加價值</td><td>提供成本</td></tr>
<tr><td>網購出貨</td><td>N/A</td><td>直接生產力</td><td>有附加價值</td><td>提供成本</td></tr>
</table>

出處：日正食品提供。

步驟4-5：產生作業模組之管理報表

　　綜合「作業中心模組」的各項作業大項及中項的正常產能，與「作業模組」蒐集的各項作業細項之實際產能，便可得出「產能利用率」及「超用產能」或「剩餘產能」之資訊，如表8-9所示之內容。

　　由表8-9可知，生管課儲運組1月的剩餘產能，最多為363小時，是未來管理改善的重點方向，研發課的超用產能為164小時，屬部門中超用最多的，管理者需進一步了解研發課員工加班的原因，以進一步從事有效的「研發產能管理」。

　　此外，作業模組透過各項作業屬性標籤的設計，亦可產出不同屬性之管理報表，表8-10及表8-11為日正食品2019年1月之內部失敗成本

及外部失敗成本表之釋例內容。

　　表8-12及表8-13為日正食品2019年1月之間接生產力及無生產力成本表之釋例內容。

　　由表8-10至表8-13可知，作業模組中所定義的作業屬性可產生各類屬性之報表，例如：「內部失敗」、「外部失敗」、「間接生產力」及「無生產力」之成本表等。藉由這些報表訊息，管理者可以依管理需求調整各部門的作業流程，降低不必要、無貢獻，甚至浪費的作業，如內部及外部失敗作業，進而降低成本浪費，提高公司的獲利能力。

表8-9　部門別之超用或剩餘產能表：以日正食品南崗廠為例

日正食品 南崗廠 部門別之超用或剩餘產能表 2019年1月					
項次	部門	實際工作 （小時）	標準工作 （小時）	產能 使用率	超用（剩 餘）產能
1	製造課機器組	1,697	1,667	101.80%	30
2	製造課穀混投料組	1,038	879	118.09%	159
3	製造課手工組	4,298	4,377	98.20%	（79）
4	製造課機電組	148	176	84.09%	（28）
5	品保課	634	704	90.06%	（70）
6	採購課	608	736	82.61%	（128）
7	生管課生管組	974	1,126	86.50%	（152）
8	生管課儲運組	1,922	2,285	84.11%	（363）
9	生管課倉管組	751	636	118.08%	115
10	研發課	516	352	146.59%	164

出處：日正食品提供，表中數字皆為虛擬之資料。

表8-10 內部失敗成本表：以日正食品南崗廠為例

項次	部門代碼	部門	內部失敗成本	%
		日正食品 南崗廠 內部失敗成本表 2019 年 1 月		
1	2150	採購課	5,373	2.96%
2	2140	品保課	6,208	2.34%
3	2131	製造課機器組	14,591	2.26%
4	2162	生管課儲運組	23,037	2.24%
5	2161	生管課生管組	3,139	1.05%
6	2170	研發課	1,085	0.94%
7	2133	製造課手工組	4,946	0.37%
8	2163	生管課倉管組	511	0.24%

出處：日正食品提供，表中數字皆為虛擬之資料。

表8-11 外部失敗成本表：以日正食品為例

項次	部門代碼	部門	外部失敗成本	%
		日正食品 外部失敗成本表 2019 年 1 月		
1	2150	北營所銷管組	51,245	18.52%
2	2140	宜蘭所銷管組	22,531	13.98%
3	2131	高雄所銷管組	19,195	13.70%
4	2162	宜蘭所儲運組	19,539	8.72%
5	2161	生管課生管組	14,539	4.95%
6	2170	台中所銷管組	7,723	4.92%
7	2133	台中所儲運組	14,185	4.71%
8	2163	生管課儲運組	47,929	4.65%
9	2140	台南所銷管組	6,356	3.31%

項次	部門代碼	部門	外部失敗成本	%
		日正食品 **外部失敗成本表(續)** **2019年1月**		
10	1312	高雄所業務組	755	2.48%
11	2150	品保課	6,026	2.27%
12	1331	高雄所儲運組	3,433	1.53%
13	2131	宜蘭所業務組	1,974	1.05%
14	1333	營業三部銷管組	680	1.01%
15	2170	台南所業務組	3,898	0.83%
16	1221	台中所業務組	2,715	0.76%
17	1402	營業四部業務組	3,989	0.74%
18	1211	北營所業務組	2,459	0.43%
19	2170	研發課	456	0.39%
20	2150	採購課	497	0.27%
21	1213	北營所儲運組	987	0.25%
22	1601	營業五部業務組	993	0.16%

出處：日正食品提供，表中數字皆為虛擬之資料。

表8-12 間接生產力成本表：以日正食品生產部門為例

項次	部門代碼	部門	間接生產力金額	%
		日正食品 **生產部門** **間接生產力成本表** **2019年1月**		
1	2131	製造課機器組	148,096	22.94%
2	2132	製造課穀混投料組	64,768	16.74%
3	2133	製造課手工組	176,389	13.17%

出處：日正食品提供，表中數字皆為虛擬之資料。

表8-13　無生產力成本表：以日正食品為例

項次	部門代碼	部門	無生產力金額	%
		日正食品 無生產力成本表 2019年1月		
1	1212	北營所銷管組	51,254	18.52%
2	1222	宜蘭所銷管組	22,531	13.98%
3	1332	高雄所銷管組	19,195	13.70%
4	1223	宜蘭所儲運組	19,539	8.72%
5	2162	生管課儲運組	72,873	7.07%
6	2161	生管課生管組	17,962	6.00%
7	1322	台中所銷管組	7,723	4.92%
8	1323	台中所儲運組	14,185	4.71%
9	2140	品保課	12,233	4.61%
10	1312	台南所銷管組	6,356	3.31%
11	2150	採購課	5,870	3.24%
12	1331	高雄所業務組	755	2.48%
13	2131	製造課機器組	14,591	2.26%
14	1333	高雄所儲運組	3,433	1.53%
15	2170	研發課	1,541	1.33%
16	1221	宜蘭所業務組	1,974	1.05%
17	1402	營業三部銷管組	680	1.01%

出處：日正食品提供，表中數字皆為虛擬之資料。

（五）步驟5：價值標的模組

　　價值標的模組之設計包括四項小步驟，分別為5-1：設計作業動因、5-2：設計其他價值標的動因及服務動因、5-3：計算出價值標的之成本，及5-4：產生價值標的模組之管理報表，分別說明如下：

步驟5-1：設計作業動因

　　日正食品所選取的「作業動因」釋例，如表8-14所示。

表8-14　作業動因表：以日正食品南崗廠儲運組的「出貨作業」為例

日正食品 南崗廠儲運組 「出貨作業」之作業動因表 2019年1月			
作業大項	作業中項	作業細項	作業動因
出貨作業	出貨處理	出貨訂單處理	出貨訂單處理工時
		車趟安排	專車趟數
		填出貨標籤	填出貨標籤次數
		理貨作業	理貨作業工時
		挑選分類	挑選分類工時
		分裝	分裝包數
		網購出貨	網購出貨工時

出處：日正食品提供。

　　由表8-14可知，日正食品南崗廠儲運組的「出貨作業」之作業動因，包括：出貨訂單處理的作業動因為「出貨訂單處理工時」，車趟安排的作業動因為「專車趟數」，以及填出貨標籤的作業動因為「填出貨標籤次數」等。

步驟5-2：設計其他價值標的動因及服務動因

　　日正食品於設計價值標的時，除了最終價值標的：產品及顧客外，亦設計了「供應商」、「通路」及「原物料」等過渡型之價值標的，使該等價值標的之專業管理者，如採購主管、業務主管等，得以了解管理範疇之成本累積情形。

以「供應商」此價值標的為例，其動因為「原料採購金額」，日正食品對不同供應商所執行之相關作業，與其採購之金額多寡有關，因而需對不同供應商計算其作業成本，最終歸屬至產品成本之中。

此外，為了「顧客成本」中的「顧客服務成本」能對應到顧客身上，因而日正食品設計「服務動因」，主要與顧客之「訂單數量」有關，因而將「訂單數量」當為「服務動因」。

步驟5-3：計算出價值標的之成本

有了前面的資源及作業中心執行各項作業後，成本便匯流歸屬至價值標的，故四大模組的最後一步驟便是計算價值標的之成本。日正食品價值標的之成本計算邏輯，如圖8-6所示。

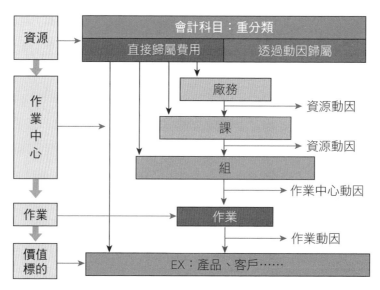

圖8-6　日正食品價值標的成本計算邏輯圖

由圖8-6可知，日正食品在資源模組，透過會計科目重分類整理

後，除了直接歸屬至價值標的之成本外，資源透過「直接」或「資源動因」歸屬至廠務、課和組等作業中心，再透過作業中心動因及作業動因歸屬到價值標的，最後即可產生價值標的之成本。

步驟5-4：產生價值標的模組之管理報表

透過AVM各模組的邏輯計算，最終計算出價值標的之成本，並彙總整理出各項管理報表。日正食品在價值標的模組所產出之管理報表眾多，在此僅以「產品」及「顧客」兩項價值標的為例，分別說明如下。

表8-15至8-18為與「產品」此價值標的有關之報表。表8-15為產品淨利金額──經銷品前20名報表。

表8-15　產品淨利金額-經銷品前20名報表：以日正食品為例

日正食品 產品淨利金額-經銷品前20名報表 2019年1月			
名次	產品代號	產品名稱	經銷品淨利
1	001	產品A 禮盒A	715,319
2	002	產品A 禮盒B	446,519
3	003	產品C	362,283
4	004	產品D 450g	264,852
5	005	產品E	166,393
6	006	產品F 禮盒A	78,258
7	007	產品G 3kg	66,230
8	008	產品G 2.7kg	61,757
9	009	產品F 禮盒B	61,027
10	010	產品J 3kg	50,375
11	011	產品J 300g	50,019
12	012	產品A 120g	43,399
13	013	產品M	36,590

名次	產品代號	產品名稱	經銷品淨利
		日正食品	
		產品淨利金額-經銷品前20名報表(續)	
		2019年1月	
14	014	產品D 600g*12入	35,320
15	015	產品O 口味A	29,673
16	016	產品P 24kg	27,125
17	017	產品P 3kg	24,989
18	018	產品O 口味B	21,313
19	019	產品S	20,635
20	020	產品P 22kg	17,112
合計			2,579,188

出處：日正食品提供，表中數字皆為虛擬之資料。

表8-16為產品淨損金額-經銷品後20名報表。

表8-16　產品淨損金額-經銷品後20名報表：以日正食品為例

名次	產品代號	產品名稱	經銷品淨損
		日正食品	
		產品淨損金額-經銷品後20名報表	
		2019年1月	
1	021	產品AA 500g	（395,855）
2	022	產品BB	（112,410）
3	023	產品CC 2.6L	（85,827）
4	024	產品DD 300g	（85,559）
5	025	產品EE	（74,727）
6	026	產品FF	（74,311）
7	027	產品AA 1kg	（63,474）
8	028	產品O 口味C	（61,450）

日正食品 產品淨損金額-經銷品後20名報表（續）2019年1月			
名次	產品代號	產品名稱	經銷品淨損
9	029	產品DD 400g	（37,293）
10	030	產品JJ	（33,997）
11	031	產品KK	（32,188）
12	032	產品LL	（19,903）
13	033	產品MM 1kg	（17,291）
14	034	產品NN	（17,209）
15	035	產品OO 口味A	（14,994）
16	036	產品OO 口味B	（12,304）
17	037	產品MM 500g	（11,403）
18	038	產品RR	（11,131）
19	039	產品SS	（10,356）
20	040	產品TT	（9,536）
合計			（1,181,218）

出處：日正食品提供，表中數字皆為虛擬之資料。

表8-17為產品淨利率-經銷品前20名報表。

表8-17　產品淨利率-經銷品前20名報表：以日正食品為例

日正食品 產品淨利率-經銷品前20名報表（銷貨收入5萬元以上）2019年1月					
名次	產品代號	產品名稱	銷貨收入淨額	淨利	經銷品淨利率
1	002	產品A 禮盒B	955,701	446,519	46.72%
2	005	產品E	367,087	166,393	45.33%
3	001	產品A 禮盒A	1,633,641	715,319	43.79%

		日正食品 產品淨利率-經銷品前20名報表（銷貨收入5萬元以上）（續） 2019年1月				
名次	產品代號	產品名稱	銷貨收入淨額	淨利	經銷品淨利率
4	012	產品A 120g	116,527	43,399	37.24%
5	010	產品J 3kg	202,921	50,375	24.83%
6	019	產品S	101,626	20,635	20.30%
7	006	產品F 禮盒A	440,768	78,258	17.76%
8	009	產品F 禮盒B	352,232	61,027	17.33%
9	007	產品G 3kg	515,241	66,230	12.85%
10	014	產品D 600g*12入	276,360	35,320	12.78%
11	041	產品U	126,024	14,595	11.58%
12	004	產品D 450g	2,400,972	264,852	11.03%
13	042	產品V	76,944	8,482	11.02%
14	043	產品W	89,163	9,742	10.93%
15	044	產品X	97,104	9,728	10.02%
16	045	產品Y	56,596	5,059	8.94%
17	008	產品G 2.7kg	769,581	61,757	8.02%
18	003	產品C	4,824,883	362,283	7.51%
19	011	產品J 300g	759,618	50,019	6.58%
20	013	產品M	585,373	36,590	6.25%

出處：日正食品提供，表中數字皆為虛擬之資料。

　　表8-18為產品淨利率-經銷品後20名報表。

　　由表8-15至表8-18四張「產品」相關報表可知，AVM為日正食品最終價值標的之一：「產品」中的各項經銷品，產出收入、淨利與淨利率資訊。依照管理需求依淨利（損）或淨利率排序，可知經銷品前、後20名品項的淨利表現。日正食品管理階層可以清楚地掌握各項產品的

銷售是否如預期，哪些商品的策略與行銷措施是成功有效的，哪些則是失敗的。

表8-18　產品淨利率-經銷品後20名報表：以日正食品為例

日正食品 產品淨利率-經銷品後20名報表（銷貨收入5萬元以上） 2019年1月					
名次	產品代號	產品名稱	銷貨收入淨額	淨利（損）	經銷品淨利率
1	021	產品AA 500g	173,513	（395,855）	-228.14%
2	022	產品BB	242,782	（112,410）	-46.30%
3	029	產品DD 400g	129,818	（37,293）	-28.73%
4	024	產品DD 300g	334,269	（85,559）	-25.60%
5	025	產品EE	321,645	（74,727）	-23.23%
6	038	產品RR	85,723	（11,131）	-12.98%
7	031	產品KK	406,025	（32,188）	-7.93%
8	027	產品AA 1kg	834,574	（63,474）	-7.61%
9	033	產品MM 1kg	229,915	（17,291）	-7.52%
10	046	產品UU 口味A	67,686	（4,646）	-6.86%
11	047	產品VV	51,699	（3,418）	-6.61%
12	026	產品FF	1,137,108	（74,311）	-6.54%
13	048	產品UU 口味B	139,667	（8,061）	-5.77%
14	049	產品XX	170,221	（9,432）	-5.54%
15	050	產品YY	77,073	（3,994）	-5.18%
16	023	產品CC 2.6L	4,012,081	（85,827）	-2.14%
17	051	產品ZZ	383,515	（3,656）	-0.95%
18	052	產品AAA	20,934	（407）	-0.80%
19	053	產品CC 2L	808,344	（5,676）	-0.70%
20	054	產品CCC	175,492	（301）	-0.17%

出處：日正食品提供，表中數字皆為虛擬之資料。

此處亦彰顯出 AVM 跳脫傳統的「毛利思維」模式，許多收入甚高的產品，例如：「產品 CC 2.6L」與「產品 FF」，其淨利與淨利率之表現皆落在後 20 名。有鑒於此，對於不同獲利表現之商品，日正食品加以分群管理、制定新的策略，以提升個別商品乃至公司整體的淨利表現。

「顧客」此價值標的之相關報表，如表 8-19 至表 8-22 所示。

表8-19　客戶淨利金額前 20 名報表：以日正食品為例

日正食品 客戶淨利金額 - 前 20 名報表（銷貨收入 10 萬元以上） 2019 年 1 月					
名次	客戶代號	客戶簡稱	部門簡稱	銷貨收入淨額	淨利
1	G001	客戶 A	營業一部	7,688,602	2,136,670
2	G002	客戶 B	營業三部	10,805,820	2,065,799
3	G003	客戶 C	營業一部	5,389,402	1,929,518
4	G004	客戶 D	營業一部	3,524,078	1,366,105
5	G005	客戶 E 應稅品	營業一部	2,112,408	687,262
6	G006	客戶 F	營業五部	3,798,261	383,325
7	G007	客戶 G	營業一部	1,153,972	376,987
8	G008	客戶 H	營業四部	1,106,644	352,491
9	G009	客戶 I	營業三部	1,090,239	316,769
10	G010	客戶 E 免稅品	營業一部	647,747	283,223
11	G011	客戶 K	營業一部	1,459,880	229,170
12	G012	客戶 L	營業四部	4,123,450	215,074
13	G013	客戶 M	營業五部	1,584,348	189,484
14	G014	客戶 N	營業一部	1,344,617	177,789
15	G015	客戶 O	營業三部	771,477	158,599
16	G016	客戶 P	營業四部	417,580	148,826
17	G017	客戶 Q	營業四部	319,976	143,092
18	G018	客戶 R 一店	營業一部	419,264	131,742

日正食品 客戶淨利金額-前20名報表（銷貨收入10萬元以上）（續） 2019年1月					
名次	客戶代號	客戶簡稱	部門簡稱	銷貨收入淨額	淨利
19	G019	客戶R二店	營業一部	377,663	131,294
20	G020	客戶T	台中所	760,586	128,692
合計					11,551,912

出處：日正食品提供，表中數字皆為虛擬之資料。

表8-20　客戶淨利金額後20名報表：以日正食品為例

日正食品 客戶淨利金額-後20名報表（銷貨收入10萬元以上） 2019年1月					
名次	客戶代號	客戶簡稱	部門簡稱	銷貨收入淨額	淨利
1	G021	客戶AA	營業四部	1,777,414	（97,204）
2	G022	客戶BB	營業四部	992,887	（61,055）
3	G023	客戶CC	營業六部	291,292	（35,642）
4	G024	客戶DD	營業六部	900,940	（25,631）
5	G025	客戶EE	北營所	547,076	（16,744）
6	G026	客戶FF	宜蘭所	223,566	（11,843）
7	G027	客戶GG	台南所	353,679	（11,172）
8	G028	客戶HH	宜蘭所	278,571	（10,070）
9	G029	客戶II	高雄所	106,651	（7,473）
10	G030	客戶JJ	台南所	238,012	（7,364）
11	G031	客戶KK	北營所	170,249	（6,057）
12	G032	客戶LL	台南所	117,815	（5,966）
13	G033	客戶MM	營業一部	491,154	（4,642）
14	G034	客戶NN	宜蘭所	158,664	（420）
15	G035	客戶OO	台中所	107,155	1,245
16	G036	客戶PP	台南所	132,858	1,685

名次	客戶代號	客戶簡稱	部門簡稱	銷貨收入淨額	淨利
		日正食品			
		客戶淨利金額-後20名報表（銷貨收入10萬元以上）（續）			
		2019年1月			
17	G037	客戶QQ	台南所	135,511	1,931
18	G038	客戶RR	高雄所	127,783	3,488
19	G039	客戶SS	北營所	137,033	3,758
20	G040	客戶TT	台南所	137,848	4,658
合計					（284,517）

出處：日正食品提供，表中數字皆為虛擬之資料。

表8-21　客戶淨利率前20名報表：以日正食品為例

名次	客戶代號	客戶簡稱	部門簡稱	銷貨收入淨額	淨利	淨利率
		日正食品				
		客戶淨利率-前20名報表（銷貨收入10萬元以上）				
		2019年1月				
1	G041	客戶T（OEM）	營業一部	106,857	56,152	52.55%
2	G077	客戶R三店（生鮮）	營業一部	319,976	143,092	44.72%
3	G004	客戶D	營業一部	108,326	47,615	43.96%
4	G078	客戶R三店	營業一部	647,747	283,223	43.73%
5	G076	客戶S二店	營業一部	135,932	58,210	42.82%
6	G044	客戶W（生鮮）	營業一部	112,069	43,989	39.25%
7	G003	客戶C	營業一部	206,272	80,510	39.03%
8	G017	客戶Q	營業四部	3,524,078	1,366,105	38.76%
9	G046	客戶S一店	營業一部	306,729	113,606	37.04%
10	G016	客戶P	營業四部	148,597	54,719	36.82%
11	G066	客戶CC	北營所	5,389,402	1,929,518	35.80%
12	G010	客戶E免稅品	營業一部	417,580	148,826	35.64%
13	G048	客戶R四店	營業一部	267,264	95,262	35.64%
14	G049	客戶BBB（新竹）	台中所	238,982	84,843	35.50%

			日正食品			
		客戶淨利率-前20名報表（銷貨收入10萬元以上）（續）				
			2019年1月			
名次	客戶 代號	客戶簡稱	部門簡稱	銷貨收 入淨額	淨利	淨利率
15	G050	客戶CCC	營業一部	102,559	35,930	35.03%
16	G051	客戶DDD	北營所	274,746	96,131	34.99%
17	G019	客戶R二店	營業一部	139,755	48,685	34.84%
18	G075	客戶S一店（生鮮）	營業一部	377,663	131,294	34.76%
19	G053	客戶R五店	營業一部	120,539	41,695	34.59%
20	G054	客戶GGG	營業一部	136,331	47,068	34.52%

出處：日正食品提供，表中數字皆為虛擬之資料。

表8-22　客戶淨利率後20名報表：以日正食品為例

			日正食品			
		客戶淨利率-後20名報表（銷貨收入10萬元以上）				
			2019年1月			
名次	客戶 代號	客戶 簡稱	部門 簡稱	銷貨收 入淨額	淨利	淨利率
1	G023	客戶CC	營業六部	291,292	（35,642）	-12.24%
2	G029	客戶II	高雄所	106,651	（7,473）	-7.01%
3	G022	客戶BB	營業四部	992,887	（61,055）	-6.15%
4	G021	客戶AA	營業四部	1,777,414	（97,204）	-5.47%
5	G026	客戶FF	宜蘭所	223,566	（11,843）	-5.30%
6	G032	客戶LL	台南所	117,815	（5,966）	-5.06%
7	G028	客戶HH	宜蘭所	278,571	（10,070）	-3.61%
8	G031	客戶KK	北營所	170,249	（6,057）	-3.56%
9	G027	客戶GG	台南所	353,679	（11,172）	-3.16%
10	G030	客戶JJ	台南所	238,012	（7,364）	-3.09%
11	G025	客戶EE	北營所	547,076	（16,744）	-3.06%

			日正食品			
		客戶淨利率－後20名報表（銷貨收入10萬元以上）（續）				
		2019年1月				
名次	客戶代號	客戶簡稱	部門簡稱	銷貨收入淨額	淨利	淨利率
12	G024	客戶DD	營業六部	900,940	（25,631）	-2.84%
13	G033	客戶MM	營業一部	491,154	（4,642）	-0.95%
14	G034	客戶NN	宜蘭所	158,664	（420）	-0.26%
15	G081	客戶UU	營業四部	1,104,857	9,725	0.88%
16	G035	客戶OO	台中所	107,155	1,245	1.16%
17	G036	客戶PP	台南所	132,858	1,685	1.27%
18	G037	客戶QQ	台南所	135,511	1,931	1.42%
19	G039	客戶VV	高雄所	319,109	5,688	1.78%
20	G040	客戶WW	營業四部	196,216	4,690	2.39%

出處：日正食品提供，表中數字皆為虛擬之資料。

　　由表8-19至表8-22可知，對於另一項最終價值標的：客戶，亦可得出其個別的淨利與淨利率排名資訊。由報表可清楚地看出，所謂「大客戶」（銷貨收入高者）不等於「好客戶」（淨利高者）的現象，例如：銷貨收入最高的「客戶B」之淨利額排名第2，而其淨利率不在前20名之列。上開資訊對於公司的業務活動安排至關重要，讓日正食品得以更妥善地安排在個別客戶身上應投入之時間與資源。

五、日正食品實施 AVM 的影響及效益

　　日正食品自2010導入AVM至今，運用AVM提供的各方面資訊，不僅對「員工行為」產生影響，對「經營效益」也提升不少，茲說明如下：

（一）對員工行為之影響

在未導入 AVM 制度之前，日正食品之管理階層無從得知「業務人員」之巡貨效益，往往等到客戶抱怨後，才知道業務人員服務狀況不佳，需額外花時間安撫客戶，甚至處理客訴問題；或是情況相反，業務人員為了討好客戶，對客戶的要求都不敢說「不」。此外，因無法適時掌控「物流人員」的狀態，司機送完貨後藉機延遲不回公司。以上種種情況，都會為公司帶來額外的成本，因傳統的會計制度不會顯示該等成本，因此管理階層不易發現，員工也不易察覺自己的行為會對公司成本造成多大的影響。

導入 AVM 後，為了蒐集「作業細項」的實際工時，各作業中心導入「工時系統」，過去所有隱藏的成本一覽無遺，各部門紛紛利用分析成果，提案改善作業流程，以提升其工作效益，例如：提早出車時間、節省配送時間的方案，進一步縮短工時等，實降低了各單位的作業成本。業務人員節省處理銷貨訂單之作業成本及節省行政作業成本，而節省下來的工時讓業務人員多了 6% 時間得以開發新業務。銷售主管分析了業務人員所填寫的工時紀錄，可將顧客分為三個等級，A 級客戶應多花時間照顧才能增加業績，B、C 級客戶則可縮短工時，轉至開發新客戶。

AVM 揭露的訊息甚至改變了業務部門的銷售策略，舉例來說，日正食品曾引進過非常知名的食用油品牌進行銷售，業務人員不用花太大的工夫就能獲得訂單，因此儘管該產品毛利率低，但在業務數量上相當好看，因此大量販售。導入 AVM 後，報表顯示：它是虧錢相當多的項目，內部討論後決定這項油品還是持續販賣，但減少行銷的強度，另外搭配一個知名度較低，但利潤率較高的油品。雖然該產品業績可能只有

知名品牌的三分之一，但卻提升了公司的整體獲利情況。

（二）提升經營效益

有關日正食品導入AVM後，提升經營效益的情況說明如下：

1. 提升通路成本與利潤率

管理者藉由AVM獲得正確的通路成本及利潤率，掌控各通路的獲利能力，篩選出品質優良的通路。雖然近年來臺灣食品業屢屢發生嚴重的食安問題，但日正食品的量販大型通路於2014年業績成長「123%」，又2015年業績成長「38%」，利潤成長「5%」。2015年至2017年之主力商品業績成長「4.7」倍。

2. 提升顧客業績與淨利率

2014年外銷客戶業績成長「6.31%」，2015年更大幅成長了「16.67%」。再者外銷部門之淨利亦獲得改善，2018年較2015年成長「88」倍之多。

3. 提升資源使用效率

各作業中心導入工時分析，提案改善工作效率，業務端節省工時「11.95%」，儲運揀貨節省工時「20.69%」，銷管人員節省工時「5.57%」。

4. 利用品質屬性改善作業流程

實施AVM前，「內部失敗」的包裝錯誤都被隱藏在製令中，利用AVM資料重新審視重工對於工廠內部成本的占比之後，修正內部作

業，大幅下降「27%」的重工費用。另外「外部失敗」的退貨成本方面亦有所改善，整體公司退貨金額降低「37.25%」，2015年至2016年的退貨率下降「1.7%」，顯示日正食品的整體品質獲得良好的提升。

5. 替換經銷品供應商進而提升產品利潤

利用 AVM 資訊，日正食品替換了部分導致企業獲利不如預期的經銷品供應商，有效地改善產品利潤，以2015年為例，雖然因大環境衝擊等因素造成業績下降「1.38%」，但整體淨利額成長「48%」。

第9章 通路業實施 AVM 案例：普祺樂實業——行的層面

一、通路產業簡介

　　由於高齡化、少子化、單身及晚婚等因素，影響臺灣人口結構與生活型態，零售市場也面臨消費者型態改變。伴隨著生活水準的提升，消費者的消費意識抬頭，選購健康、溯源、可信任之高品質商品，以消費者為核心，並取得消費者信任成為經營之重要課題。而各種品牌、產品的來源眾多，中介的通路商向製造商或進口商購買商品，直接販賣給終端消費者。通路產業可略分為兩大類：

（一）「**一階通路業**」：此種產業之通路商直接銷售產品給終端消費者，例如：傳統的實體店面，依銷售和購買習慣的不同，又可再細分為百貨公司、大賣場及綜合式賣場等。此外還有無店面的公司，例如：電視購物與線上購物公司等。

（二）「**二階通路業**」：此種產業主要以公司行號為其顧客，例如：代理商、系統組合商與辦公室器材商等。

本個案公司之營運業務係屬於二階通路業之代理商。代理商業者為因應全球經濟與消費流行趨勢，不斷調整商品與品牌之定位，並與國內外大廠策略聯盟，透過技術合作量身客製獨家商品，以「顧客」角度出發，訴求「價值、風格、設計」，開創差異化的商品，並協助通路協調廠商、舉辦活動，找尋適合之商品。

具體而言，當品牌商品要進入一階通路商時，需委由代理商與一階通路商交涉，故稱之為「通路代理商」。通路代理商不僅協助廠商之商品上架、活動安排外，更需要負責商品優化服務（簡稱商化服務），因此通路代理商的業務人員會到通路的分店將商品陳列在貨架上，吸引消費者的目光，並方便消費者購買。

二、個案公司簡介

普祺樂實業有限公司（以下簡稱普祺樂）於 1992 年由現任張總經理所創辦，為國內外知名品牌之軍公教通路服務代理商，公司經營及管理人員均具軍公教通路市場二十年以上之經驗。普祺樂主要的業務有兩項，第一是商品商化管理服務，為大賣場管理商品及訂單等，從分店的倉庫取出貨物，進行陳列及補貨；第二是提供一般性的商品給大賣場，包括代理商品及自有產品，前者包括菸酒、食品及民生用品等，後者則是自行生產之在地農產品。普祺樂代理的品項眾多，例如：從臺灣菸酒代理之臺灣啤酒及長壽香菸、從美商亞培代理之嬰幼兒奶粉及成人安素、從美商伊潔維代理之舒適牌刮鬍刀、從日正食品代理之雜糧食品、從金墩代理之金墩米，以及從依聯公司代理之依必朗洗衣精等。普祺樂總共取得二十五家以上知名品牌代理權或提供商化服務，由於擁有具代

表性的顧客而逐漸茁壯，也得以向優質業者學習管理之道，例如：亞培等外商公司讓普祺樂張總經理見識到外商企業優異的管理能力，南僑企業與台鹽企業也都是近年來取得的指標型顧客，因此普祺樂於2013年自創品牌，取名「全新穀堡」。

三、普祺樂實施 AVM 的背景

2013年6月，普祺樂開始接觸BSC及AVM觀念，於2017年正式導入AVM制度。普祺樂的營業收入來源有兩方面，包括商化服務的佣金收入與販售商品的銷貨收入。佣金收入是針對商化服務產品，依銷售額抽取一定比率的服務費，商品銷貨收入則是銷售商品給大賣場之收入，包括代理商品及自有產品。普祺樂以AVM資訊為基礎，針對下面兩方面加以改進：1.提供合適的服務且與舊顧客維持友好關係，賺取佣金收入及利潤；2.開發普祺樂的自有品牌，賺取更高額的銷貨收入及利潤。有關普祺樂的四大管理階段，如圖9-1所示。

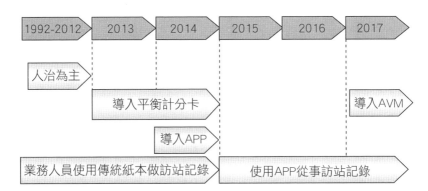

圖9-1　普祺樂的四大管理階段圖
出處：普祺樂提供。

由圖9-1可知，普祺樂歷經四大管理階段，說明如下：

（一）草創時期（1992-2012年）

普祺樂成立初期，公司規模較小，代理的產品數量少，管理方式以「人治」為主，無太多管理理論背景，僅以業務人員的經驗法則判斷。隨著普祺樂服務範圍越來越廣，競爭者也越來越多，管理者意識到若公司規模要擴展，必須重新思考公司的定位與策略方向。

（二）導入平衡計分卡（2013-2014年）

管理者於2013年學習系統化管理邏輯架構，擬定公司策略，導入平衡計分卡及繪製策略地圖，確認公司的使命是「滿足消費者物優價美需求，提供廠商在通路上的全方位服務，成為國際最專業及最值得信賴的通路服務商」。此時形成了商化代理服務的主要策略，並且全力關注「顧客價值主張」，以促進經營績效之提升。

（三）導入APP（2015-2016年）

普祺樂藉由APP即時且完整地記錄每家商店、每項商品銷售情況，以及業務人員在各商店執行的活動內容與往來交通時間等資訊。導入APP不僅滿足顧客的需求，也完整記錄業務人員的作業內容與時間。一段時間後，管理者發現滿足大客戶所需要的時間相當驚人。然而，APP雖能記錄業務人員的作業內容與時間，但光從業務人員的服務時間紀錄並無法得知哪個顧客真正能為公司帶來獲利。管理者心想，若可以將這些「原因資訊」與「成本資訊」結合，勢必更有助於管理決策的效益。

（四）導入 AVM（2017年迄今）

高營收的大客戶就一定是高獲利客戶嗎？這個疑惑在老闆及管理者的腦中始終揮之不去。而 AVM 是以作業為細胞，能將所有作業所耗用的時間與會計數字結合，把成本歸屬到產品、顧客等想要管理的價值標的身上。當管理者了解到 AVM 能夠將作業時間轉換為有形的成本，進而計算出產品與顧客的利潤，便毫不猶豫地導入 AVM 制度。

四、普祺樂實施 AVM 的步驟及內容

有關普祺樂實施 AVM 之步驟及內容，如圖 9-2 所示。

由圖 9-2 中可知，普祺樂實施 AVM 共有五大步驟及二十一項小步驟，分別說明如下：

（一）步驟1：確認管理議題與價值標的之關係

普祺樂將釐清後的重點管理議題及價值標的對應關係，繪製成棋盤圖，如圖 9-3 所示。

由圖 9-3 可知，普祺樂非常重視「成本管理」與「利潤管理」兩項管理議題，且主要之價值標的為：作業、新舊顧客、自有品牌產品、通路及員工等六項價值標的。當確認管理議題與價值標的對應關係後，即可進入普祺樂 AVM 模組一：資源模組之設計步驟。

步驟1：確認管理議題與價值標的之關係

步驟2：資源模組
步驟2-1：設計價值標的
步驟2-2：設計作業中心
步驟2-3：從事資源重分類
步驟2-4：設計資源動因
步驟2-5：區分可控制或不可控制資源
步驟2-6：產生資源模組之管理報表

步驟3：作業中心模組
步驟3-1：定義各作業中心之作業執行者
步驟3-2：設計作業大項
步驟3-3：設計作業中心動因——明定作業大項之正常產能
步驟3-4：計算作業大項之單位標準成本
步驟3-5：產生作業中心模組之管理報表

步驟4：作業模組
步驟4-1：設計作業細項
步驟4-2：設計作業中心動因——蒐集作業細項之實際產能
步驟4-3：決定「超用產能」或「剩餘產能」及其成本
步驟4-4：設計作業屬性
步驟4-5：產生作業模組之管理報表

步驟5：價值標的模組
步驟5-1：設計作業動因
步驟5-2：設計其他價值標的動因及服務動因
步驟5-3：計算出價值標的之成本
步驟5-4：產生價值標的模組之管理報表

圖9-2　普祺樂實施AVM步驟圖

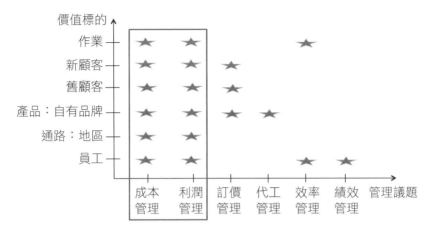

圖9-3 普祺樂之管理議題及價值標的對應關係棋盤圖
出處：普祺樂提供。

（二）步驟2：資源模組

資源模組之設計包括六項小步驟，分別為2-1：設計價值標的、2-2：設計作業中心、2-3：從事資源重分類、2-4：設計資源動因、2-5：區分可控制或不可控制資源，及2-6：產生資源模組之管理報表，其具體內容分別說明如下：

步驟2-1：設計價值標的

普祺樂作為通路代理商，雖然其主要的價值標的是顧客，但於管理議題與價值標的對應關係矩陣圖中有列出六項價值標的，如「顧客」、「通路」及「員工」等。

步驟2-2：設計作業中心

普祺樂之組織架構相當單純，業務總部下轄北、中、南三區，管理

各區之業務人員。設計作業中心時，普祺樂將每一位業務人員視為個別的作業中心加以管理，如圖9-4所示。

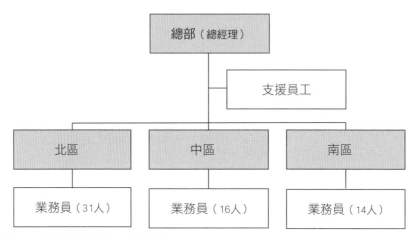

圖9-4　普祺樂作業中心架構圖
出處：普祺樂提供。

由圖9-4可知，普祺樂之總部為總經理室，總經理個人列為實施作業之策略性事業單位，設計上非屬「管理作業中心」，故需自行承擔部門之損益。總部下轄支援人員一人，援助所有業務之工作，是為支援作業中心。而北、中、南三個分區設立管理部門，轄下共有六十一個業務人員各自成為獨立之「作業中心」。

步驟2-3：從事資源重分類

普祺樂透過資源重分類步驟，將公司財務會計之成本與費用，依據AVM管理會計之思維進行重分類，根據資源之特性、被耗用的動因型態等原則，加以拆分或整併。普祺樂重分類後之資源項目分為兩階層，如表9-1所示。

表9-1　資源表：以普祺樂為例

普祺樂 資源表 2019年1月	
資源－第一階	資源－第二階
人事費用	底薪
	職務加給
	加班費
	獎金
	績效獎金
	……
交通費	油單
	停車費
	車資
	火車票
	高鐵
	機票
	……
房租	租金支出
郵電費	電話費
其他費用	餐費
	禮品
	郵資

出處：普祺樂提供。

　　由表9-1可知，普祺樂整理出人事費用、交通費、房租、郵電費及其他費用等資源大項（第一階），且包含三十個細項（第二階）。普祺樂依照管理的需求與目的，決定公司資源拆分之細緻程度，例如：普祺樂日常營運為拜訪客戶，交通費用占比相當高，因而是管理的重點項目

之一，一般公司可能僅是一個項目的「交通費」，普祺樂則將交通費分為火車、高鐵、機票、油單與停車費等項目。

步驟2-4：設計資源動因

普祺樂之主要作業為「業務活動」，作業中心亦以「業務人員」為主，故設計AVM時，大多數無須透過資源動因，皆為「直接歸屬作業中心」，透過每月資源資料整理時，將金額直接對應至個別作業中心。普祺樂僅「餐費」及「郵資」兩項是以「各作業中心人數比例」當為「資源動因」，加以歸屬至作業中心，如表9-2所示。

表9-2　資源動因表：以普祺樂為例

普祺樂 資源動因表 2019年1月		
資源-第一階	資源-第二階	資源動因或直接歸屬
人事費用	底薪	直接歸屬作業中心
	職務加給	直接歸屬作業中心
	加班費	直接歸屬作業中心
	獎金	直接歸屬作業中心
	績效獎金	直接歸屬作業中心
	……	
交通費	油單	直接歸屬作業中心
	停車費	直接歸屬作業中心
	車資	直接歸屬作業中心
	火車票	直接歸屬作業中心
	高鐵	直接歸屬作業中心
	機票	直接歸屬作業中心
	……	

普祺樂 資源動因表（續） 2019年1月		
資源 - 第一階	資源 - 第二階	資源動因或直接歸屬
房租	租金支出	直接歸屬作業中心
郵電費	電話費	直接歸屬作業中心
其他費用	禮品	直接歸屬作業中心
	餐費	作業中心人數比例
	郵資	作業中心人數比例

出處：普祺樂提供。

步驟2-5：區分可控制或不可控制資源

普祺樂設計資源動因時，並無直接歸屬至價值標的之內容，故沒有「價值標的使用之資源」。同時，普祺樂並無「內部轉撥計價」之內部交易，也無業務人員相互支援之作業，自然沒有「內部服務之成本」。因此，普祺樂「可控制資源」只包括「作業中心自用之資源」。

「不可控制資源」部分包括：1.「管理作業中心分攤之資源」，係將北、中、南三區所發生的費用，分攤至受管理之各作業中心的業務人員身上及2.「支援作業中心分攤之資源」，於普祺樂為分攤「支援員工」之成本給受支援對象。普祺樂依照每月各作業中心受管理及支援的成本比例，設定分攤的係數，以2019年1月為例，如表9-3所示。

由表9-3可知，不可控制資源分攤的部分，由橫軸之管理及支援作業中心，對應縱軸之策略性事業單位（SBU），各有其訂定之成本分攤係數。如業務A04耗用較多「北區」管理部門之資源，故其分攤資源之係數為業務A01之3倍；而「支援員工」對於業務A05花費的支援時間較長，故其分攤之係數2.5亦較其他業務人員為高。

表9-3　管理作業中心及支援作業中心分攤係數表：以普祺樂為例

普祺樂 作業中心及支援作業中心分攤係數表 2019年1月				
	管理作業中心			支援作業中心
作業中心（SBU）	北區	中區	南區	支援員工
總經理				1
業務 A01	1			1.3
業務 A02	2			1.5
業務 A03	2			1.5
業務 A04	3			1.1
業務 A05	2			2.5
業務 A06	2			1.7
業務 A07	1			1.3
⋯⋯				
業務 B01		1		1.4
業務 B02		3		1.8
業務 B03		1		1.5
業務 B04		2		1.8
業務 B05		3		2.3
業務 B06		2		1.8
業務 B07		2		2
⋯⋯				
業務 C01			1	1.8
業務 C02			2	2
業務 C03			2	2.4
業務 C04			1	2.3
業務 C05			1	2.2
業務 C06			2	1.8
業務 C07			2	1.7
⋯⋯				

出處：普祺樂提供。

步驟 2-6：產生資源模組之管理報表

　　資源模組可以為普祺樂產出五大資源表及作業中心損益表等管理報表，此處以北區兩個次作業中心之損益表為例，如表9-4所示。

表9-4　作業中心損益表：以普祺樂之次作業中心Ａ及次作業中心Ｂ為例

普祺樂 次作業中心損益表 2019年1月				
作業中心淨利項目	次作業中心A		次作業中心B	
	金額	收入比例	金額	收入比例
收入				
外部顧客收入	283,345	100.00%	182,085	100.00%
內部顧客收入	-	-	-	-
收入小計	283,345	100.00%	182,085	100.00%
A.作業中心可控制之資源				
1.作業中心自用之資源	176,530	62.30%	99,850	54.84%
2.價值標的使用之資源	-	-	-	-
3.內部服務之成本	-	-	-	-
作業中心可控制淨利	106,815	37.70%	82,235	45.16%
B.作業中心不可控制之資源				
4.管理作業中心分攤資源	4,590	1.62%	3,060	1.68%
5.支援作業中心分攤資源	1,125	0.40%	975	0.54%
作業中心淨利（率）	101,100	35.68%	78,200	42.95%

出處：普祺樂提供，表中之數字皆為虛擬之資料。

　　如表9-4可知，次作業中心於2019年1月所產生之收入，扣除可控制及不可控制資源後，便能得出其當月之淨利金額及淨利率。管理者可

以藉此了解各次作業中心之營運情況，作為績效考核之參考。以此釋例而言，次作業中心Ａ雖較次作業中心Ｂ創造更多的外部顧客收入，然其所耗用的資源，及分攤到管理及支援作業中心的資源亦較多，故就淨利率而言，次作業中心Ｂ較次作業中心Ａ還高，因而管理者便可藉此資訊激勵次作業中心Ａ，提升其效率及利潤率。

（三）步驟3：作業中心模組

作業中心模組之設計包括五項小步驟，分別為3-1：定義各作業中心之作業執行者、3-2：設計作業大項、3-3：設計作業中心動因——明定作業大項之正常產能、3-4：計算作業大項之單位標準成本，及3-5：產生作業中心模組之管理報表，其具體內容分別說明如下：

步驟3-1：定義各作業中心之作業執行者

普祺樂的作業中心之作業執行者相當明確，每個作業中心之作業執行者皆為「業務人員」。

步驟3-2：設計作業大項

總部及北、中、南三區之業務人員所執行的工作內容差異不大，內容也較簡單，考量管理需求及資訊蒐集之成本，普祺樂僅設計作業大項而無作業中項，作業大項係依照各分區作為區分，包含四項：「總部作業」、「北區作業」、「中區作業」及「南區作業」，如表9-5所示。

步驟3-3：設計作業中心動因——明定作業大項之正常產能

確立作業中心之作業大項後，普祺樂的作業大項之正常產能，便是每位業務人員每月的正常工時。普祺樂所設計之正常產能中，因四項作業大項搭配各作業中心，便是每位員工之當月總工作時間，表9-6列示

普祺樂2019年1月的正常產能。

表9-5　作業大項表：以普祺樂為例

普祺樂 作業大項表 2019年1月	
作業大項代碼	作業大項
T00	總部作業
N00	北區作業
M00	中區作業
S00	南區作業

出處：普祺樂提供。

表9-6　作業大項正常產能時間表：以普祺樂為例

普祺樂 作業大項正常產能表 2019年1月				
作業中心代碼	作業中心	作業大項代碼	作業大項	正常產能時間（分鐘）
S01	支援員工	T00	總部作業	720
		N00	北區作業	4580
		M00	中區作業	1480
		S00	南區作業	1290
001	總經理	T00	總部作業	8640
002	業務A01	N00	北區作業	8160
003	業務A02	N00	北區作業	8160
006	業務A03	N00	北區作業	8640
009	業務A04	N00	北區作業	8160
033	業務B01	M00	中區作業	7680
034	業務B02	M00	中區作業	8640

普祺樂 作業大項正常產能表（續）2019 年 1 月				
作業中心代碼	作業中心	作業大項代碼	作業大項	正常產能時間（分鐘）
035	業務 B03	M00	中區作業	8160
036	業務 B04	M00	中區作業	8640
049	業務 C01	S00	南區作業	8640
050	業務 C02	S00	南區作業	7680
051	業務 C03	S00	南區作業	8160
052	業務 C04	S00	南區作業	8160

出處：普祺樂提供，表中之數字皆為虛擬之資料。

步驟3-4：計算作業大項之單位標準成本

如前所述，若業務 A03 的 2019 年 1 月之月薪為 36,000 元，1 月之工作為 144 小時（或 8640 分鐘），故其作業每小時的單位標準成本為 250元，又每分鐘之單位標準成本為 4.17 元。

步驟3-5：產生作業中心模組之管理報表

普祺樂在本模組可以產出各作業中心之作業大項產能資訊，以及各作業中心（即業務人員）之單位標準成本資訊，如表9-7所示。

表9-7列示各作業中心之正常產能時間及其單位標準成本之相關資訊。

（四）步驟4：作業模組

作業模組之設計包括五項小步驟，分別為 4-1：設計作業細項、4-2：設計作業中心動因——蒐集作業細項之實際產能、4-3：決定「超用產能」或「剩餘產能」及其成本、4-4：設計作業屬性，及 4-5：產生作業模組之管理報表，其具體內容分別說明如下：

表9-7　作業中心正常產能時間及單位標準成本表：以普祺樂為例

普祺樂 作業中心正常產能時間及單位標準成本表 2019年1月				
作業中心代碼	作業中心	作業大項代碼	正常產能時間 （分鐘）	單位標準成本 （元／分鐘）
S01	支援員工	T00	8070	4.03
001	總經理	N00	8640	6.79
002	業務A01	M00	8160	4.17
003	業務A02	S00	8160	4.17
006	業務A03	T00	8640	4.17
009	業務A04	N00	8160	4.17
033	業務B01	N00	7680	4.34
034	業務B02	N00	8640	4.30
035	業務B03	N00	8160	4.17
036	業務B04	M00	8640	4.17
049	業務C01	M00	8640	4.17
050	業務C02	M00	7680	4.08
051	業務C03	M00	8160	4.28
052	業務C04	S00	8160	4.28
……	……	……	……	……

出處：普祺樂提供，表中之數字皆為虛擬之資料。

步驟4-1：設計作業細項

普祺樂所設計之作業細項，如表9-8所示。

由表9-8可知，普祺樂在設計作業細項時，僅為每項作業大項設計四個細項：「業務作業」、「交通作業」、「會議作業」與「管理作業」。表9-8反映出普祺樂日常工作單純，亦顯現其管理階層認為對於公司「業務人員」之管理，僅需考量其大方向之作業內容即可。此種設計方

表9-8　作業細項表：以普祺樂為例

普祺樂 作業細項表 2019年1月		
作業細項代碼	作業大項	作業細項
N0001	北區作業	北區作業_業務
N0002		北區作業_交通
N0003		北區作業_會議
N0004		北區作業_管理
M0001	中區作業	中區作業_業務
M0002		中區作業_交通
M0003		中區作業_會議
M0004		中區作業_管理
S0001	南區作業	南區作業_業務
S0002		南區作業_交通
S0003		南區作業_會議
S0004		南區作業_管理
T0001	總部作業	總部作業_業務
T0002		總部作業_交通
T0003		總部作業_會議
T0004		總部作業_管理

出處：普祺樂提供。

式對規模相對較小、結構單純的公司非常適宜，因為管理階層無須耗費過多時間分析作業細項的資訊，進而增加管理效率。

步驟4-2：設計作業中心動因——蒐集作業細項之實際產能

　　為了有效率且精準地蒐集全公司六十一位「業務人員」的實際產能，普祺樂特別開發了業務系統的手機APP，利用衛星定位、打卡與計時等功能，了解每位業務人員每天執行各項作業的實際時間，更能將其

拜訪客戶的相關資訊，直接與不同的「顧客」或不同「通路」之分店等價值標的進行連結，大幅地省去後端資料整理所需的時間。普祺樂所蒐集之作業細項實際產能資訊，如表9-9所示。

表9-9　實際產能表：以普祺樂為例

普祺樂 實際產能表 2019年1月				
作業中心	作業細項代碼	作業細項	實際產能（分鐘）	價值標的類別
總經理	T0003	總部作業_會議	589	
總經理	T0004	總部作業_管理	5935	
業務A03	N0002	北區作業_交通	100	顧客
業務A03	N0002	北區作業_交通	162	顧客
業務A03	N0002	北區作業_交通	64	顧客
業務A03	N0002	北區作業_交通	97	顧客
業務A03	N0001	北區作業_業務	132	顧客
業務A03	N0001	北區作業_業務	24	顧客
業務A03	N0001	北區作業_業務	79	顧客
業務A03	N0001	北區作業_業務	67	顧客
業務A03	T0003	總部作業_會議	589	
業務B06	M0003	中區作業_會議	314	
業務B06	M0004	中區作業_管理	480	
業務B06	M0002	中區作業_交通	91	顧客
業務B06	M0002	中區作業_交通	75	顧客
業務B06	M0002	中區作業_交通	124	顧客
業務B06	M0002	中區作業_交通	62	顧客
業務B06	M0002	中區作業_交通	125	顧客
業務B06	M0001	中區作業_業務	75	顧客
業務B06	M0001	中區作業_業務	38	顧客
業務B06	M0001	中區作業_業務	147	顧客

普祺樂 實際產能表（續） 2019 年 1 月				
作業中心	作業細項代碼	作業細項	實際產能（分鐘）	價值標的類別
業務 B06	M0001	中區作業_業務	15	顧客
業務 B06	T0003	總部作業_會議	120	
業務 C05	S0003	南區作業_管理	450	
業務 C05	S0003	南區作業_會議	300	
業務 C05	S0002	南區作業_交通	45	顧客
業務 C05	S0002	南區作業_交通	179	顧客
業務 C05	S0002	南區作業_交通	79	顧客
業務 C05	S0002	南區作業_交通	33	顧客
業務 C05	S0001	南區作業_業務	85	顧客
業務 C05	S0001	南區作業_業務	81	顧客
業務 C05	S0001	南區作業_業務	62	顧客
業務 C05	S0001	南區作業_業務	36	顧客

出處：普祺樂提供，表中之數字皆為虛擬之資料。

步驟 4-3：決定「超用產能」或「剩餘產能」及其成本

透過比較作業中心模組之正常產能及作業模組實際產能兩者間的差異，便可以得出普祺樂每位業務人員之「超用產能」或「剩餘產能」。續以業務 A03 為例，其每月正常產能為 144 小時，包含四項作業細項，其 1 月實際花費了 143 小時又 10 分鐘，意即該月業務 A03 有 50 分鐘的剩餘產能。

步驟 4-4：設計作業屬性

由於普祺樂的作業非常地簡單，故未設計「作業屬性」之內容。

步驟 4-5：產生作業模組之管理報表

普祺樂在作業模組可以產出各作業中心之「超用」或「剩餘」產能

表9-10　超用或剩餘產能成本表：以普祺樂為例

普祺樂 超用或剩餘產能成本表 2019年1月											
作業中心	作業代碼	作業大項	正常產能時間（分鐘）	正常產能成本（元）	正常產能費率（元／分鐘）	實際產能時間（分鐘）	實際產能成本（元）	實際產能費率（元／分鐘）	剩餘（超用）產能時間（分鐘）	百分比	剩餘（超用）產能成本（元）
業務A03	N00	北區作業	8,640	40,150	4.05	8,590	42,040	4.89	50	0.58%	1,890
…	…	…	…	…	…	…	…	…	…	…	…

出處：普祺樂提供，表中之數字皆為虛擬之資料。

分析報表，如表9-10所示。

　　雖然普祺樂產能成本之計算較單純，但管理階層可藉由此資訊掌握每位業務人員每月之工作情形，對業務人員日常作業之管理甚為有用。

（五）步驟5：價值標的模組

　　價值標的模組之設計包括四項小步驟，分別為5-1：設計作業動因、5-2：設計其他價值標的動因及服務動因、5-3：計算出價值標的之成本，及5-4：產生價值標的模組之管理報表，分別說明如下：

步驟 5-1：設計作業動因

作業動因包括「時間型」、「頻率型」及「複雜型」三類。普祺樂之業務作業所耗用之成本，係屬「複雜型」的「作業動因」，其特質是主管直接針對服務不同顧客之複雜程度，定義個別顧客之「複雜權重」來歸屬作業成本。因顧客總數規模尚小，各區主管對於每位顧客都有深入的了解，故普祺樂認為此作法可以合理且精準地作為計算成本的依據。

步驟 5-2：設計其他價值標的動因及服務動因

普祺樂的作業中心之作業非常簡單，故不另外設計其他價值標的動因及服務動因。

步驟 5-3：計算出價值標的之成本

普祺樂的價值標的成本，除了自有品牌的產品外，並沒有其他產品成本，又整體價值鏈皆為顧客服務之作業，故其顧客成本便等於「顧客服務成本」。

步驟 5-4：產生價值標的模組之管理報表

普祺樂之價值鏈結構雖單純，完整地設計完四大模組後，AVM 仍可為其計算出各項價值標的詳盡的成本及利潤資訊與報表。此處以「自有品牌產品」、「顧客」及「業務人員」三種類別說明如下：

1. 自有品牌產品管理報表

有關普祺樂之自有品牌產品成本及利潤金額總表，如表 9-11 所示。

有關普祺樂之自有品牌產品利潤金額排名表，如表 9-12 所示。

普祺樂所銷售之自有品牌產品，是透過與供應商合作開發生產的，再由普祺樂進行配銷，上架至各通路供消費者選購。表 9-11 及 9-12 之

表9-11　自有品牌產品成本及利潤金額總表：以普祺樂為例

普祺樂 自有品牌產品成本及利潤金額總表 2019年1月						
成本及利潤 項目	自有品牌G產品		自有品牌F產品		自有品牌A產品	
	金額	收入占比	金額	收入占比	金額	收入占比
收入	160,000	100%	230,500	100%	107,000	100%
價值鏈成本	154,500	96.56%	175,000	75.92%	95,000	88.79%
產品利潤	5,500	4.44%	55,500	24.08%	12,000	11.21%

出處：普祺樂提供，表中之數字皆為虛擬之資料。

表9-12　自有品牌產品利潤金額排名表：以普祺樂為例

普祺樂 自有品牌產品利潤金額排名表：獲利前5名 2019年1月			
自有品牌產品 利潤金額排名	自有品牌產品 類別／名稱	自有品牌產 品利潤金額	整體獲利自有 品牌產品占比
第一名	自有品牌F產品	55,500	37.12%
第二名	自有品牌C產品	24,400	16.27%
第三名	自有品牌A產品	12,000	8.20%
第四名	自有品牌E產品	9,500	6.33%
第五名	自有品牌G產品	5,500	3.67%

出處：普祺樂提供，表中之數字皆為虛擬之資料。

資訊可作為管理階層對各項自有品牌產品「管理決策」之參考依據，讓管理者更有方向可循。

2. 顧客管理報表

　　有關普祺樂的顧客成本及利潤金額總表內容，如表9-13所示。

表9-13　顧客成本及利潤金額總表：以普祺樂為例

普祺樂 顧客成本及利潤金額總表 2019年1月						
成本及 利潤項目	顧客C023		顧客C031		顧客C056	
	金額	收入 占比	金額	收入 占比	金額	收入 占比
收入	2,060,000	100%	590,000	100%	1,080,500	100%
顧客服務成本	1,950,500	94.69%	580,500	98.38%	1,090,500	100.92%
顧客利潤（率）	109,500	5.31%	9,500	1.62%	(10,000)	-0.92%

出處：普祺樂提供，表中之數字皆為虛擬之資料。

有關普祺樂之顧客利潤金額排名表，如表9-14所示。

表9-14　顧客利潤金額排名表：以普祺樂為例

普祺樂 顧客利潤金額排名表：獲利前5名 2019年1月			
顧客利潤金額排名	顧客類別／名稱	顧客利潤金額	整體獲利顧客占比
第一名	顧客C102	256,900	24.45%
第二名	顧客C008	178,400	16.98%
第三名	顧客C015	128,700	12.25%
第四名	顧客C023	109,500	10.42%
第五名	顧客C071	98,600	9.38%

出處：普祺樂提供，表中之數字皆為虛擬之資料。

由表9-13及9-14可知，普祺樂透過AVM針對個別的「顧客」此價

值標的，透過四大模組從資源耗用到作業執行後，適當歸屬各項作業成本至不同顧客，便可得知顧客之淨利金額與淨利率。依照淨利額及淨利率排名後，即可輕易地區分出哪些才是真正的好客戶，進而從事顧客區隔，並研擬調整顧客服務之策略。

3. 業務人員管理報表

有關普祺樂之業務人員利潤總表，如表9-15所示。

表9-15　業務人員利潤總表：以普祺樂為例

業務人員 利潤分析	業務B09		業務A03	
	金額	收入占比	金額	收入占比
收入	660,900	100%	1,128,500	100%
顧客服務成本	598,300	96.64%	965,800	93.02%
業務人員利潤	62,600	3.36%	162,700	6.98%

出處：普祺樂提供，表中之數字皆為虛擬之資料。

有關普祺樂之業務人員利潤金額排名表，如表9-16所示。

由表9-15及9-16可知，對於身為通路業者普祺樂而言，公司的整體運作仰賴所有業務人員的辛勞，因而AVM之資訊除了能夠幫助公司掌握業務人員之產能配置，對業務人員而言，公司也能以更透明及更公平公正的資訊，作為獎勵之發放依據，而不會像傳統的業務人員管理，僅重視「銷售金額」而已。總而言之，透過AVM算出之業務人員淨利潤資訊及其分析，可使公司與業務人員達到雙贏的局面。

藉由普祺樂導入AVM之過程可以看出，雖然公司的營運模式、組

表9-16　業務人員利潤金額排名表：以普祺樂為例

普祺樂 業務人員利潤金額排名表：獲利前5名 2019年1月			
業務人員利潤 金額排名	業務人員 類別／名稱	業務人員 淨利金額	整體獲利業務 人員占比
第一名	業務A03	162,700	15.49%
第二名	業務C02	132,900	12.64%
第三名	業務A17	101,100	9.62%
第四名	業務B04	78,200	7.44%
第五名	業務B09	62,600	5.96%

出處：普祺樂提供，表中之數字皆為虛擬之資料。

織及作業型態較單純精簡，但AVM仍可為其產出諸多以往「財務會計」較難提供的資訊，從中彰顯AVM是一套完全「客製化」適合各種不同公司業態或組織規模的「整合性管理制度」。總之，無論公司或繁或簡，皆不會減少AVM為公司創造之管理價值。

五、普祺樂實施 AVM 的影響及效益

　　普祺樂自2017導入AVM至今，雖然時間並不長，但運用AVM提供的各方面資訊，不僅對員工行為產生影響，在經營績效上也產生不少效益，說明如下：

（一）對員工行為影響

　　普祺樂是一家通路代理商，代理菸酒、奶粉等各種國內外品牌商品

給大賣場，也為賣場提供商品管理及商化上架的服務。導入 AVM 前，普祺樂發現：業務人員花費許多心力及服務成本照顧每一個客戶，卻只換來微薄的利潤。

接觸 AVM 後，為了更有效率地服務客戶，為顧客創造價值的同時也提高公司獲利，普祺樂採用與 AVM 結合的手機 APP「普祺樂業務系統」，使用後發現公司犯了中小企業的通病，也就是「大客戶不一定是好客戶」。舉例來說，部分大客戶會提出許多特殊要求，普祺樂總經理一開始不以為意，覺得公司理應將客戶的需求視為第一優先，不考慮背後需付出的代價。導入 AVM 後，總經理開始理解業務人員花在這些客戶身上的時間為公司帶來了成本，卻未必換來相對應之實質利潤，而且為了服務大客戶，壓縮了服務其他客戶的時間，換言之，AVM 讓普祺樂看到「公司過去的資源沒有做最有效地運用」。

因此，普祺樂著手改變服務流程，例如：業務人員每次出門必須要服務全部的客戶，大客戶也僅是眾多客戶之一，不能完全配合其提出的要求。同時，利用 AVM 分析出來的數據與客戶協商，向大客戶表達無法提供全面「客製化服務」的原因，讓雙方都能理解問題之所在；若大客戶堅持，雙方則必須重新議訂更高的服務費用。普祺樂人員改變了管理模式，做任何決策時，都會以 AVM 所產出的資訊為輔助，制定更好的管理決策。透過人員心態的改變，所有客戶的利潤皆由負轉正，利潤率也提升了。普祺樂善用「知識即力量」的道理，運用科技和資訊轉型得非常成功。

（二）提升經營效益

有關普祺樂導入 AVM 後經營效益提升的情況，說明如下：

1. 總營收成長

　　普祺樂表示，因為管理制度的精進，為公司帶來快速的成長，透過AVM，業績成長迅速，從2017年的12億躍升到2018年的28億，成長率達「133%」，如圖9-5所示。

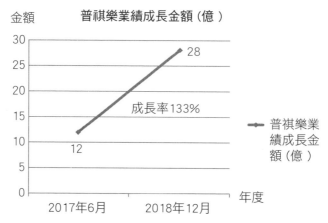

圖9-5　普祺樂業績成長金額趨勢圖

出處：普祺樂提供。

2. 自有品牌商品營收成長

　　普祺樂自有品牌「全新穀堡」，商品銷貨收入由2016年的7千5百萬元，躍升至2017年的1億7千萬元及2018年的1億9千萬元，成績斐然，無疑都是AVM制度所帶來的營收績效，如圖9-6所示。

3. 虧損客戶營業額占比下降

　　普祺樂2017年的虧損客戶營業額占比為35%，到2018年降至約10%，虧損改善率提升「71%」，如圖9-7所示。

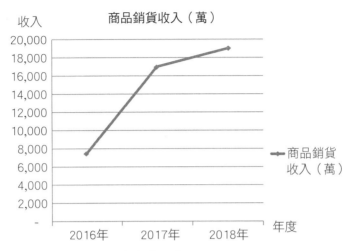

圖9-6　普祺樂自有品牌商品銷貨收入成長圖

出處：普祺樂提供．

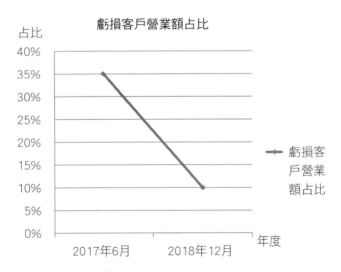

圖9-7　普祺樂虧損客戶營業額占比下降圖

出處：普祺樂提供。

第**10**章 過濾設備業實施 **AVM** 案例：旭然國際——行的層面

一、水資源過濾產業簡介

　　水資源是全球永續發展的核心，是氣候系統及人類社會與環境間的樞紐，對經濟發展、社會健康、生態系統及人類生存至關重要。同時，水資源也是氣候變遷及環境保護的關鍵環節，水資源具有限性且不可替代，和陽光、空氣並列為萬物賴以為生的重要維生要素。現今，超過十七億人生活在河流流域，其中水資源的使用超過自然界補給，帶來了水源的消耗，直到 2025 年，這一趨勢將會造成三分之二的世界人口生活在缺水的國家。

　　若要永續地使用水資源，唯有透過妥善地過濾、淨化汙水，回收再利用，水資源過濾產業的重要性不言而喻。水資源過濾產業所涉及的領域非常廣泛，不僅居家用水，更遍及大眾生活中各個面向，包含農業、工業與能源及城市發展等。本個案公司之營運業務主要屬於產業用水處

理應用市場。在競爭激烈的市場中，各國業者紛紛磨刀霍霍，競相爭奪過濾產業這塊大餅。韓國熊津集團因韓國有發展完整的高科技產業，汙水過濾經驗豐富，為韓國較具規模的業者；臺灣廠商亦不落人後，積極投入研發自製的薄膜濾心，原本由美國、日本及德國廠商把持之過濾產業市場局面可望逐漸被打破。

二、個案公司簡介

旭然國際股份有限公司（以下簡稱旭然國際）於1985年由現任吳董事長及何執行長夫婦所創立，原為代理國外過濾設備銷售之貿易商，後轉型從事品牌銷售、設計研發及生產製造。旭然國際在2001年完成臺灣雲科一廠建設，成立研發中心及實驗室、濾殼生產線及自動倉儲系統；2002年擴大高雄辦公室並設立中國上海營運據點，更成立了自有品牌Filtrafine；2007年設立新加坡營運據點；2010年成立美國子公司；2014年發行股票並登錄興櫃；2015年於證券櫃檯買賣中心掛牌上櫃；2016年雲科二廠啟用，旭然國際的吳董事長榮獲女性創業菁英獎佳作。

旭然國際主要營業項目為工業液體過濾暨分離設備、耗材等相關產品之研發、製造及銷售。其產品在工業領域應用相當廣泛，包括化學處理、半導體行業、液晶顯示器（LCD）及電漿顯示器（PDP）生產線、油類和氣體過濾、淨水處理、食品行業、飲料業及製藥業等。旭然國際之業務主力為產業用水處理應用市場，專注於濾材之研發、生產與行銷業務，公司亦隨著濾材產業之規模擴大而逐年成長。

旭然國際成立至今已三十餘年，長年來致力於擴大Filtrafine之全球市占率，發揮產品研發、生產製造及良好售後服務等垂直整合優勢，持

續採取擴大全球接單之策略，包括半導體、電子業等主要顧客，逐步提高臺灣、東南亞等地區產能、擴建新廠需求。因高階半導體製程與電子產業加速擴廠，工廠之廢水回收率需達政府規範值以上，因此旭然國際高階過濾設備之訂單滿載，接應不暇。此外，Filtrafine 也試圖進軍家用市場，並以住戶用濾水市場為開疆闢土的首要目標。

三、旭然國際實施 AVM 的背景

在國際上，歐美大廠品牌具有起步較早的優勢，中國大陸企業則有政府的強力扶持，臺灣業者面臨極為激烈的外部競爭。如何透過管理制度的導入，進而找到公司未來的核心策略方向，是旭然國際目前面臨的重要課題。

對於水資源過濾產業而言，找到持續性購買耗材且有利潤的顧客相當重要。在全球過濾產業的激烈競爭中，擁有正確的「策略」方向無疑是關鍵致勝利器。因此，旭然國際檢視整體內部後，發現有「成本管控問題」、「交期過長問題」及「報價正確性問題」等三大問題，希望藉由實施 AVM 來改善公司的體質及員工的行為模式，創造公司的長期競爭優勢，進而提升經營績效。

旭然國際考量臺灣是唯一負責研發、設計、生產及銷售業務的主要據點，且因導入 AVM 需要龐大的人力資源投入配合，而主要核心管理階層又大多長駐臺灣，因此選擇「臺灣總部」為首先導入 AVM 的組織，待培養足夠的種子人員後，再進行其他國家分公司的導入。

四、旭然國際實施 AVM 的步驟及內容

旭然國際利用「整合性策略價值管理系統」，導出公司之使命、願景、價值觀與創新策略，並於2017年7月實施AVM制度，將AVM的實施當為奠定公司中長期發展的基礎工程。有關旭然國際實施AVM之步驟，如圖10-1所示。

由圖10-1中可知，旭然國際實施AVM共有五大步驟、二十一項小步驟，分別說明如下：

（一）步驟1：確認管理議題與價值標的之關係

旭然國際形成之管理議題與價值標的關係之棋盤圖，如圖10-2所示。

由圖10-2可知，旭然國際管理階層共同關注的管理議題為作業、員工、機台、新產品、舊產品、研發專案、新客戶及舊客戶等八項價值標的相關之「成本管理」、「利潤管理」與「品質管理」等三項管理議題，因而AVM導入後，首需產出這些價值標的之管理議題相關資訊。

（二）步驟2：資源模組

資源模組之設計包括六項小步驟，分別為步驟2-1：設計價值標的、步驟2-2：設計作業中心、步驟2-3：從事資源重分類、步驟2-4：設計資源動因、步驟2-5：區分可控制或不可控制資源，及步驟2-6：產生資源模組之管理報表，其具體內容分別說明如下：

步驟1：確認管理議題與價值標的之關係

步驟2：資源模組

步驟2-1：設計價值標的
步驟2-2：設計作業中心
步驟2-3：從事資源重分類
步驟2-4：設計資源動因
步驟2-5：區分可控制或不可控制資源
步驟2-6：產生資源模組之管理報表

步驟3：作業中心模組

步驟3-1：定義各作業中心之作業執行者
步驟3-2：設計作業大項及中項
步驟3-3：設計作業中心動因——明定作業大項及中項之正常產能
步驟3-4：計算作業大項或中項之單位標準成本
步驟3-5：產生作業中心模組之管理報表

步驟4：作業模組

步驟4-1：設計作業細項
步驟4-2：設計作業中心動因——蒐集作業細項之實際產能
步驟4-3：決定「超用產能」或「剩餘產能」及其成本
步驟4-4：設計作業屬性
步驟4-5：產生作業模組之管理報表

步驟5：價值標的模組

步驟5-1：設計作業動因
步驟5-2：設計其他價值標的動因及服務動因
步驟5-3：計算出價值標的之成本
步驟5-4：產生價值標的模組之管理報表

圖10-1　旭然國際實施AVM步驟圖

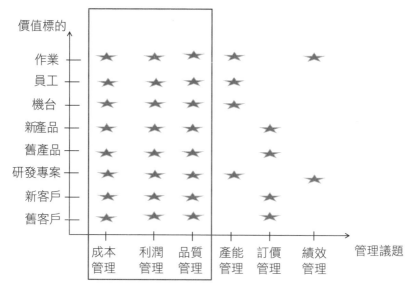

圖10-2 旭然國際管理議題及價值標的關係之棋盤圖
出處：旭然國際提供。

步驟2-1：設計價值標的

如前所述，旭然國際討論整理出的「價值標的」包含：作業、員工、機台、新舊產品、研發專案與新舊客戶等八個項目。

步驟2-2：設計作業中心

旭然國際的組織規模龐大，在臺灣、中國上海、美國、新加坡等地均有營運據點。公司選擇臺灣總部作為首先導入 AVM 的區域範圍，除了考量導入時的成本與管理的方便性，也因為臺灣是唯一負責研發、設計、生產及銷售業務等的重要基地，AVM 設計時得以涵蓋整體價值鏈流程，成功導入後較易將經驗複製到其他地區。

在設計作業中心時，旭然國際將十一個部門，包含製造部的濾殼課、打折課、射出課及熔噴課等七個課，以及設計、研發、品質保證等

部門，共約九十人，設計成為作業中心。而管理作業中心，例如：製造管理部，與支援作業中心，例如：總經理室、財會部與資訊部等共十個部門。

步驟2-3：從事資源重分類

旭然國際經由資源重分類整理出的資源分為兩個階層，表10-1列示資源第一及第二階之詳細內容。

由表10-1可知，旭然國際將薪資支出之各相關項目、勞退金、人員之保險金及職工福利等，皆歸類為「用人費用」；而「營運費用」則包含文具用品、水電、訓練、清潔等費用。若從原本會計科目的項目來看，於資源重分類階段，部分資源將被合併，例如：「用人費用」包含原會計科目中多項與人相關之費用（例如：薪資支出、退休金、伙食費等…），管理者未來使用AVM產出的報表時，此類資源可視為同一分類；又部分資源將被拆分開來，原單一項目「旅費」將因其歸屬對象不同，而被區分為「部門」或「出差子公司」。進行資源重分類時，依照管理會計之觀念，以不同的歸屬對象區分，用意在於使每個資源細項（第二階）可設計出合適的資源動因，以歸屬至不同作業中心之中。

步驟2-4：設計資源動因

旭然國際定義出不同的資源被耗用的原因，即「資源動因」，如表10-2所示。

由表10-2可知，影印機的租金支出會依照各作業中心之「用紙數」來歸屬；而水電費之辦公與製造兩部分，分別依「作業中心之人數」及實際的「用電比例」來歸屬至作業中心之中。

步驟2-5：區分可控制或不可控制資源

旭然國際之「可控制」資源包含「作業中心自用之資源」、「價值

表10-1　資源第一及第二階表：以旭然國際為例

旭然國際 資源第一及第二階表 2019年1月			
資源：第一階	資源：第二階	資源：第一階	資源：第二階
用人費用	薪資支出-一般	折舊攤銷	折舊-機具
	勞健團保		折舊-部門
	退休金		攤銷費用
	伙食費	營運費用	文具用品
	職工福利		水電費-辦公
	薪資支出-加班費		水電費-製造
	薪資支出-年獎		保險費-產品責任
	薪資支出-員工認股		訓練費
	薪資支出-獎金		清潔費
	董監酬勞		稅捐
	保險費-董監責任		月租費
租金支出	租金支出-辦公室		上櫃費
	租金支出-小客車		保全電子服務費
	租金支出-影印機		捐贈
	租金支出-部門		
差旅費用	交通-部門		
	旅費-部門		
	旅費-出差子公司		
……	……	……	……

出處：旭然國際提供。

標的使用之資源」及「內部服務成本」；前兩類型之資源主要透過「直接歸屬」或「資源動因歸屬」方式為之；「內部服務成本」則係依照各期間，公司內部轉撥計價，或以部門間之作業支援情形作為計價基礎。

表10-2 資源動因表：以旭然國際為例

旭然國際 資源動因表 2019年1月		
資源：第一階	資源：第二階	資源動因
租金支出	租金支出-辦公室	直接歸屬作業中心
	租金支出-小客車	直接歸屬作業中心
	租金支出-影印機	用紙數
	租金支出-部門	直接歸屬作業中心
折舊攤銷	折舊-機具	直接歸屬作業中心
	折舊-部門	直接歸屬作業中心
	攤銷費用	直接歸屬作業中心
營運費用	文具用品	直接歸屬作業中心
	水電費-辦公	作業中心之人數
	水電費-製造	用電比例
	保險費-產品責任	直接歸屬作業中心
	訓練費	直接歸屬作業中心
	清潔費	直接歸屬作業中心
	稅捐	直接歸屬作業中心
	月租費	使用電腦人數
	上櫃費	直接歸屬作業中心
	保全電子服務費	直接歸屬作業中心
	捐贈	直接歸屬作業中心
……	……	……

出處：旭然國際提供。

　　另外，旭然國際之「不可控制」資源為：製造課之管理部門，及財會與資訊部等支援部門分攤而來之資源。

表10-3　五大資源表：以旭然國際品保部及製造-熔噴課為例

旭然國際 五大資源表 2019年1月　　　　　　　　　　　　單位：元				
作業中心耗用之資源	品保部		製造-熔噴課	
	金額	比例	金額	比例
1.作業中心自用之資源				
人事支出	364,XXX	XXX%	356,XXX	XXX%
⋯⋯				
作業中心自用之資源小計	459,XXX	XXX%	598,XXX	XXX%
2.價值標的使用之資源				
F003產品	-	-	6,XXX	XXX%
A001專案生產	92X	XXX%	12,XXX	XXX%
⋯⋯				
價值標的使用之資源小計	6,XXX	XXX%	564,XXX	XXX%
3.內部服務之成本				
製造-射出課人力支援	-	-	11,XXX	XXX%
⋯⋯				
內部服務之成本小計	-	XXX%	11,XXX	XXX%
可控制之資源小計	465,XXX	XXX%	1,173,XXX	XXX%
4.管理作業中心分攤之資源				
製造部	-	-	11,XXX	XXX%
⋯⋯				
管理作業中心分攤之資源小計	-	-	11,XXX	XXX%
5.支援作業中心（SSU）分攤之資源				
財會部（依部門人數）	5,XXX	XXX%	13,XXX	XXX%
資訊部（依部門人數）	8,XXX	XXX%	21,XXX	XXX%
⋯⋯				
支援作業中心（SSU）分攤之資源小計	24,XXX	XXX%	60,XXX	XXX%
不可控制之資源小計	24,XXX	XXX%	71,XXX	XXX%
作業中心耗用之資源合計	490,XXX	XXX%	1,244,XXX	XXX%

出處：旭然國際提供，表中之數字皆為虛擬之資料。

步驟2-6：產生資源模組之管理報表

　　資源模組設計完成後，有了價值標的、作業中心、各項資源及資源動因資訊，AVM即可產出各作業中心之「五大資源表」，如表10-3所示。

　　由表10-3可知，以品保部及製造-熔噴課為例，AVM可以計算出各作業中心所耗用之「可控制」及「不可控制」五類型資源的金額及占比。藉此，各部門主管得以更精確地掌握其自身所能管控之資源耗用情形，以提升資源使用效率。

（三）步驟3：作業中心模組

　　作業中心模組之設計包括五項小步驟，分別為步驟3-1：定義各作業中心之作業執行者、步驟3-2：設計作業大項及中項、步驟3-3：設計作業中心動因──明定作業大項及中項之正常產能、步驟3-4：計算作業大項或中項之單位標準成本，及步驟3-5：產生作業中心模組之管理報表，其具體內容分別說明如下：

步驟3-1：定義各作業中心之作業執行者

　　進入作業中心模組，首先要定義各作業中心之作業由誰執行。製造占旭然國際營運活動相當大的部分，由十台機台設備執行作業，分布於打折課、射出課、熔噴課、模具課與精加工課等五個作業中心。而十一個作業中心亦有人工執行作業，如圖10-3所示。

步驟3-2：設計作業大項及中項

　　旭然國際設計作業大項及中項時，因各部門作業性質較為單純且獨立，因而決定只設計作業中心之作業大項內容。

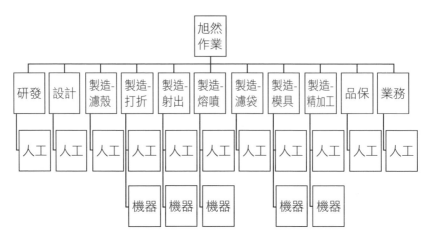

圖10-3　旭然國際之作業執行者圖

出處：摘錄自吳玲美（民107）之碩士論文「平衡計分卡及作業價值管理之設計及實施——以A個案公司為例」，第39頁圖4-9。

步驟3-3：設計作業中心動因——明定作業大項及中項之正常產能

設計各項作業大項後，即為設計其正常產能時間。以人工為例，其正常產能便是公司人員每月的正常工作時數。例如：甲員工2019年1月每天上班8小時，上班22天，則1月的總正常產能為176小時。

步驟3-4：計算作業大項或中項之單位標準成本

如前例的甲員工，若其2019年1月之月薪為50,000元，則其作業大項每小時的標準成本為284元，又每分鐘的標準成本為4.73元。

步驟3-5：產生作業中心模組之管理報表

旭然國際在作業中心模組產出各作業大項之正常產能時間與成本資訊報表，如表10-4所示。

由表10-4可知，旭然國際以分鐘為單位，計算各作業大項之正常產能時間及正常產能費率。

表10-4 作業大項正常產能及產能費率表：以旭然國際為例

旭然國際 作業大項正常產能及產能費率表 2019年1月		
作業大項	正常產能時間（分鐘）	正常產能費率（元/分鐘）
業務	105,XXX	16.XX
設計	68,XXX	14.XX
研發	40,XXX	33.XX
品保	56,XXX	6.XX
製造-濾殼	157,XXX	8.XX
製造-打折	163,XXX	7.XX
製造-射出	138,XXX	4.XX
製造-熔噴	190,XXX	4.XX
製造-濾袋	40,XXX	11.XX
製造-精加工	95,XXX	6.XX
製造-模具	50,XXX	5.XX

出處：旭然國際提供，表中之數字皆為虛擬之資料。

（四）步驟4：作業模組

作業模組之設計包括五項小步驟，分別為步驟4-1：設計作業細項、步驟4-2：設計作業中心動因——蒐集作業細項之實際產能、步驟4-3：決定「超用產能」或「剩餘產能」及其成本、步驟4-4：設計作業屬性，及步驟4-5：產生作業模組之管理報表，其具體內容分別說明如下：

步驟4-1：設計作業細項

延續作業中心模組的作業大項之後，旭然國際設計作業細項之內

表10-5　作業細項數統計表：以旭然國際「作業大項」為例

旭然國際 作業細項數統計表 2019年1月		
作業大項	作業細項數	百分比
研發	2X	XXX%
設計	3X	XXX%
製造-濾殼	3X	XXX%
製造-熔噴	2X	XXX%
製造-濾袋	1X	XXX%
製造-打折	4X	XXX%
製造-射出	2X	XXX%
製造-模具	3X	XXX%
製造-精加工	4X	XXX%
品保	5X	XXX%
業務	2X	XXX%
總計	3XX	100.00%

出處：旭然國際提供，表中之數字皆為虛擬之資料。

容。表10-5為以作業大項為核心的作業細項數之統計表內容。

表10-6為製造-精加工作業大項之作業細項的具體內容。

由表10-5及表10-6可知，旭然國際以品保、打折與精加工部門的作業內容較為複雜多樣。以精加工為例，其人工的作業細項包含：鋸床及剪床等；亦包含日常維運作業，例如：會議、教育訓練、行政與文書工作等。

而機器的作業細項亦有鋸床及剪床等，值得注意的是，機器與人工不同，諸如委請外部進行機器維修與機器閒置等，此類項目雖非「機器作業」的項目，但亦會占據機器的產能時間，使實際與正常產能間產生

表10-6 作業細項：以旭然國際「製造-精加工」為例

旭然國際 作業細項：製造-精加工 2019年1月		
作業執行者	作業大項	作業細項
人工	製造-精加工	鋸床
		剪床
		……
		……
		……
		……
		……
		……
		……
		教育訓練（舉辦）
		教育訓練（參與）
		行政與文書工作
		機器保養／維修（內部）
機器	製造-精加工	鋸床
		剪床
		……
		……
		……
		……
	……	……

出處：旭然國際提供。

差異，為了管理需求特別將其納入設計。

步驟4-2：設計作業中心動因——蒐集作業細項之實際產能

旭然國際設計完所有作業細項內容後，便要開始蒐集各部門的人員與機台之每日工作時間資訊，彙總成每月各細項作業的實際工時。

步驟4-3：決定「超用產能」或「剩餘產能」及其成本

利用每月蒐集的作業細項實際產能工時資訊，與「作業中心模組」訂定之正常水準進行比較，可得出旭然國際各項作業大項的「超用產能」或「剩餘產能」情況，其詳細內容請見步驟4-5作業模組產出之報表。

步驟4-4：設計作業屬性

作業模組的最後階段，係針對各作業細項設計作業屬性標籤。經過管理階層討論，旭然國際實施AVM的部門，其作業較少與「顧客服務屬性」直接相關，故只就「品質」、「產能」及「附加價值」三類屬性進行設計。

表10-7為製造-精加工之作業屬性釋例內容。

由表10-7可知，接續前例，「製造-精加工」的作業細項所設計的屬性內容。與一般生產相關之作業，無論人工或機器的作業，如鋸床及剪床等，都是「直接生產力」且「有附加價值」，但與品質屬性無關。而人工所執行的教育訓練作業等，在品質方面，可以加強預防生產過程中品質問題的發生，屬「預防成本」，但這些作業對於購買產品的顧客而言，不會增進顧客價值的直接提升，故屬「間接生產力」且「無附加價值」的作業。

步驟4-5：產生作業模組之管理報表

旭然國際作業模組主要產生之報表，如表10-8所示。

由表10-8可知，利用作業模組計算出各作業大項的實際產能及成

表 10-7　作業屬性表：以旭然國際之製造 - 精加工為例

作業執行者	作業大項	作業細項	品質	產能	附加價值
旭然國際 作業屬性表：製造 - 精加工 2019 年 1 月					
人工	製造 - 精加工	鋸床	N/A	直接生產力	有附加價值
		剪床	N/A	直接生產力	有附加價值
		……	……	……	……
		……	……	……	……
		……	……	……	……
		……	……	……	……
		……	……	……	……
		……	……	……	……
		……	……	……	……
		教育訓練（舉辦）	預防	間接生產力	無附加價值
		教育訓練（參與）	預防	間接生產力	無附加價值
		行政與文書工作	N/A	間接生產力	無附加價值
		機器保養／維修（內部）	預防	間接生產力	無附加價值
機器	製造 - 精加工	鋸床	N/A	直接生產力	有附加價值
		剪床	N/A	直接生產力	有附加價值
		……	……	……	……
		……	……	……	……
		……	……	……	……
		……	……	……	……

出處：旭然國際提供。

本，且可得出剩餘或超用的產能時間及其成本。

　　利用作業模組所產生的產能分析資訊，旭然國際管理者可以進行產

表10-8　作業大項實際成本及超用或剩餘產能成本表：以旭然國際為例

		旭然國際 作業大項實際成本及超用或剩餘產能成本表 2019年1月		
作業大項	實際產能時間 （分鐘）	實際成本 （元）	剩餘（超用） 產能時間（分鐘）	剩餘（超用） 產能成本（元）
業務	85,XXX	2,171,XXX	（19,XXX）	（400,XXX）
設計	67,XXX	1,010,XXX	（1,XXX）	（17,XXX）
研發	42,XXX	1,286,XXX	2,XXX	77,XXX
品保	55,XXX	352,XXX	（1,XXX）	（9,XXX）
製造 - 濾殼	127,XXX	1,566,XXX	（30,XXX）	（303,XXX）
製造 - 打折	153,XXX	1,323,XXX	（9,XXX）	（21,XXX）
製造 - 射出	89,XXX	706,XXX	（49,XXX）	（25,XXX）
製造 - 熔噴	162,XXX	1,068,XXX	（28,XXX）	（198,XXX）
製造 - 濾袋	39,XXX	478,XXX	（1,XXX）	（15,XXX）
製造 - 精加工	70.XXX	576,XXX	25,XXX	10,XXX
製造 - 模具	33,XXX	293,XXX	（16,XXX）	（13.XXX）

出處：旭然國際提供，表中之數字皆為虛擬之資料。

能及作業流程改善管理，且深入地了解各部門產生剩餘產能的原因，是因為處於產業淡季，訂單量不如預期，抑或各部門效率有顯著提升。另一方面，部門主管可以探討作業細項中，哪些細項的成本過高及可能原因，作為改進之參考依據。

（五）步驟5：價值標的模組

價值標的模組之設計包括四項小步驟，分別為步驟5-1：設計作業動因、步驟5-2：設計其他價值標的動因及服務動因、步驟5-3：計算出

價值標的之成本，及步驟5-4：產生價值標的模組之管理報表，分別說明如下：

步驟5-1：設計作業動因

價值標的模組之主要工作是設計作業動因，旭然國際為每項作業細項設計了其作業動因。旭然國際之作業動因大部分為時間型動因占了58%，數量型動因則占了31%。

步驟5-2：設計其他價值標的動因及服務動因

旭然國際設計價值標的時，除產品與顧客外，亦將「專案」納入價值標的項目，故需設計「專案動因」。其專案包含「產品專案」及「顧客專案」兩類，而「專案動因」便是將專案成本歸屬至「產品」或「顧客」之中。一般而言，一項專案所開發出的「客製化」產品或新產品，並非只為單次的銷售之用，因此，於AVM中便要利用例如：「產品銷售量／金額」或「對顧客的銷售量/金額」等動因作為「專案動因」，將專案成本遞延至可預見的未來。

而「服務動因」則是將累積的顧客服務成本，包含開發、售後服務及維繫顧客等不屬於特定單一交易之成本項目，歸屬到顧客的逐次交易之中，以計算出更精確的顧客之服務成本。旭然國際通常以「顧客」於當月的「訂單數量」、「銷售量」或「金額」等作為「服務動因」。

步驟5-3：計算出價值標的之成本

旭然國際價值標的成本主要為「產品成本」與「顧客成本」兩部分。透過價值標的模組中，作業動因、專案動因與服務動因的設計，資源便可匯流到最終的「價值標的」，進而計算出每項價值標的精確之成本。

表10-9　產品淨利金額表：以旭然國際之產品「E001」為例

旭然國際
產品「E001」之淨利金額表
2017年至2018年

單位：百元

產品	年	月	銷貨收入	產品製造成本	銷貨毛利	毛利率	產品管理成本	客戶服務成本	淨利
E001	2017	9	1,XXX	1,XXX	8	XXX%	2,XXX	1,XXX	-4,XXX
		10	3,XXX	6,XXX	-3,XXX	-XXX%	1,XXX	68X	-5,XXX
		11	15,XXX	22,XXX	-7,XXX	-XXX%	8,XXX	5,XXX	-21,XXX
		12	4,XXX	7,XXX	-2,XXX	-XXX%	4,XXX	84X	-7,XXX
	2018	1	6,XXX	4,XXX	2,XXX	XXX%	2,XXX	-	-24X
		3	10,XXX	6,XXX	3,XXX	XXX%	3,XXX	4,XXX	-4,XXX
		4	1,XXX	2,XXX	-1,XXX	-XXX%	73X	64X	-2,XXX
		5	6,XXX	9,XXX	-2,XXX	-XXX%	3,XXX	25,XXX	-31,XXX
		7	182,XXX	181,XXX	36X	XXX%	1,XXX	2X	-1,XXX
總計			232,XXX	242,XXX	-10,XXX	-XXX%	28,XXX	39,XXX	-78,XXX

出處：摘錄自吳珍美（民107）之碩士論文「平衡計分卡及作業價值管理之設計及實施—以A個案公司為例」，第47頁表4-19。

表 10-10　產品單位淨利表：以旭然國際之產品「E001」為例

旭然國際
產品「E001」之單位淨利表
2017 年至 2018 年

單位：百元

產品	年	月	單位銷貨收入	單位產品製造成本	單位銷貨毛利	單位產品管理成本	單位客戶服務成本	單位淨利
E001	2017	9	38X	38X	3	96X	50X	-1,XXX
		10	27X	52X	-24X	10X	5X	-40X
		11	36X	53X	-17X	20X	12X	-50X
		12	32X	47X	-15X	28X	5X	-49X
	2018	1	64X	42X	22X	24X	-	-2X
		3	67X	43X	23X	21X	29X	-27X
		4	29X	47X	-17X	12X	10X	-41X
		5	33X	48X	-14X	16X	1,XXX	-1,XXX
		7	45X	45X	1	4	0	-3
總計			44X	46X	-2X	5X	7X	-14X

出處：摘錄自吳玲美（民 107）之碩士論文「平衡計分卡及作業價值管理之設計及實施—以 A 個案公司為例」，第 47 頁表 4-20。

步驟5-4：產生價值標的模組之管理報表

有關旭然國際「價值標的」的相關管理報表如表10-9至表10-15所示。

表10-9為產品「E001」之2017年及2018年的淨利金額情況。

表10-10為產品單位淨利表，內容為「E001」2017年至2018年之單位淨利之情況。

由表10-9及表10-10可以發現，「E001」產品的表現不甚優異，多數月分的銷貨毛利便為負值，顯示此產品的售價與製造成本不成比例。

AVM納入各期間「E001」產品之管理與顧客服務成本的資訊後，發現本產品之每單位淨利皆為負值，表示該產品自2017年9月開始，即造成公司的損失。因此，管理階層利用AVM所提供的「顧客資訊」對此產品進一步分析，如表10-11及表10-12所示。

表10-11為國內市場「E001」產品之單位淨利情況。

表10-12為國外市場「E001」產品之單位淨利情況。

由表10-11及表10-12可知，旭然國際產品「E001」於國內及國外市場的淨利表現相去甚遠，整年的淨利率落在26%～849%之間；以2018年5月為例，國內與國外市場之差異超過800%。

表10-12的資訊顯示：「E001」產品在國際市場的銷售上發生了相當大的問題，部分原因係因國內市場由旭然國際直接銷售給終端顧客，且將「E001」定位在高階產品，故價格較國外市場高。而國外市場銷售金額除受到匯率變動影響外，產品「E001」因為銷售給代理商，所以單價相對較低。從產品管理成本與顧客服務成本可知，國外市場明顯較國內市場高出許多，顯示旭然國際除需調整「E001」產品的國外市場訂價策略外，也要加強行銷管理，以提升「E001」產品之利潤。旭

表10-11 國內市場之產品單位淨利表：以旭然國際之產品「E001」為例

旭然國際
產品「E001」國內市場之單位淨利表
2017年至2018年

單位：百元

年	月	國內／國外 顧客	銷貨 收入	產品製 造成本	銷貨 毛利	產品管 理成本	客戶服 務成本	總銷售 成本	淨利	淨利率
2017	9	國內	85X	76X	9X	1,XXX	0	2,XXX	-1,XXX	-XXX%
	10		0	52X	-52X	10X	21X	-84X	-84X	-
	11		1,XXX	1,XXX	36X	39X	0	1,XXX	-2X	-XXX%
	12		1,XXX	1,XXX	-13X	86X	0	2,XXX	-1,XXX	-XXX%
2018	1	國內	6,XXX	4,XXX	2,XXX	2,XXX	0	6,XXX	-242	-XXX%
	3		8,XXX	3,XXX	4,XXX	1,XXX	25X	6,XXX	2,XXX	XXX%
	5		1,XXX	97X	43X	32X	0	1,XXX	11X	XXX%
總計			19,XXX	12,XXX	6,XXX	8,XXX	46X	21,XXX	-1,XXX	-XXX%
平均單價			70X	45X	24X	28X	1X	76X		

出處：摘錄自吳玲美（民107）之碩士論文「平衡計分卡及作業價值管理之設計及實施—以A個案公司為例」，第48頁表4-21。

表10-12 國外市場之產品單位淨利表：以旭然國際之產品「E001」為例

旭然國際
產品「E001」國外市場之單位淨利表
2017年至2018年

單位：百元

年	月	國內/國外顧客	銷貨收入	產品成本庫	銷貨毛利	產品管理成本	客戶服務成本	總銷售成本	淨利	淨利率
2017	9	國外	30X	38X	-8X	96X	1,XXX	2,XXX	-2,XXX	-XXX%
	10		3,XXX	6,XXX	-2,XXX	1,XXX	47X	8,XXX	-4,XXX	-XXX%
	11		5,XXX	9,XXX	-3,XXX	3,XXX	4,XXX	17,XXX	-12,XXX	-XXX%
	11		8,XXX	12,XXX	-3,XXX	4,XXX	55X	17,XXX	-9,XXX	-XXX%
	12		1,XXX	2,XXX	-1,XXX	1,XXX	84X	5,XXX	-3,XXX	-XXX%
	12		1,XXX	2,XXX	-1,XXX	1,XXX	-	4,XXX	-2,XXX	-XXX%
2018	3	國外	1,XXX	2,XXX	-85X	1,XXX	4,XXX	8,XXX	-6,XXX	-XXX%
	4		1,XXX	2,XXX	-1,XXX	73X	64X	4,XXX	-2,XXX	-XXX%
	5		3,XXX	5,XXX	-2,XXX	1,XXX	25,XXX	33,XXX	-29,XXX	-XXX%
	5		1,XXX	2,XXX	-1,XXX	96X	-	3,XXX	-2,XXX	-XXX%
	7		182,XXX	181,XXX	36X	1,XXX	2X	183,XXX	-1,XXX	-XXX%
總計			212,XXX	230,XXX	-17,XXX	20,XXX	38,XXX	289,XXX	-76,XXX	
		平均單價	42X	46X	-3X	4X	7X	58X		

出處：摘錄自吳玲美（民107）之碩士論文「平衡計分卡及作業價值管理之設計及實施—以A個案公司為例」，第48頁表4-22。

然國際之管理階層進一步對個別顧客在「E001」產品之獲利情形進行深入地了解，如表10-13所示。

由表10-13可以發現：旭然國際自2017年9月開始雖經常銷售給「J顧客」，卻越賣越賠，損失金額甚鉅，因此針對J顧客進行個別分析，如表10-14所示。

由表10-14可知，「J顧客」之部分客戶服務成本高於銷售金額，甚至高達5倍至7倍之多，管理者進而分析服務J顧客之「0160」業務人員情況，如表10-15。

由表10-15可知，業務人員「0160」投入在產品「E001」之銷售及服務上，於2017年9月至2018年5月所發生成本，總共有95.13%皆使用在J顧客上。經主管與業務人員討論後得知，J顧客與旭然國際往來已長達三十年，對於產品品質要求較高，因此必須經常與J顧客進行洽商，進而衍生出可觀的「服務成本」。經過旭然國際檢討後，認為未來銷售給J顧客的產品中，應該將額外的「服務成本」納入訂價考量之中，以減少J顧客之虧損。

由於AVM從資源、作業中心、作業到價值標的模組，串聯所有「原因」與「結果」的資訊，使管理階層運用AVM之報表時，得以層層追本溯源，找出產品或客戶實際發生損失的核心關鍵原因，進而做出最有效的管理改善措施。

五、旭然國際實施 AVM 的影響及效益

旭然國際從2017年7月導入AVM至今，利用AVM提供的各方面資訊，不僅解決了長期以來的管理問題，且產生顯著的「經營績效」，說

表10-13　個別顧客淨利表：以旭然國際之產品「E001」為例

旭然國際
產品「E001」之個別顧客淨利表
2017年至2018年

單位：百元

顧客	2017				2018					總計
	9月	10月	11月	12月	1月	3月	4月	5月	7月	
C						2,XXX				2,XXX
D			-2X					11X		8X
E			-9,XXX							-9,XXX
F		-4,XXX								-4,XXX
G					52X					52X
H	-1,XXX	-84X		-1,XXX		-66X				-4,XXX
I									-1,XXX	-1,XXX
J	-2,XXX		-12,XXX	-3,XXX		-6,XXX	-2,XXX	-29,XXX		-57,XXX
K					-76X					-76X
L				-2,XXX				-2,XXX		-4,XXX
總計	-4,XXX	-5,XXX	-21,XXX	-7,XXX	-24X	-4,XXX	-2,XXX	-31,XXX	-1,XXX	-78,XXX

出處：摘錄自吳玲美（民107）之碩士論文「平衡計分卡及作業價值管理之設計及實施─以A個案公司為例」，第49頁表4-23。

表10-14　J顧客淨利表：旭然國際之產品「E001」為例

旭然國際
產品「E001」之J客戶淨利表
2017年至2018年

單位：百元

年	月	銷貨收入	產品製造成本	銷貨毛利	產品管理成本	客戶服務成本	專案成本	總銷售成本	淨利
2017	9	30X	38X	-8X	96X	1,XXX	-	2,XXX	-2,XXX
	11	5,XXX	9,XXX	-3,XXX	3,XXX	4,XXX	-	17,XXX	-12,XXX
	12	1,XXX	2,XXX	-1,XXX	1,XXX	84X		5,XXX	-3,XXX
2018	3	1,XXX	2,XXX	-8X	1,XXX	4,XXX		8,XXX	-6,XXX
	4	1,XXX	2,XXX	-1,XXX	73X	64X		4,XXX	-2,XXX
	5	3,XXX	5,XXX	-2,XXX	1,XXX	25,XXX		33,XXX	-29,XXX
總計		14,XXX	23,XXX	-9,XXX	10,XXX	37,XXX	-	71,XXX	-57,XXX

出處：摘錄自吳玲美（民107）之碩士論文「平衡計分卡及作業價值管理之設計及實施—以A個案公司為例」，第48頁表4-22。

表10-15　0160業務人員淨利表：以旭然國際之產品「E001」為例

旭然國際 產品「E001」之0160業務人員淨利表 2017年至2018年									單位：百元
顧客	業務員	2017				2018			總計	百分比
		9月	10月	11月	12月	3月	4月	5月		
E	0160			3,XXX					3,XXX	XXX%
F	0160		5,XXX						5,XXX	XXX%
J	0160	13,XXX		58,XXX	16,XXX	24,XXX	11,XXX	51,XXX	176,XXX	XXX%
總計		13,XXX	5,XXX	61,XXX	16,XXX	24,XXX	11,XXX	51,XXX	185,XXX	

出處：摘錄自吳玲美（民107）之碩士論文「平衡計分卡及作業價值管理之設計及實施—以A個案公司為例」，第51頁表4-26。

明如下：

（一）解決管理問題

1. 解決成本管控問題

　　實施AVM後，旭然國際透過全面性的員工訓練與職能提升，除了改善成本管控外，亦採取了進一步的改善方案。由業務、研發、設計、生產及品保等部門各自提出改善方案，讓成本歸屬更確實。例如：研發部門藉由客戶損益、產品損益與客訴處理等資訊，對客戶管理成本與業務作業進行分析，了解每一個作業的成本與效益，更妥善地分配各種資源，確實解決長期以來的「成本管控」問題。

2. 解決交期過長問題

實施 AVM 後，旭然國際透過員工訓練，提高申報生產工時之正確性，不僅能更準確預估生產工時外，還能從非標準化之商品零件中，尋找大量化之標準品，透過設計部門對業務部門指導有關產品之功能及適用性，再由業務人員引導客戶選擇使用產品，以降低公司的備料成本及時效性，藉此改善交期過長之問題。

3. 解決報價不正確問題

運用 AVM 的分析資訊，旭然國際管理階層可以準確地判斷每一位顧客之每一項產品報價的合理性，實有助於公司解決個別顧客及產品之訂價問題，改善 AVM 導入前報價不正確而造成公司損失的情況。

（二）提升經營績效

旭然國際因為 AVM 而提升了整體經營績效，如下所述：

1. 提升利潤績效

旭然國際自 2017 年 7 月正式導入 AVM 後，運用 AVM 產出之管理報表了解商品、顧客及員工的成本及利潤情況，作為銷售策略改進的依據，進而使旭然國際整體營運淨利率從「13%」提升到「26%」，利潤率績效顯著成長兩倍；旭然國際更運用 AVM 業務人員之淨利績效資訊，有效且準確地找出優良員工，作為獎勵之參考依據，造成組織的良性循環。

2. 提升營收績效

依據 AVM 數據呈現的結果，旭然國際發現其有效的產能仍有剩餘，代表生產線可消化之訂單比預期還多，表示旭然國際有能力提供更多的產出，又善用 AVM 資訊了解各部門人員的超用和剩餘產能情況，作為人力調整之依據。同時，AVM 簡化了員工的工作流程，使工作更有效率。旭然國際實施 AVM 後，促使產能充分運用、員工工作效率提升及營業額不斷成長，2018 年旭然國際營收突破新高，達「4.95 億元」，年成長率達「21.38%」。

第**11**章 貿易業實施 AVM 案例：勇昌貿易——行的層面

一、美容保養貿易產業簡介

　　臺灣以貿易為導向，為數眾多的中小企業扮演著重要且多變的角色，大多採取薄利多銷的經營策略，價格及付款條件極富彈性，而且售後服務完善，顧客關係管理能力出色，交貨又迅速，享譽國際，締造了臺灣的經濟奇蹟。

　　時代遷移，往昔臺灣的貿易商強調低成本，以標準化、有形產品為主，且多為專職進出口的小型公司。現今的貿易業者則提供技術諮詢、倉儲、分裝、包裝到配銷的全方位服務，採取規模化的供應鏈合作模式，逐漸轉型為專業經銷公司，透過知識化、數位化及強調科技技術的運用，跟上世界貿易的趨勢變化。

　　自從 1960 年代臺灣經濟起飛，隨著經濟收入及購買力提升，女性的消費意識逐漸抬頭，對於化妝品及保養品的需求與日俱增，「美容保

養產業」崛起，成為新興產業之一。當時，歐美國家在配方設計及調製技術具有優勢地位，是許多大品牌的起源地，部分業者前往海外尋找優質產品，而後代理進口至臺灣，為國內消費者提供國際化的多元選擇。近年來，環保意識提升，各產業開始提倡綠色消費，美容保養產業也順勢推出有機保養、綠色美妝等相關產品及品牌，本個案公司之董事長相當認同綠色生活的理念，因而加入了「友善環境」的行列。

二、個案公司簡介

　　勇昌貿易有限公司（以下簡稱勇昌貿易）於1980年由現任楊董事長所創辦，1987年進口美國熱銷商品至臺灣之量販店萬客隆，2000年開始經營網路購物，並在2010年提高代理歐洲品牌的比重，於2012年進軍電視購物，2015年發展多元通路。如今，勇昌貿易的通路涵蓋電視、電話行銷、網路、社群軟體及廣播等，其中網路為最主要的通路。勇昌貿易分別和PChome、東森得易購網路部、雅虎、博客來及聯合報電子商務（udn買東西）等網路平台合作，銷售勇昌貿易代理的進口商品；其次為電視通路，勇昌貿易與東森特易購及森森百貨合作。

　　楊董事長長年從事貿易，在歐洲體驗到愛惜大地資源的態度，認同他們結合家傳祕方，並以高科技研製居家保養產品的理念，經過多年尋訪及與廠商溝通後，以「提供綠色保養生活，共創健康永續世界」為使命，實踐「以人為本，堅持永續信念，探索更美好的未來」的價值觀，成為「歐洲綠色保養品通路品牌首選」打造出「1838歐系保養平台」。勇昌貿易費心挑選以「天然草本」為原料，且對自然環境友善的品牌，其商品包括有機眼霜、精華液、日/夜霜、蝸牛霜、護手霜、足霜及口

腔呵護產品等，提供百分之百國外原裝進口的全系列綠色保養品，希望成為臺灣消費者的最佳選擇。

三、勇昌貿易實施 AVM 的背景

1987年解嚴以後，勇昌貿易是第一批將美國商品進口到臺灣量販店的貿易業先驅，當時是臺灣名列前二十名之貿易商，在激烈的競爭環境下，如今勇昌貿易是這二十家貿易商中僅存的二家之一。然而，二代接班時面臨許多困難。首先，楊董事長數十年累積的業務開發經驗，苦於無法傳承給接班人，二代接班人對如何經營公司感到苦惱。其次，勇昌貿易能在瞬息萬變的商場上存活至今，公司規模早已不是草創初期可比擬，公司之商品屬性、項目、數目及通路更是截然不同，管理模式自然也需要隨著大環境而適時適性地改變。對勇昌貿易而言，大量的數據是進行管理決策時不可或缺的輔助要件，然而，傳統的財務會計無法滿足其需求，看不到隱藏的成本問題。例如，常有「商品大賣，利潤卻不高」的情況發生，在 ERP 系統中，根本找不到這些問題的答案。楊董事長接觸 AVM 後，發現 AVM 能夠解決勇昌貿易當前所面臨的種種問題，因此在勇昌貿易引進 AVM 觀念一年多後，於2018年1月正式導入 AVM 系統，6月產出第一次 AVM 報表後，便開始透過 AVM 來解決公司管理及接班問題。

四、勇昌貿易實施 AVM 的步驟及內容

有關勇昌貿易實施 AVM 的步驟及內容，如圖11-1所示。

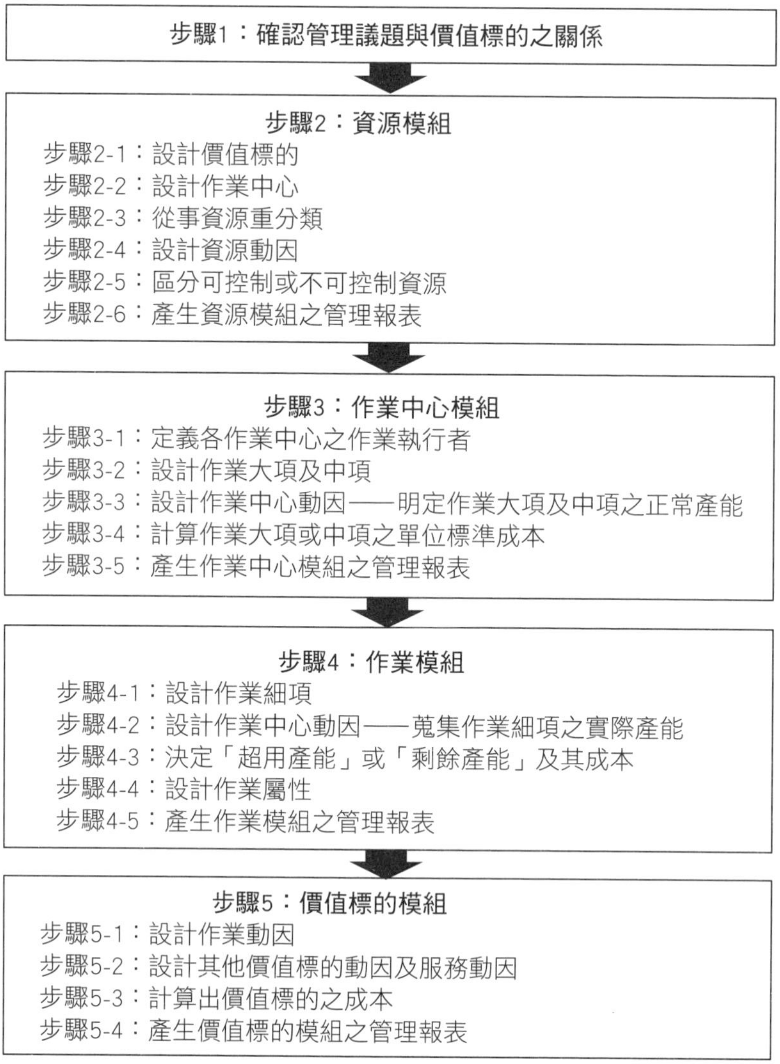

步驟1：確認管理議題與價值標的之關係

步驟2：資源模組
步驟2-1：設計價值標的
步驟2-2：設計作業中心
步驟2-3：從事資源重分類
步驟2-4：設計資源動因
步驟2-5：區分可控制或不可控制資源
步驟2-6：產生資源模組之管理報表

步驟3：作業中心模組
步驟3-1：定義各作業中心之作業執行者
步驟3-2：設計作業大項及中項
步驟3-3：設計作業中心動因——明定作業大項及中項之正常產能
步驟3-4：計算作業大項或中項之單位標準成本
步驟3-5：產生作業中心模組之管理報表

步驟4：作業模組
步驟4-1：設計作業細項
步驟4-2：設計作業中心動因——蒐集作業細項之實際產能
步驟4-3：決定「超用產能」或「剩餘產能」及其成本
步驟4-4：設計作業屬性
步驟4-5：產生作業模組之管理報表

步驟5：價值標的模組
步驟5-1：設計作業動因
步驟5-2：設計其他價值標的動因及服務動因
步驟5-3：計算出價值標的之成本
步驟5-4：產生價值標的模組之管理報表

圖 11-1　勇昌貿易實施 AVM 步驟圖

由圖11-1中可知，勇昌貿易實施AVM共有五大步驟及二十一項小步驟，分別說明如下：

（一）步驟1：確認管理議題與價值標的之關係

勇昌貿易高階管理階層經過討論，得出各項價值標的與管理議題間的關聯性，並繪製成棋盤圖，作為AVM導入公司時的整體設計方向指引，如圖11-2所示。

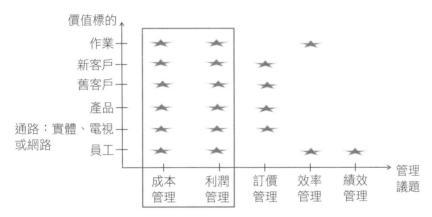

圖11-2　勇昌貿易管理議題與價值標的關係之棋盤圖
出處：勇昌貿易提供。

由圖11-2可知，勇昌貿易非常重視「成本管理」及「利潤管理」等兩項管理議題，又主要之價值標的為：作業、新客戶、舊客戶、產品、通路及員工等六項，當管理議題與價值標的結合後，即可進入勇昌貿易AVM之設計步驟。

（二）步驟2：資源模組

資源模組之設計包括六項小步驟，分別為步驟2-1：設計價值標的、步驟2-2：設計作業中心、步驟2-3：從事資源重分類、步驟2-4：設計資源動因、步驟2-5：區分可控制或不可控制資源，及步驟2-6：產生資源模組之管理報表，其具體內容分別說明如下：

步驟2-1：設計價值標的

勇昌貿易為貿易商，提供產品至實體平台與虛擬平台。公司沒有製造生產，主要作業是從事產品之包裝出貨、行銷及售後服務，故其價值標的主要為產品與顧客兩大類型，於AVM模組中，勇昌貿易共設計了三百九十八項產品及二百二十九項顧客之「價值標的」。

步驟2-2：設計作業中心

勇昌貿易係以公司的組織架構來設計其「作業中心」，如圖11-3所示。

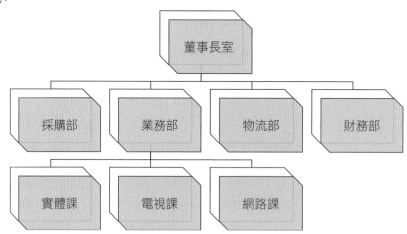

圖11-3　勇昌貿易公司組織架構圖

出處：勇昌貿易提供。

由圖11-3可知，勇昌貿易的公司組織分為三個階層，董事長室下有採購、業務、物流及財務四個部門，業務部下又分實體、電視及網路三個以通路區分的業務課。勇昌貿易在設計AVM之作業中心時，依管理需求，僅作兩階層之設計，將董事長室及採購、物流、財務四個部門作為「支援作業中心」；僅業務部一個「管理作業中心」，管理實體、電視及網路三課。此三課為公司之策略性事業單位（SBU），擔綱產品與顧客服務及創造營收之角色。

步驟2-3：從事資源重分類

勇昌貿易將資源分為兩階層，共有二十四個大項及一百三十六個細項，如表11-1所示。

由表11-1可知，勇昌貿易將財會科目整併，分為用人、租金、交通、通路及貨運等資源大項。從資源細項則可看出，其資源重分類的設計係以歸屬對象（價值標的或作業中心）及歸屬方式（直接歸屬或資源動因歸屬）加以區分，如「旅費」、「交通費」、「交際費」等，皆區分出「部門」與「客戶」項目；而各項「包材費用」類型，則區分為「共用」、「產品」或「客戶」等。透過上述資源重分類後，得以與下一步驟之資源動因設計結合，將不同性質之資源歸屬至「作業中心」或「價值標的」之中。

步驟2-4：設計資源動因

完成資源重分類後，接著為資源動因之設計，勇昌貿易的資源動因內容，如表11-2所示。

步驟2-5：區分可控制或不可控制資源

完成資源重分類及資源動因設計後，即能夠將資源加以區分為可控制資源及不可控制資源。勇昌貿易可控制資源包括：「作業中心自用之

表11-1 資源表：以勇昌貿易為例

勇昌貿易 資源表 2019年1月			
資源第一階	資源第二階	資源第一階	資源第二階
用人費用	薪資支出-部門	包材費用	包材費用-標籤-共用
	勞保費-部門		包材費用-禮盒袋-共用
	健保費-部門		包材費用-瓶罐-共用
	職工福利-共用		包材費用-標籤-產品
租金費用	租金支出-共用		包材費用-禮盒袋-產品
	租金支出-產品		包材費用-瓶罐-產品
	軟體租賃-部門		包材費用-標籤-客戶
交通旅費	旅費-客戶	廣告費用	廣告費-數位-客戶
	旅費-部門		廣告費-平面-客戶
	交通費-客戶		廣告費-共用
	交通費-部門	通路費用	通路-PChome
	交際費-客戶		通路-大潤發
	交際費-部門		通路-富邦媒體
水電瓦斯費	水電費-共用		通路-1838
保險費用	火險費用-共用	貨運費用	運費-黑貓
	意外責任險-共用		手續費-黑貓-客戶
產品責任險	產品責任險-產品		運費-客戶
環保稅	環保稅-產品		運費-共用
檢驗費用	檢驗費-產品		
捐贈	捐贈-共用		
	捐贈-部門		
……	……	……	……

出處：勇昌貿易提供。

表11-2 資源動因表：以勇昌貿易為例

勇昌貿易 資源動因表 2019年1月			
資源第一階	資源第二階	資源動因	歸屬之標的
用人費用	薪資支出-部門	直接歸屬	作業中心
	勞保費-部門	直接歸屬	作業中心
	健保費-部門	直接歸屬	作業中心
	職工福利-共用	作業中心人數	作業中心
租金費用	租金支出-共用	作業中心坪數	作業中心
	租金支出-產品	產品庫存數	產品
	軟體租賃-部門	直接歸屬	作業中心
交通旅費	旅費-客戶	直接歸屬	顧客
	旅費-部門	直接歸屬	作業中心
	交通費-客戶	直接歸屬	顧客
	交通費-部門	直接歸屬	作業中心
	交際費-客戶	直接歸屬	顧客
	交際費-部門	直接歸屬	作業中心
水電瓦斯費	水電費-共用	作業中心人數	作業中心
保險費用	火險費用-共用	作業中心坪數	作業中心
	意外責任險-共用	作業中心人數	作業中心
產品責任險	產品責任險-產品	產品銷售數	產品
環保稅	環保稅-產品	直接歸屬	產品
檢驗費用	檢驗費-產品	直接歸屬	產品
捐贈	捐贈-共用	作業中心人數	作業中心
	捐贈-部門	直接歸屬	作業中心
包材費用	包材費用-標籤-共用	產品銷售數	產品
	包材費用-禮盒袋-共用	產品銷售數	產品
	包材費用-瓶罐-共用	產品銷售數	產品
	包材費用-標籤-產品	直接歸屬	產品

勇昌貿易 資源動因表（續） 2019 年 1 月			
資源第一階	資源第二階	資源動因	歸屬之標的
包材費用	包材費用 - 禮盒袋 - 產品	直接歸屬	產品
	包材費用 - 瓶罐 - 產品	直接歸屬	產品
	包材費用 - 標籤 - 客戶	直接歸屬	顧客
廣告費用	廣告費 - 數位 - 客戶	直接歸屬	顧客
	廣告費 - 平面 - 客戶	直接歸屬	顧客
	廣告費 - 共用	作業中心人數	作業中心
通路費用	通路 -PChome	直接歸屬	顧客
	通路 - 大潤發	直接歸屬	顧客
	通路 - 富邦媒體	直接歸屬	顧客
	通路 -1838	直接歸屬	顧客
貨運費用	運費 - 客戶	直接歸屬	顧客
	運費 - 共用	產品銷售數	產品
……	……	……	……

出處：勇昌貿易提供。

資源」、「價值標的使用之資源」及「內部服務之成本」。

　　不可控制資源分為兩項「管理作業中心分攤之資源」及「支援作業中心分攤之資源」。勇昌貿易之實體、電視、網路三課會有來自業務部此「管理作業中心」分攤而來之資源，及來自其他部門，例如：採購部、物流部、財務部及董事長室等「支援作業中心」分攤而來之資源。

步驟 2-6：產生資源模組之管理報表

　　透過 AVM 區分可控制資源與不可控制資源之後，AVM 便可產出作業中心之五大資源表，如表 11-3 所示。

表11-3　五大資源表：以勇昌貿易為例

勇昌貿易 五大資源表 2019年1月						
作業中心耗用之資源	實體課		電視課		網路課	
	金額	比例	金額	比例	金額	比例
1.作業中心自用之資源	123,500	16.48%	285,900	28.05%	316,800	29.14%
2.價值標的使用之資源	59,800	7.98%	109,000	10.70%	126,200	11.61%
3.內部服務之成本	56,485	7.54%	114,644	11.25%	134,500	12.38%
可控制之資源小計	239,785	32%	509,544	50%	577,500	53.13%
4.管理作業中心分攤之資源	157,567	21.03%	157,567	15.46%	157,567	14.49%
5.支援作業中心分攤之資源	351,977	46.97%	351,977	34.54%	351,977	32.38%
不可控制之資源小計	509,544	68%	509,544	50%	509,544	46.87%
作業中心耗用之資源合計	749,329	100%	1,019,088	100%	1,087,044	100%

出處：勇昌貿易提供，表中之數字皆為虛擬之資料。

　　AVM為勇昌貿易三個SBU：實體課、電視課及網路課，產出五大資源表，並區分為可控制與不可控制兩部分。

　　由表11-3可知，勇昌貿易所設計之不可控制資源之分攤資源係平均分攤至三個SBU。以分攤結果來看，三個SBU皆承受相當高的金額，實體課之不可控制資源甚至高達68%。若未經此區分，管理階層可能會長期錯估各作業中心之成本，而做出錯誤決策。藉由五大資源表之資訊，勇昌貿易管理者於評估各部門績效時，是以各部門自身可控制資源為主要考核之依據；若欲進行訂價決策時，則需同時考量可控制與不可控制資源，方能訂出正確之價格。

（三）步驟3：作業中心模組

　　作業中心模組之設計包括五項小步驟，分別為步驟3-1：定義各作

業中心之作業執行者、步驟3-2：設計作業大項及中項、步驟3-3：設計作業中心動因——明定作業大項及中項之正常產能、步驟3-4：計算作業大項或中項之單位標準成本，及步驟3-5：產生作業中心模組之管理報表，其具體內容分別說明如下：

步驟3-1：定義各作業中心之作業執行者

由於勇昌貿易沒有製造單位，故其作業執行者皆為「人員」。

步驟3-2：設計作業大項及中項

勇昌貿易主要價值鏈活動是將代理之產品進行推廣銷售，作業流程內容並不繁雜，故於AVM中僅設計作業大項。勇昌貿易所設計之作業大項包含：銷售、採購、檢驗、出貨、客服作業、專案工作、支援工作、行政作業及管理作業共九個項目，如表11-4所示。

表11-4　作業大項表：以勇昌貿易為例

勇昌貿易 作業大項表 2019年1月	
作業大項代碼	作業大項
A01	銷售作業
A02	採購作業
A03	檢驗作業
A04	出貨作業
A05	客服作業
A06	專案工作
A07	支援工作
A08	行政作業
A09	管理作業

出處：勇昌貿易提供。

步驟3-3：設計作業中心動因──明定作業大項及中項之正常產能

　　確立作業大項後，接著則設計各作業中心執行者之總正常產能。由執行 AVM 之作業中心（實體課、網路課及電視課）搭配九項作業大項，即可得知各作業中心之當月總正常產能。有關勇昌貿易 2019 年 1 月正常產能之內容，如表 11-5 所示。

表11-5　正常產能表：以勇昌貿易為例

勇昌貿易 正常產能表 2019年1月			
作業中心	作業大項代碼	作業大項	正常產能（分鐘）
實體課	A01	銷售作業	73,920
	A02	採購作業	7,392
	A03	檢驗作業	3,168
	A04	出貨作業	14,784
	A05	客服作業	4,224
	A06	專案作業	2,112
	A07	支援作業	2,112
	A08	行政作業	14,784
	A09	管理作業	4,224
電視課	A01	銷售作業	62,420
	A02	採購作業	6,482
	A03	檢驗作業	2,680
	A04	出貨作業	12,580
	A05	客服作業	2,200
....			

出處：勇昌貿易提供，表中之數字皆為虛擬之資料。

步驟3-4：計算作業大項或中項之單位標準成本

如前所述，勇昌貿易之作業中心執行者皆為「人員」，因此其總正常產能即為正常情況下之每月人員工時，例如：乙員工2019年1月每天上班8小時，上班22天，則1月的總正常產能為176小時，其中60小時屬「出貨作業」之正常產能，若其2019年1月之月薪為40,000元，則其作業每小時的標準成本為227.27元，每分鐘的標準成本為3.79元。

步驟3-5：產生作業中心模組之管理報表

本模組可以產生勇昌貿易各作業中心之作業大項產能資訊情況，以作業中心－實體課之正常產能費率表為例說明，如表11-6所示。

表11-6　作業中心正常產能費率表：以勇昌貿易實體課為例

勇昌貿易 作業中心正常產能費率表-實體課 2019年1月				
作業中心	作業大項 代碼	作業大項	正常產能時間 （分鐘）	正常產能費率 （元/分鐘）
實體課	A01	銷售作業	73,920	4.06
	A02	採購作業	7,392	4.26
	A03	檢驗作業	3,168	4.26
	A04	出貨作業	14,784	3.79
	A05	客服作業	4,224	3.79
	A06	專案作業	2,112	3.79
	A07	支援作業	2,112	4.49
	A08	行政作業	14,784	4.49
	A09	管理作業	4,224	4.49

出處：勇昌貿易提供，表中之數字皆為虛擬之資料。

（四）步驟4：作業模組

作業模組之設計包括五項小步驟，分別為步驟4-1：設計作業細項、步驟4-2：設計作業中心動因——蒐集作業細項之實際產能、步驟4-3：決定「超用產能」或「剩餘產能」及其成本、步驟4-4：設計作業屬性，及步驟4-5：產生作業模組之管理報表，其具體內容分別說明如下：

步驟4-1：設計作業細項

在九項作業大項之下，勇昌貿易一共設計了三十六項作業細項，如表11-7所示。

表11-7　作業細項表：以勇昌貿易為例

勇昌貿易 作業細項表 2019年1月			
作業大項代碼	作業大項	作業細項代碼	作業細項
A01	銷售作業	A01001	商品拍攝與製圖
		A01002	廣核表製作
		A01003	促銷活動安排
		A01004	向採購提品
		A01005	上架
		A01006	影片剪輯VCR
		A01007	專案型訂單處理
		A01008	TV前置作業
		A01009	市場調研
		A01010	廣告BN製作
		A01011	商品包材製作

作業大項代碼	作業大項	作業細項代碼	作業細項
		勇昌貿易 **作業細項表（續）** **2019年1月**	
		A01012	行銷廣告洽談
A01	銷售作業	A01013	外包美工設計
		A01014	新品相關作業
		A01015	合約洽談
A02	採購作業	A02001	訂購包材
A03	檢驗作業	A03001	QC
A04	出貨作業	A04001	出貨檢貨作業
		A05001	後台維護
A05	客服作業	A05002	客服_顧客未購買
		A05003	客服_顧客已購買
		A05004	退貨與換貨
A06	專案工作	A06001	專案作業
A07	支援工作	A07001	支援作業
		A08001	衛生局罰單處理
		A08002	內部會議 - 產品
		A08003	外部會議
		A08004	其他
		A08005	進修課程
A08	行政作業	A08006	信件處理
		A08007	申報環保稅
		A08008	會計作業
		A08009	庫存盤點
		A08010	財務相關
		A08011	內部會議 - 客戶
A09	管理作業	A09001	公司維運

出處：勇昌貿易提供。

由表11-7可知，因為業務部為勇昌貿易最重視的部門，因此其作業大項「銷售作業」所設計之作業細項較其他作業大項細緻，包含從市場調研、洽談合約、廣告宣傳到包裝設計與製作及實際上架等十五項作業細項。相反地，非管理重點之項目，如專案工作、支援工作及管理作業等，則無更細微的作業細項，因此於資料蒐集與分析時，不會耗費太多時間於非「管理重點」之項目。

步驟4-2：設計作業中心動因──蒐集作業細項之實際產能

有關勇昌貿易蒐集之實際產能資訊，如表11-8所示。

表11-8　實際產能表：以勇昌貿易為例

勇昌貿易 實際產能表 2019年1月					
作業中心	作業大項代碼	作業大項	作業細項代碼	作業細項	實際產能（分鐘）
實體課	A01	銷售作業	A01001	商品拍攝與製圖	9,428
			A01002	廣核表製作	3,141
			A01003	促銷活動安排	3,141
			A01004	向採購提品	3,141
			A01005	上架	9,428
			A01006	影片剪輯VCR	6,283
			A01007	專案型訂單處理	6,283
			A01008	TV前置作業	6,283
			A01009	市場調研	6,283
			A01010	廣告BN製作	6,283
			A01011	商品包材製作	3,141
			A01012	行銷廣告洽談	3,141
			A01013	外包美工設計	6,283
			A01014	新品相關作業	3,141
			A01015	合約洽談	3,141
			……		

出處：勇昌貿易提供，表中之數字皆為虛擬之資料。

由表11-8可知，透過日常的「工時紀錄」，可以得出各作業執行者每月執行各作業細項所花費之時間總計，加總後可得各作業大項之總實際時間，以進行下一步驟之產能差異分析。

步驟4-3：決定「超用產能」或「剩餘產能」及其成本

透過第二模組－作業中心模組之正常產能與第三模組－作業模組之實際產能間的比較，勇昌貿易即可得出各作業中心之產能為「超用」或「剩餘」情況。

步驟4-4：設計作業屬性

在作業之四大屬性中，因「產能屬性」不是勇昌貿易之管理重點，故僅為各作業細項定義其他三類作業屬性：品質、附加價值與顧客服務屬性，如表11-9所示。

由表11-9可知，雖然多數作業細項與品質屬性無關聯，然而公司仍相當重視品質管理，因此針對少數作業，如：品管、客訴處理與退換貨等，仍定義其品質屬性，以確實掌握其成本比例及變動情形。而「附加價值」及「顧客服務」兩項屬性則與公司之日常作業較為相關，為公司管理之重點，全部銷售作業細項皆具有「附加價值」。

步驟4-5：產生作業模組之管理報表

作業模組可以產出勇昌貿易各作業中心之「超用」或「剩餘」產能情況，如表11-10所示。

（五）步驟5：價值標的模組

價值標的模組之設計包括四項小步驟：步驟5-1：設計作業動因、步驟5-2：設計其他價值標的動因及服務動因、步驟5-3：計算出價值標的之成本，及步驟5-4：產生價值標的模組之管理報表，分別說明如下：

表11-9 作業屬性表：以勇昌貿易為例

勇昌貿易 作業屬性表 2019年1月						
作業大項代碼	作業大項	作業細項代碼	作業細項	品質屬性	附加價值屬性	顧客服務屬性
A01	銷售作業	A01001	商品拍攝與製圖	N/A	有附加價值	取得成本
		A01002	廣核表製作	N/A	有附加價值	取得成本
		A01003	促銷活動安排	N/A	有附加價值	取得成本
		A01004	向採購提品	N/A	有附加價值	取得成本
		A01005	上架	N/A	有附加價值	提供成本
		A01006	影片剪輯VCR	N/A	有附加價值	取得成本
		A01007	專案型訂單處理	N/A	無附加價值	N/A
		A01008	TV前置作業	N/A	有附加價值	取得成本
		A01009	市場調研	N/A	有附加價值	提供成本
		A01010	廣告BN製作	N/A	有附加價值	取得成本
A01	銷售作業	A01011	商品包材製作	N/A	有附加價值	提供成本
		A01012	行銷廣告洽談	N/A	有附加價值	提供成本
		A01013	外包美工設計	N/A	有附加價值	提供成本
		A01014	新品相關作業	N/A	有附加價值	提供成本
		A01015	合約洽談	N/A	有附加價值	提供成本
A02	採購作業	A02001	訂購包材	N/A	有附加價值	提供成本
A03	檢驗作業	A03001	QC	鑑定成本	必要性	提供成本
A04	出貨作業	A04001	出貨檢貨作業	N/A	有附加價值	提供成本
A05	客服作業	A05001	後台維護	N/A	有附加價值	提供成本
		A05002	客服_顧客未購買	N/A	有附加價值	提供成本
		A05003	客服_顧客已購買	外部失敗成本	無附加價值	售後服務
		A05004	退貨與換貨	外部失敗成本	無附加價值	售後服務

作業大項代碼	作業大項	作業細項代碼	作業細項	品質屬性	附加價值屬性	顧客服務屬性
			勇昌貿易 作業屬性表（續） 2019年1月			
A06	專案工作	A06001	專案作業	N/A	有附加價值	取得成本
A07	支援工作	A07001	支援作業	N/A	N/A	N/A
A08	行政作業	A08001	衛生局罰單處理	外部失敗成本	無附加價值	N/A
		A08002	內部會議-產品	N/A	N/A	N/A
		A08003	外部會議	N/A	N/A	N/A
		A08004	其他	N/A	N/A	N/A
		A08005	進修課程	N/A	N/A	N/A
		A08006	信件處理	N/A	N/A	N/A
		A08007	申報環保稅	N/A	必要性	N/A
A08	行政作業	A08008	會計作業	N/A	N/A	N/A
		A08009	庫存盤點	N/A	N/A	N/A
		A08010	財務相關	N/A	N/A	N/A
		A08011	內部會議-客戶	N/A	N/A	N/A
A09	管理作業	A09001	公司維運	N/A	N/A	N/A

出處：勇昌貿易提供。

表11-10　超用或剩餘產能成本表：以勇昌貿易為例

作業中心	作業大項代碼	作業大項	正常產能時間（分鐘）	實際產能時間（分鐘）	剩餘（超用）產能時間（分鐘）	剩餘（超用）產能成本（元）
			勇昌貿易 超用或剩餘產能成本表 2019年1月			
實體課	A01	銷售作業	73,920	78,541	(4,621)	(17,306)
	A02	採購作業	……	……	……	……
			……			

出處：勇昌貿易提供，表中之數字皆為虛擬之資料。

步驟5-1：設計作業動因

勇昌貿易與其他個案公司一樣，將作業動因分為頻率型、複雜型及時間型三類。頻率型動因適用於重複性高且每次作業時間皆相同之作業，如檢驗作業；複雜度型適用於重複性高且每次作業可依複雜程度不同決定所需時間之作業，如商品包裝製作作業；時間型則適用於時間皆不固定之作業，如專案作業。

步驟5-2：設計其他價值標的動因及服務動因

為了將顧客服務作業之成本歸屬至「顧客」身上，故需設計「服務動因」。勇昌貿易設計了三項服務動因：「客戶銷售收入淨額」、「客戶銷售品項數」及「客戶銷售數量」，將不同的顧客服務作業之成本歸屬至每位顧客之每筆訂單之中。

步驟5-3：計算出價值標的之成本

勇昌貿易之價值標的之成本主要為「產品成本」與「顧客成本」兩項。經過價值標的模組中，作業動因、專案動因與服務動因的設計，資源便可匯流到最終的價值標的，進而計算出每項價值標的之精確成本。

步驟5-4：產生價值標的模組之管理報表

完整地設計完四大模組後，AVM可相當詳盡地計算出各價值標的之成本及利潤。勇昌貿易之「產品」、「顧客」、「通路」及「銷售人員」等四個類別的相關報表，說明如下：

（一）產品別管理報表

有關勇昌貿易之產品成本及利潤金額表之內容，如表11-11所示。

表11-11　產品成本及利潤金額表：以勇昌貿易為例

勇昌貿易 產品成本及利潤金額表 2019年1月　　　　　　　　　　　　　　　　單位：元						
產品成本 及利潤項目	產品AC001		產品AC002		產品AC003	
	金額	收入占比	金額	收入占比	金額	收入占比
收入	980,900	100%	1,250,100	100%	582,400	100%
產品成本	869,100	88.61%	1,163,550	93.08%	469,700	96.77%
產品利潤	111,800	11.39%	86,550	6.92%	112,700	19.35%

出處：勇昌貿易提供，表中之數字皆為虛擬之資料。

有關勇昌貿易之產品利潤金額排名表之內容，如表11-12所示。

表11-12　產品利潤金額排名表：以勇昌貿易獲利前5名為例

勇昌貿易 產品利潤金額排名表：獲利前5名 2019年1月　　　　　　　　　　　　單位：元			
產品利潤金額排名	產品名稱	產品利潤金額	整體獲利占比
第一名	產品AC003	252,800	16.85%
第二名	產品AC001	191,100	12.74%
第三名	產品AC003	112,700	7.51%
第四名	產品AC001	111,800	7.45%
第五名	產品AC002	86,550	5.77%

出處：勇昌貿易提供，表中之數字皆為虛擬之資料。

由表11-11及11-12可知，AVM針對「產品」此價值標的，不僅可計算出產品之「淨利金額」與「淨利率」，且可得知產品利潤金額之排名情況。透過這些資訊，勇昌貿易的管理者能夠輕易地辨識出公司的優良產品，進而做出產品區隔，並研擬如何調整公司產品行銷之策略。

（二）顧客別管理報表

有關勇昌貿易之顧客利潤金額表之內容，如表11-13所示。

表11-13　顧客利潤金額表：以勇昌貿易為例

勇昌貿易 顧客利潤金額表 2019年1月						單位：元

顧客成本及利潤項目	顧客C001		顧客C002		顧客C003	
	金額	收入占比	金額	收入占比	金額	收入占比
收入	520,000	100%	589,100	100%	482,500	100%
顧客成本	478,800	92.08%	563,450	95.65%	466,900	96.77%
顧客利潤	41,200	7.92%	25,650	4.35%	15,600	3.23%

出處：勇昌貿易提供，表中之數字皆為虛擬之資料。

有關勇昌貿易顧客利潤金額排名表之內容，如表11-14所示。

由表11-13及11-14可知，以顧客之緯度分析，可得知顧客之淨利金額、淨利潤率及排名資訊。經過長期資訊之累積，勇昌貿易管理者能輕易地將顧客分群，並研擬如何調整顧客行銷之策略，抑或透過內部人員作業調整或改善，減少顧客虧損持續發生。

表11-14　顧客利潤金額排名表：以勇昌貿易獲利前5名為例

勇昌貿易 顧客利潤金額排名表：獲利前5名 2019年1月　　　　　　　　　　　單位：元			
顧客利潤金額排名	顧客類別 ／名稱	顧客利潤金額	整體獲利占比
第一名	顧客C001	41,200	4.16%
第二名	顧客C105	40,650	4.10%
第三名	顧客C207	39,800	4.02%
第四名	顧客C323	35,500	3.58%
第五名	顧客C171	32,200	3.26%

出處：勇昌貿易提供，表中之數字皆為虛擬之資料。

（三）銷售人員別管理報表

有關勇昌貿易銷售人員利潤表之內容，如表11-15所示。

表11-15　銷售人員利潤表：以勇昌貿易為例

勇昌貿易 銷售人員利潤表 2019年1月　　　　　　　　　　　單位：元				
銷售人員 利潤分析	業務A05		業務B02	
	金額	收入占比	金額	收入占比
收入	1,080,20	100%	928,500	100%
價值鏈成本	998,700	92.46%	785,600	84.61%
銷售人員利潤	81,500	7.54%	142,900	15.39%

出處：勇昌貿易提供，表中之數字皆為虛擬之資料。

有關勇昌貿易銷售人員利潤金額排名表之內容，如表11-16所示。

表11-16　銷售人員利潤金額排名表：以勇昌貿易獲利前5名為例

勇昌貿易 銷售人員利潤金額排名表：獲利前5名 2019年1月			單位：元
銷售人員 利潤金額排名	銷售人員 類別／名稱	銷售人員 淨利金額	整體獲利 銷售人員占比
第一名	業務A01	221,500	31.64%
第二名	業務B02	142,900	20.41%
第三名	業務A13	102,600	14.66%
第四名	業務B08	81,500	11.64%
第五名	業務B10	58,400	8.34%

出處：勇昌貿易提供，表中之數字皆為虛擬之資料。

由表11-15及11-16可知，結合銷售人員相對應之「顧客」與「產品」資訊，便可得出各銷售人員之淨利潤情況。對身為進口業之勇昌貿易而言，公司的整體運作仰賴所有銷售人員之辛勞，能夠準確評估每位銷售人員對公司產生之實際淨貢獻極為重要。AVM之資訊能夠幫助公司以更透明及更公平公正之資訊，掌握銷售人員之績效，作為獎酬發放之依據，而不會如傳統方式，僅以「銷售金額」大小作為發放獎酬之依據。總而言之，透過AVM之銷售人員淨利潤及其排名分析，可使勇昌貿易與銷售人員達到雙贏的局面。

（四）通路別管理報表

勇昌貿易主要透過實體通路、電視通路及網路通路等三個管道將商品銷售給消費者，通路別之淨利潤分析，如表11-17所示。

表11-17　通路別利潤金額表：以勇昌貿易為例

	勇昌貿易 通路別利潤金額表 2019年1月					單位：元
通路成本 及利潤項目	實體通路		電視通路		網路通路	
	金額	收入占比	金額	收入占比	金額	收入占比
收入	820,500	100%	1,220,900	100%	1,582,400	100%
通路成本	707,200	86.20%	1,016,450	83.26%	1,200,150	75.84%
通路別利潤	113,300	13.80%	204,450	16.74%	382,250	24.16%

出處：勇昌貿易提供，表中之數字皆為虛擬之資料。

　　作為進口商，通路為勇昌貿易與最終消費者間最重要的接觸管道，因此，勇昌貿易對通路管理十分用心，由表11-17可知，勇昌貿易2019年1月網路通路淨利潤最高，管理階層於思考通路行銷策略時，可以參考該表之「長期趨勢」，擬定最適當的「通路決策」及「通路策略」。

五、勇昌貿易實施 AVM 的影響及效益

　　勇昌貿易2018年1月正式實施AVM，同年6月產出第一次的報表迄今利用AVM提供的各種資訊，不僅影響員工之行為，且對經營管理及績效產生影響，分別說明如下：

（一）對員工行為之影響

1. 精確化各部門費用

原來在 ERP 系統中，淨利為銷售金額減去產品成本及平均管銷費用，因而無法看出各部門的實際費用。然而導入 AVM 後，透過資源模組之成本歸屬、作業模組之實際工時紀錄及合理的作業動因，取代了原先 ERP 系統的分攤方式。各部門的真實成本一覽無遺，不再混為一談，可精確地看出費用問題所在，並針對問題進行改善，不僅改變員工之成本觀念，且以 AVM 資訊作為內部溝通的主要依據。

2. 解決二代接班問題

楊董事長苦於無法以系統化的方式將其數十年豐富的商場經驗傳承給子女，對於接班問題相當苦惱。自從導入 AVM 後，他和兒女使用 AVM 報表進行溝通，對於五年後完成二代接班的目標抱持樂觀期待。

（二）對經營管理及績效之影響

1. 揭露顧客的真實利潤

導入 AVM 後，因為整合了原因及結果資訊，故可以很輕易地分析問題發生背後的原因，且勇昌貿易從 AVM 報表中看到許多於 ERP 系統中無法辨識的問題，進而得出不同的答案。例如：ERP 系統顯示有毛利的顧客，在 AVM 報表中顯示的最終淨利潤卻不高，約有「90％」的顧客利潤被高估。擁有 AVM 之數據後，實有助於勇昌貿易與顧客進行洽

談，因為有真實數據佐證，顧客更能夠接受勇昌貿易之訂價提案。

2. 揭露產品的真實利潤

原來ERP系統中高利潤的產品，透過AVM計算真實淨利潤後，反映部分產品之淨利並非想像中高。舉例來說，原先被認為是勇昌貿易的明星產品，透過AVM之計算，卻發現通路合約之扣除費用、廣告罰款、通路服務成本過高，顧客要求客製化多，複雜的包裝、重工作業及高昂的電視製作成本等原因，產品收入無法負荷前述之成本，明星產品反而成為淨利潤「後10名」的商品。

3. 協助通路決策管理

原來ERP系統產出之報表，無法精確地計算每一種通路的淨利。舉例來說，某大型連鎖藥妝店之某項商品雖有毛利，但由於年度合約費用龐大，且隱藏了坪效、迴轉率及商品時效等實體通路常面臨之問題，這些資訊皆無法顯示於ERP系統之中。而某電視購物集團於ERP系統中雖顯示淨利金額相當高，事實上卻忽略了護盤費用、包裝重工、紙箱及專車運費等成本，其實際淨利卻很低。這些隱藏成本及費用在AVM系統中一覽無遺，因此使用AVM系統能為公司找出最有利潤的通路，並依此調整通路行銷策略，將對的產品賣到對的通路上。

4. 產生原因與結果整合資訊

相較於以往僅能產出月報表，拿到資料時已經過了黃金處理時間。導入AVM後，老闆及管理階層隨時可調閱AVM數據，從原因與結果關係中，看到蛛絲馬跡就進行討論、解決問題，劍及履及。

5. 整體績效改善

自2018年1月正式導入AVM後，勇昌貿易運用AVM產出產品、顧客、員工與通路之成本及利潤資訊，作為產品管理、顧客管理、員工管理及通路管理之改善依據，因而整體淨利額較前一年提高了「5%」。運用AVM計算出每位銷售人員之淨利績效，讓公司更能準確地找出優良員工，並作為獎勵之依據，銷售人員的業績因而提高了「15%」。

「工欲善其事，必先利其器」。面臨激烈競爭的國際市場、二代無法順利接班的勇昌貿易，長久仰賴傳統會計系統已無法因應當前困局，解決難題。透過學習並引進最新的AVM系統，將原因與結果資訊相結合，找出問題所在，逐步改善，短短一年多效益即立竿見影。歷經多次全球經濟風暴，仍屹立不搖的勇昌貿易，正朝向永續經營的目標邁進，期能突破逆境，再創高峰！

透過前面 AVM「知」的「觀念與原則」及「行」的「四家個案」內容說明,想必讀者對 AVM 已有充分的理解。值此大數據及 AI 之時代,企業的「經營管理」也需與時俱進,否則很容易在時代洪流中被淹沒及淘汰。由於 AVM 係以「作業」為細胞,因而得以提供「因果關係」整合之資訊,公司實施 AVM 後,即可跟著大數據及 AI 之潮流前進。本章之結論內容將包括:AVM 四大模組之整體資訊結構、AVM 個別模組之管理範疇及未來亞洲管理會計制度之共融及共合的方向。

一、AVM 四大模組之整體資訊結構

有關 AVM 四大模組之整體資訊結構,如表 12-1 所示。

由表 12-1 可知,AVM 四大模組共有十一種「基本資訊」、七種「原因資訊」及十二種「結果資訊」,總共有三十種重要的「因果關係」整合之「經營管理」資訊,供不同階層管理者從事「管理決策」之用。

表12-1 AVM四大模組之整體資訊結構表

模組	基本資訊	原因資訊	結果資訊
模組一：資源模組	1. 作業中心架構資訊 2. 作業中心之之價值標的資訊	1. 資源動因資訊	1. 資源資訊 2. 作業中心可控制資源資訊 3. 作業中心不可控制資源資訊 4. 作業中心之損益資訊
模組二：作業中心模組	1. 作業執行者：人員資訊 2. 作業執行者：機器資訊 3. 人員相關作業大項或中項資訊 4. 機器相關作業大項或中項資訊	1. 作業中心動因（正常產能）資訊	1. 單位標準成本之資訊
模組三：作業模組	1. 作業執行者：人員之「作業細項」資訊 2. 作業執行者：機器之「作業細項」資訊	1. 作業中心動因（實際產能）資訊 2. 作業屬性資訊	1. 超用或剩餘產能資訊 2. 作業細項之實際成本資訊 3. 作業屬性之實際成本資訊
模組四：價值標的模組	1. 產品群組資訊 2. 顧客群組資訊 3. 專案群組資訊	1. 作業動因資訊 2. 服務動因資訊 3. 專案動因資訊	1. 產品成本及利潤資訊 2. 顧客成本及利潤資訊 3. 員工成本及利潤資訊 4. 專案成本及效益資訊
合計	11種基本資訊	7種原因資訊	12種結果資訊

二、AVM 個別模組之管理範疇

有關 AVM 之個別模組都有其相關的管理範疇，如圖 12-1 所示。

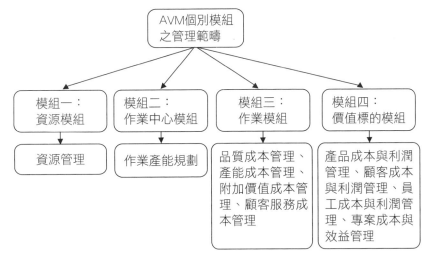

圖12-1 AVM 個別模組之管理範疇圖

由圖 12-1，可以清楚地了解 AVM 個別模組最直接的管理範疇，包括：模組一的「資源管理」、模組二的「作業產能規劃」、模組三的「品質成本管理」、「產能成本管理」、「附加價值成本管理」及「顧客服務成本管理」，以及模組四的「產品成本與利潤管理」、「顧客成本與利潤管理」、「員工成本與利潤管理」及「專案成本與效益管理」等十項。

AVM 四大模組之直接管理範疇雖為十項，但這十項都可以整合且靈活地組合運用，可協助許多重要的「管理制度」落實，例如：若將模組三之作業品質成本及產能成本連結到「銷售人員」身上，模組四也將

顧客成本與利潤連結至「銷售人員」身上時，透過兩個模組之資訊整合且靈活運用後，即可作為「銷售人員」的「績效評估」及「獎酬管理」之參考依據。

　　一般而言，不同層級主管所關注之資訊分析方向會有所不同，如圖12-2所示。

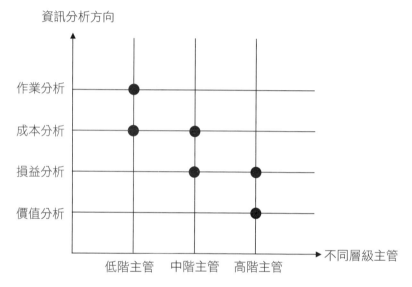

圖12-2　不同層級主管關注之資訊分析方向圖

　　由圖12-2可知，低階主管比較關注短期的「作業分析」及「成本分析」，而中階主管比較關注短期的「成本分析」及「損益分析」，高階主管則主要關注短期的「損益分析」及長期的「價值分析」。

　　總之，AVM為企業提供扎扎實實的「因果關係整合」資訊，非常有利於企業建構「整體性經營管理」之大數據分析，及AI預測之方向及內容。

三、未來亞洲管理會計制度之共融及共合

如前所述，AVM 起源於美國的 ABC 制度，到了臺灣透過長期之理論創新及實務創新，發展出「臺灣」本土化的「AVM」創新管理會計制度。有人問道：在亞洲的「日本」由「經營之聖」稻盛和夫發展之「阿米巴經營」，到底與「臺灣」的「AVM」有何差異？以下簡單說明「阿米巴經營」之重點及與 AVM 之差異：

(一)「阿米巴經營」之重點內容

稻盛和夫先生獨創「阿米巴」組織，把公司組織細分為大小不一的微型營利單位，由各單位組長負責經營管理，各單位自負盈虧。「阿米巴經營」是以「會計科目資訊」作為管理的依據，每個單位或部門都被視為「利潤中心」。依據「阿米巴經營」的觀念，「會計」扮演著關鍵的角色，「每天」都要正確且迅速地掌握每個「阿米巴」的營業額、生產量、費用及損益等相關資訊，以快速反應市場的脈動。「阿米巴經營」重視各部門之間的獨立核算損益，透過會計來核算損益，非常容易讓主管了解「阿米巴」的「每天」經營績效情況。追根究柢，「阿米巴經營」的根本是「財務會計」，使用「會計科目」來呈現部門的「損益資訊」，也就是以財務會計來提供組織小單位的「損益金額」，作為小單位部門的「績效評估」及「獎酬管理」之參考依據。

(二)「阿米巴經營」與「AVM」之差異

「阿米巴經營」背後的邏輯與 AVM 不盡相同，因為阿米巴是以財務

會計的「科目」為「細胞」，是一個「綜合歸納」的觀念，例如：銷售費用這個「會計科目」包含很多項目，例如：廣告費、交際費及拜訪交通費等，全部都綜合在同一個「會計科目」項下，甚難以「會計科目」資訊來解決複雜的「管理問題」。其實，「阿米巴經營」類似AVM模組一的部分內容，因為AVM模組一之主要目的在計算「作業中心或小部門」之損益，不過AVM將作業中心使用之資源區分為「可控制」及「不可控制」之資源，且透過「資源動因」來歸屬「資源」至「作業中心」之中。

此外，「阿米巴經營」需算出「每天」的損益，因而只考慮作業中心或小部門之可控制成本項目，因而有人說：「AVM」是「阿米巴經營」的下一步，因為AVM除了模組一以外，還有模組二至四之內容，而且AVM是以「作業」為細胞，可以提供「原因」與「結果」整合之資訊，供各階層主管從事各種管理決策之用，亦即AVM的各項管理報表可以更準確地掌握公司整體經營績效的「因果關係」。

（三）「阿米巴經營」與「AVM」之共融及共合

許多人常會感到疑惑，問道：「未來亞洲企業究竟應該以『阿米巴經營』還是『AVM』為主呢？」因為「阿米巴經營」在日本及大陸已推廣多年，效益不錯，而「AVM」之前身「ABCM」在臺灣推也廣多年，對臺灣企業之轉型及升級的效益顯著。

我們可以預見未來亞洲之「管理會計」可能是「阿米巴經營」與「AVM」共融及共合的時代，因為如前所述「阿米巴經營」之內容有點類似AVM模組一之部分內容，兩者仍有交集及融合之處，值得未來更深入地創新研發。筆者非常期待未來亞洲有朝一日能融合出非常獨特及

差異化之「管理會計」新制度，我們期望「AVM」能與亞洲各國的學術界與產業界攜手合作且融合一體，共創亞洲「學術界」及「企業界」的成長及繁榮，進而開創新局，發揮亞洲管理會計制度強大之「國際競爭力及影響力」！

作業價值管理常見詞彙
──AVM字典

一、資源模組的詞彙

序號	中文名詞	英文名詞	定義
1	資源	Resource	指公司產生的所有費用，係以「財務會計」的「費用科目」形式呈現。
2	資源重分類	Resource reclassification	將財務會計的「費用科目」進行重分類後，轉化為「管理會計」之「資源項目」。
3	資源使用客體	Objects of resource usage	指使用資源之不同客體，其所發揮的「管理功能」及「角色」不相同，例如：人員使用之資源為「人事費用」，而機器使用之資源為「機器費用」，因而「人員」及「機器」都被視為「資源使用客體」，簡稱為「資源客體」。

序號	中文名詞	英文名詞	定義
4	資源解構	Resource decomposition	將「費用科目」拆解為具有相同「管理功能」及「角色」之費用項目，進而轉化為「管理會計」之「資源項目」。
5	資源合併	Resource recomposition	將相似或具相同「資源客體」或「管理功能」的「費用科目」合併為「管理會計」之「資源項目」。
6	作業中心	Activity center	為執行作業的組織單位，集合了企業內部相似之作業流程，為企業內部最基本的組織單位。
7	管理作業中心	Management activity center	即「管理」各作業中心之組織單位，例如：工廠之廠長室或管理部門，其職責為管理工廠內之作業中心。一般而言，管理作業中心成員具備「專業管理」之能力及重任。
8	支援作業中心（SSU）	Supporting activity center	即「支援」各作業中心之組織單位，例如：總公司之人力資源部門、會計部門及IT部門等，其職責為「支援」作業中心之「營運管理」。
9	作業中心之價值標的	Value object of activity center	作業中心內創造有形或無形價值之「標的」，典型的作業中心之價值標的為「產品」或「顧客」等。
10	作業中心之價值標的：產品	Value object of acitivty center: product	作業中心內所製造之「產品」，能為公司「創造」收入或利潤之「標的」。
11	作業中心之價值標的：顧客	Value object of activity center: customer	作業中心內所服務之「顧客」，包括「外部顧客」或「內部顧客」，公司能從其身上賺取收入或利潤之「標的」。

序號	中文名詞	英文名詞	定義
12	作業中心之價值標的：人員	Value object of activity center: employee	作業中心內的「人員」，能為公司貢獻心力且創造收入或利潤之「標的」。
13	資源歸屬	Resource attribution	將資源歸屬至作業中心的方式，包括「直接歸屬」及透過「資源動因」歸屬等兩種。
14	直接歸屬至作業中心之資源	Resource directly attributed to activity center	透過「直接歸屬」的方式，歸屬至作業中心之「資源」。
15	直接歸屬至作業中心的價值標的之資源	Resource directly attributed to value object of activity center	透過「直接歸屬」的方式，歸屬至作業中心的價值標的之「資源」。
16	資源動因	Resource driver	驅動作業中心使用資源的「原因」及「因子」。
17	資源動因歸屬至作業中心之資源	Resource attributed through resource driver to activity center	透過不同的「資源動因」，歸屬至作業中心之「資源」。
18	作業中心之可控制資源	Controllable resource	可由作業中心「管理」與「控制」之資源，包括作業中心自用資源、作業中心之價值標的使用資源與內部服務之成本。
19	作業中心自用資源	Resource used by activity center	作業中心內部使用之資源，即可由作業中心自行「掌控」且「管理」之資源，包括「直接歸屬」至作業中心之資源及透過「資源動因」歸屬至作業中心之「資源」。

序號	中文名詞	英文名詞	定義
20	作業中心之價值標的使用之資源	Resource used by value objects of activity center	為作業中心內的價值標的使用之資源，其發生係由作業中心來「管理與控制」。
21	內部服務之成本	Internal service cost	其他作業中心提供服務給作業中心所產生之成本，分為：內部交易成本與受支援成本。
22	內部交易成本	Internal transaction cost	作業中心根據「內部轉撥計價之標準」支付給提供服務的其他作業中心之成本。
23	受支援成本	Supported cost	作業中心向其他作業中心請求支援所產生之成本，此成本因無「內部轉撥計價之標準」，故由雙方決定「成本」之金額。
24	作業中心之不可控制資源	Uncontrollable resource	非作業中心可控制之資源，此「資源」皆係透過「分攤」而來，包括「管理作業中心及支援作業中心」分攤而來之「資源」。
25	分攤之費用	Allocative expense	「費用」之產生與作業中心無直接「因果關係」，係透過「分攤機制」產生，此等費用被稱為「分攤之費用」。
26	管理作業中心分攤之費用	Allocative expense from management activity center	由管理作業中心分攤而來之費用。管理作業中心具有「管理功能」，因而得對其所管理之作業中心分攤費用。
27	支援作業中心分攤之費用	Allocative expense from supporting activity center	由支援作業中心分攤而來之費用。支援作業中心具有「支援功能」，因而得對其所支援之作業中心分攤費用。

序號	中文名詞	英文名詞	定義
28	作業中心五大資源	Five categories of resources of activity center	作業中心使用之資源包括三項可控制資源：作業中心自用資源、作業中心之價值標的使用資源及內部服務之成本，及兩項不可控制資源：管理作業中心及支援作業中心分攤而來之費用，總共有五大資源。
29	作業中心五大資源表	The report on five categories of resources of activity center	此報表乃根據資源模組之設計及計算結果所編製之作業中心使用五大資源的情況。此報表主要提供兩大功能：1.快速凸顯旗下作業中心間之資源使用差異及2.掌握作業中心之資源運用情況。
30	作業中心損益表	The report on profits of activity center	此報表包括「作業中心可控制之淨利」與「作業中心淨利」等資訊。此報表能使管理者了解：1.作業中心自身可控制之績效表現及2.作業中心整體淨利之貢獻情況。

二、作業中心模組的詞彙

序號	中文名詞	英文名詞	定義
1	作業執行者	Activity executor	指作業中心內執行作業的主體，以「人員」及「機器」為主。
2	作業執行者：人員	Activity executor: people	指執行作業之「人員」，為典型的作業執行者。
3	作業執行者：主要機器	Activity executor: main machine	指執行作業之「主要機器」或「機台」。

4	作業執行者：非主要機器	Activity executor: non-main machine	指非管理重點之機器，可以用「機器族群」的方式來當為「作業執行者」。
5	作業	Activity	泛指作業執行者的「工作流程」、「步驟」或「動作」等內容。
6	整體價值鏈	Total value chain	指產品或服務之所有作業的連結體，以製造業為例，包含研發、設計、製造與顧客服務等作業。
7	作業階層	Activity hierarchy	將作業流程、步驟或動作等內容，依照階段而逐階歸納出來之內容。
8	作業大項	The first stage of activity	指作業執行者之作業的第一階內容。
9	作業中項	The second stage of activity	指作業執行者之作業的第二階內容。
10	作業中心動因：正常產能	Activity center driver:normal capacity	為作業大項或中項驅動正常產能的因子，典型的因子為作業大項或中項「預計可投入之時間」，此時間由規劃而來，故稱為「正常產能」。
11	正常產能法	Method of normal capacity	從事作業大項或中項之正常產能規劃的方法，包括兩項條件：正常產出的預測及作業的效率假設。
12	作業大項或中項之單位標準成本	Unit standard cost of the first or second stage of activity	以正常產能法所計算出來的作業大項或中項之單位標準成本。

| 13 | 作業大項或中項之正常產能及單位標準成本分析表 | The report on normal capacity and unit standard cost of the first or second stage of activity | 為作業中心模組的主要管理報表，此報表列出人員或機器產能如何分配到各項作業的大項或中項之中，以及其相關的單位標準成本之金額。此報表能提供總經理及其幕僚兩大功能：1.定位策略與作業產能關係及2.找出產能解決方案。 |

三、作業模組的詞彙

序號	中文名詞	英文名詞	定義
1	作業細項	The last stage of activity	作業執行者的最後一階作業，從作業細項可以設計作業相關之「屬性」內容。
2	作業中心動因：實際產能	Activity center driver: actual capacity	為作業細項驅動實際產能的因子，典型因子為作業細項「實際投入之時間」。
3	超用產能	Overused capacity	為正常產能與實際產能之差異，當作業執行者實際投入作業的總時間超過規劃之正常產能時間時，即有超用產能，屬(正常產能－實際產能)＜0之情況。
4	剩餘產能	Unused capacity	為正常產能與實際產能之差異，當作業執行者實際投入作業之總時間未達規劃之正常產能時間時，即有剩餘產能，屬(正常產能－實際產能)＞0之情況。

序號	中文名詞	英文名詞	定義
5	作業屬性	Activity attribute	為作業細項之「屬性分析」，屬於「專業標籤」。作業屬性包括：品質屬性、產能屬性、附加價值屬性及顧客服務屬性等四種。
6	品質屬性	Quality attribute	品質屬性為各項作業之「品質特性」情況，包含預防、鑑定、內部失敗、外部失敗等四大類型作業。
7	預防作業	Preventive activity	預防產品或服務品質不良之作業。
8	鑑定作業	Appraisal activity	檢驗產品或服務品質不良之作業。
9	內部失敗作業	Internal failure activity	提供顧客產品或服務前，在公司內部所發生之品質不良處理作業。
10	外部失敗作業	External failure activity	提供產品或服務給顧客後，被顧客發現之品質不良處理作業。
11	產能屬性	Capacity attribute	產能屬性為各項作業之「產能特性」情況，包含有生產力、無生產力、間接生產力及閒置等四大類型作業。
12	有生產力作業	Productive activity	可創造產品或服務生產力之作業。
13	無生產力作業	Non-productive activity	無法創造產品或服務生產力之作業。
14	間接生產力作業	Indirect productive activity	不直接影響產品或服務生產力之「支援性作業」。

序號	中文名詞	英文名詞	定義
15	閒置作業	Idled activity	閒置而未被用到之作業，例如：人員等待或機器之停機、待機之相關作業。
16	附加價值屬性	Value-added attribute	為作業在顧客眼中之「附加價值特性」情況，包含有附加價值、無附加價值、必要性等三大類型作業。
17	有附加價值作業	Value-added activity	顧客感受到有價值且有貢獻之作業，此種作業可創造未來之「收入」。
18	無附加價值作業	Non-value-added activity	顧客感受不到有價值或有貢獻之作業，此種作業無法創造「收入」，因而盡量少做或不做此等作業為宜。
19	必要性作業	Necessary activity	對顧客沒有價值，但為必要性不能不做之作業，例如：內部稽核作業等。
20	顧客服務屬性	Customer service attribute	顧客服務屬性為所有服務顧客的作業活動，包含開發、提供、售後服務、維繫顧客等四大作業。
21	開發顧客作業	Customer acquiring activity	為開發「新顧客」之相關作業。
22	提供顧客產品或服務作業	Customer product or service providing activity	提供產品或服務給「新舊顧客」之相關作業。
23	售後服務作業	After-sale-service activity	銷售完產品或服務給「新舊顧客」後，所發生之售後服務之相關作業。

序號	中文名詞	英文名詞	定義
24	維繫顧客作業	Customer-sustaining activity	為維繫「舊顧客」關係所發生之相關作業。
25	作業細項之實際產能費率	Actual capacity rate of the last stage of activity	作業執行者的作業細項之成本除以投入作業細項的總實際產能（時間），即為作業細項之實際產能費率。
26	作業細項之實際成本	Actual cost of the last stage of activity	以實際產能費率乘以作業細項的實際耗用產能，即為作業細項之實際成本。
27	預防作業成本	Preventive activity cost	預防產品或服務品質不良作業的相關成本。
28	鑑定作業成本	Appraisal activity cost	檢驗產品或服務品質不良作業的相關成本。
29	內部失敗成本	Internal failure cost	提供給顧客產品或服務前所發生的品質不良處理作業的相關成本。
30	外部失敗成本	External failure cost	提供給顧客產品或服務後，所發生之品質不良處理作業的相關成本。
31	有生產力成本	Productive cost	可減少成本浪費或增加產品或服務生產力作業的相關成本。
32	無生產力成本	Non-productive cost	不利於創造產品或服務生產力作業的相關成本。
33	間接生產力成本	Indirect productive cost	不影響產品或服務貢獻度的支援性作業之相關成本。

序號	中文名詞	英文名詞	定義
34	閒置成本	Idled cost	閒置而未被用到的作業之相關成本，例如：人員之等待時間或機器之停機、待機作業的相關成本。
35	有附加價值成本	Value-added cost	顧客感受到有價值且有貢獻的作業之相關成本。
36	無附加價值成本	Non-value-added cost	顧客感受不到有價值或有貢獻的作業之相關成本。
37	必要性成本	Necessary cost	對顧客沒有價值，但為必要性不能不做的作業之相關成本。
38	開發顧客成本	Customer acquiring cost	為開發「新顧客」而產生的作業之相關成本。
39	提供顧客產品或服務成本	Customer product or service providing cost	提供產品或服務給「新舊顧客」的作業之相關成本。
40	售後服務成本	After-sale-service cost	銷售完產品或服務給「新舊顧客」後，所發生之售後服務作業之相關成本。
41	維繫顧客成本	Customer-sustaining cost	為維繫「舊顧客」關係所發生的作業之相關成本。
42	作業大項或中項「超用」或「剩餘」產能及成本分析表	The report on overused/unused capacity and cost of the first or second stage of activity	此報表提供「正常產能」與「實際產能」之差異內容、「超用產能」或「剩餘產能」情況，以及換算為「成本」之內容。此等報表提供作業中心管理者的功能：1.了解產能改善的效益及2.找到產能改善的順序。

序號	中文名詞	英文名詞	定義
43	作業之實際成本分析表	The report on activity actual cost	此報表提供不同的作業執行者之作業大項、中項或細項之實際成本之內容。此報表對作業中心管理者的功能：1.從作業掌握改善方向及2.從作業判斷解決先後次序。
44	作業屬性成本分析表	The report on activity attribute cost	此報表包括與品質屬性、產能屬性、附加價值屬性或顧客服務屬性等相關的作業之成本內容。此等報表主要提供不同「專業領域」管理者從事不同的「作業成本分析及管理」之用。

四、價值標的模組的詞彙

序號	中文名詞	英文名詞	定義
1	價值標的之群組	Group of value object	公司從事各項作業或投入資源所貢獻之「標的」之分類內容，主要包括產品、顧客及專案群組等三種。
2	價值標的：產品群組	Value object: product group	產品群組為管理者對「產品」的分類內容，根據人、事、時、地與物可以有不同的「產品」分類方式。
3	價值標的：顧客群組	Value object: customer group	顧客群組為管理者對「顧客」的分類內容，根據人、事、時、地與物可以有不同的「顧客」分類方式。
4	價值標的：專案群組	Value object: project group	公司若從事專案之類型很多，為了累積不同專案的成本，因而可將「專案」當為價值標的之一種。可以根據人、事、時、地與物加以分類出不同之「專案」內容。

5	作業動因	Activity driver	指價值標的耗用作業成本之原因。作業動因視作業發生重複或複雜程度而有「頻率型」、「複雜型」與「時間型」三大類型。
6	頻率型作業動因	Frequency-typed activity driver	係指以「作業次數」當為價值標的耗用作業成本的原因。頻率型作業動因適用於重複次數多且每次耗用時間皆相同之作業。
7	複雜型作業動因	Complexity-typed activity driver	係指以「複雜度」當為價值標的耗用作業成本的原因。複雜型作業動因適用於作業複雜度高之作業，主要以「複雜程度」來訂出不同的倍數比率。
8	時間型作業動因	Time-typed activity driver	係指以「作業時間」當為價值標的耗用作業成本的原因，適用於重複次數少且每次時間不盡相同之作業。
9	服務動因	Service driver	「顧客」此「價值標的」耗用「顧客服務作業成本」的原因。
10	專案動因	Project driver	指價值標的（產品或顧客）耗用專案成本之原因。專案動因選取之三項要素為：專案貢獻之價值標的、專案效益回收期間、預期專案價值總貢獻數等。
11	產品成本：材料成本	Product cost: material cost	材料成本屬產品成本之一個項目，包含材料購入之材料價格與材料處理相關成本。材料處理相關成本包括運送、儲存、檢驗材料等作業之成本，即為達到可供生產狀態所需投入之作業成本。
12	產品成本：研發成本	Product cost: research and development cost	研發成本屬產品成本之一個項目，為公司投入研究與發展產品所花費之作業成本與相關資源。

13	產品成本： 設計成本	Product cost: design cost	即公司投入設計產品所花費之作業成本與相關資源。
14	產品成本： 製造成本	Product cost: manufacturing cost	即公司投入製造產品所耗用之作業成本與相關資源。
15	產品成本： 管理成本	Product cost: management cost	為管理產品之相關成本，包括品管及倉管等相關作業之成本。
16	產品成本	Product cost	指產品從研發、設計、製造到管理所產生之所有成本。
17	一般化服務成本	General service cost	即公司對外部顧客提供一般化服務之作業成本與相關資源。
18	客製化服務成本	Customized service cost	即公司對外部顧客提供客製化服務之作業成本與相關資源。
19	顧客服務成本	Customer service cost	指服務顧客而產生之所有成本，包括售前、售中及售後所提供之一般化及客製化服務成本。
20	顧客成本	Customer cost	企業提供顧客產品及服務時，所產生之所有成本，包括：產品成本及顧客服務成本之總和。
21	專案成本： 產品面	Project cost: product perspective	「產品專案」所投入之所有成本，包括材料、模具、物料、作業等相關成本。
22	專案成本： 顧客面	Project cost: customer perspective	「顧客專案」所投入之所有成本，包括材料、模具、物料、作業等相關成本。
23	專案成本： 管理與行政面	Project cost: management and administrative perspective	「管理與行政專案」所投入之所有成本，主要以「人事費用」為主。

24	專案成本	Project cost	公司之產品、顧客及管理與行政相關之短、中、長期專案之總成本。專案成本包含作業執行者投入專案之作業成本與專案所投入之資源，如原物料等成本。
25	價值標的：隱藏性成本	Value object: implicit cost	為價值標的之「隱藏性成本」，此成本主要透過價值標的之相關「作業」的設計，可追蹤到「產品或顧客」之「隱藏成本」。
26	價值標的：資金成本	Value object: capital cost	為價值標的之「資金成本」，此成本需要透過資金成本估算模式而估計出來。
27	價值標的：風險成本	Value object: risk cost	為價值標的之「風險成本」，此成本需要透過風險專業人員來估算，例如：不同顧客會有不同的「顧客風險等級」，進而估計出其「風險成本」。
28	整體價值鏈成本	Total value chain cost	此成本包括：「產品」之材料、研發、設計、製造、管理成本；「顧客」之一般化和客製化服務成本；產品、顧客及管理與行政「專案」之成本；各種「分攤成本」，以及「隱藏性」、「資金」及「風險」成本等之總成本。
29	產品損益分析表	The report on product revenue, cost and profit	此報表提供「產品」此價值標的之收入、成本及利潤之內容，讓管理者清楚了解各類「產品」或「產品族群」之詳細損益情況。此報表可以提供管理者之功能：1.了解整體產品群組損益情況及2.掌握不同系列產品損益情況。

30	顧客損益分析表	The report on customer revenue, cost and profit	此報表提供「顧客」此價值標的之收入、成本及利潤之內容，讓管理者掌握各類「顧客」或「顧客族群」之詳細損益情況。此報表可以提供管理者之功能：1.了解整體顧客損益之情況及2.掌握各類顧客損益情況。
31	員工損益分析表	The report on employee revenue, cost and profit	此報表提供「員工」此價值標的創造收入、成本及利潤之內容，讓管理者掌握每位員工為公司創造之詳細損益情況。此報表可以提供管理者之功能：1.檢視高收入的銷售人員之利潤表現及2.協助銷售人員深耕高利潤之顧客。
32	專案成本分析表	The report on project cost	此報表提供「專案」此價值標的之成本情況，供不同「專業領域」的專案管理者從事「專案成本分析」之用。此報表可以提供管理者之功能：1.追蹤專案全部成本及2.追蹤專案成本之異常情況。

政治大學商學院「整合性策略價值管理（iSVMS）」研究中心對 AVM 之推廣情況*

　　筆者於 2016 年 4 月 30 日在政治大學商學院正式成立「整合性策略價值管理（iSVMS）」研究中心。iSVMS 研究中心之使命為：「建構無私奉獻利他平台，成為值得信賴的知識創造及提供者」；願景為：「協助大學創新轉型，結合臺灣及國際學術與實務界力量，培養優秀人才，啟動正向良性循環，促進企業競爭優勢，帶來社會繁榮與人類社會幸福」；價值觀為：「利他、熱誠、正直及誠實」。iSVMS 研究中心透過以上之理念，整合「學術界」與「實務界」的資源及力量，發揮 AVM 的最大效益及價值。iSVMS 研究中心負有 AVM 學術界教育及推廣、AVM 實務界推廣及運用、AVM 國際研究及推廣合作與 AVM 商管大數據及 AI 之研發等四項任務，如圖 1 所示。

---

* 本章內容所提及「iSVMS 研究中心」舉辦之各項活動及開設課程等最新資訊，請參見中心官網：www.avm.nccu.edu.tw/

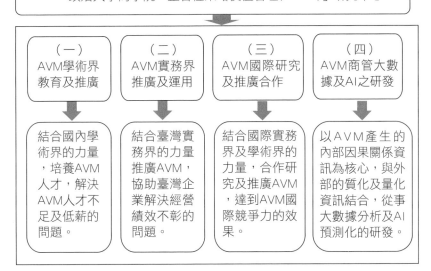

政治大學商學院「整合性策略價值管理(iSVMS)」研究中心

（一） AVM學術界 教育及推廣	（二） AVM實務界 推廣及運用	（三） AVM國際研究 及推廣合作	（四） AVM商管大數 據及AI之研發
結合國內學術界的力量，培養AVM人才，解決AVM人才不足及低薪的問題。	結合臺灣實務界的力量推廣AVM，協助臺灣企業解決經營績效不彰的問題。	結合國際實務界及學術界的力量，合作研究及推廣AVM，達到AVM國際競爭力的效果。	以AVM產生的內部因果關係資訊為核心，與外部的質化及量化資訊結合，從事大數據分析及AI預測化的研發。

圖1　iSVMS研究中心任務圖

由圖1中可知，iSVMS研究中心負有四大任務，分別簡述如下：

一、**AVM學術界教育及推廣**：結合國內各大學的力量，成立「大學分中心」及「大學教育及推廣基地」，積極地從事AVM的教育工作，共同培育企業所需的AVM人才，解決AVM人才不足及臺灣管理學院學生畢業後之低薪問題。

二、**AVM實務界推廣及運用**：建構實務界的AVM「標竿基地」、「推廣基地」及「功能性基地」，共同推廣AVM，協助臺灣企業解決經營績效之課題。

三、**AVM國際研究及推廣合作**：與美洲、歐洲及亞洲各大學建立學術合作關係，以及與世界知名的「管理會計」非營利機構緊密地合

作，希冀透過與國際的合作及推廣，讓AVM走向全球，在世界發光。

四、AVM 商管大數據及 AI 之研發：以AVM產生的內部「原因」及「結果」整合的「量化資訊」為核心，再與內部的「質化資訊」以及外部的「質化及量化資訊」結合，從事「大數據分析」及「AI預測模型」之研發。

iSVMS研究中心在AVM之學術及實務推廣情況，詳述如下：

一、AVM 學術界教育及推廣

（一）AVM 全國分中心及基地之成立

iSVMS研究中心結合國內學術界的力量，共同培育AVM人才，解決AVM人才不足及低薪的問題，例如：經過筆者初步調查，一般企業皆願意付至少月薪40,000元給剛畢業且會AVM之大學部學生，碩士生月薪至少45,000元。學術界之基地包括「大學研究分中心」及「大學教育及推廣基地」兩種，如圖2所示。

iSVMS研究中心於2016年開始免費開放AVM雲端教育版本供各大學教學使用，且成立「大學研究分中心」，以北部的中華大學、中部的東海大學及南部的中山大學與高雄科技大學為主，及「大學教育及推廣基地」，以北部的輔仁大學、臺北商業大學與淡江大學；中部的彰化師範大學、中興大學、亞洲大學與勤益科技大學；以及南部的雲林科技大學、成功大學及南臺科技大學為主，積極地從事AVM之教育工作，共同培育企業所需之AVM人才。

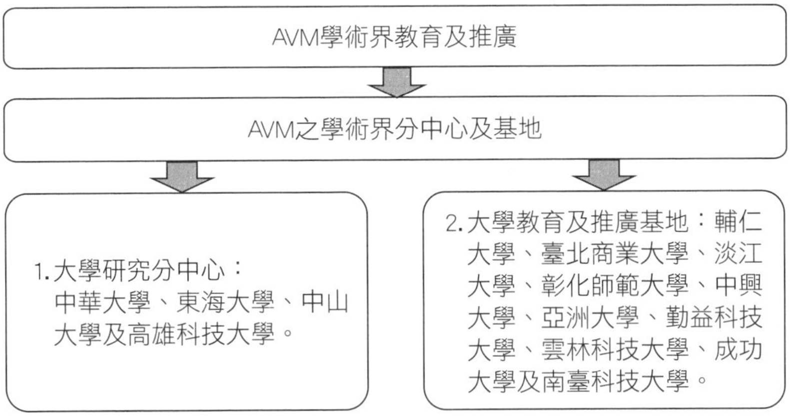

圖2　AVM之學術界分中心及基地圖

　　筆者將AVM雲端IT教育版本運用在教學現場上，透過跨校、跨區域、一般與技職大學的教師專業學習社群的團隊合作，以及課程的「實際操作」，讓學生能深入地將學理知識與實務運用結合一體，透過一步一腳印地實際操作，培養學生的實務能力，畢業後即可無縫接軌地進入職場從事「AVM」的工作，增加學生的就業競爭力，真正達到「知行合一」的效益。

（二）AVM全國課程之開設

　　為了培育AVM人才，筆者於105學年度第一學期開始開放AVM教育版本的雲端系統，供各大學基地免費使用，作為教師課堂上教導學生AVM理論及上線實操的演練工具，有關各大學105至108學年度開課情況，如表1所示。

　　由表1可知，105至108學年度全國共開設四十門與AVM有關之課程，且共有一千五百四十一位學生接受AVM的理論及IT實操訓練，未

表1 105、106及107學年度各大學開設 AVM 課程表

編號	學校名稱	上課學期	授課教授	授課名稱	開課系級	學分數	必修/選修	上課人數
1	政治大學	105 學年度第 1 學期	王文英 吳安妮	高等管理會計	碩士班	3	必修	49
2	政治大學	105 學年度第 1 學期	李佳玲 吳安妮	高等管理會計研究	博士班	3	必修	4
3	政治大學	105 學年度第 1 學期	吳安妮	管理會計	EMBA班	3	必修	51
4	東海大學	105 學年度第 1 學期	黃政仁	成本與管理會計	大學部	3	必修	110
5	東海大學	105 學年度第 1 學期	黃政仁 劉俊儒	高等管理會計研討	碩士班	3	選修	13
6	輔仁大學	105 學年度第 1 學期	郭翠菱	管理決策會計	碩士班	3	必修	38
7	政治大學	105 學年度第 2 學期	吳安妮	策略成本管理－個案實作（二）	大學部 及碩士班	3	選修	12
8	政治大學	105 學年度第 2 學期	吳安妮	管理會計分析與決策	EMBA班	3	必修	85
9	東海大學	105 學年度第 2 學期	黃政仁 劉俊儒	策略管理會計	EMBA班	3	選修	14
10	輔仁大學	105 學年度第 2 學期	郭翠菱	管理控制系統	碩專班	3	選修	16
11	政治大學	106 學年度第 1 學期	李佳玲 王文英	高等管理會計	碩士班	3	必修	48
12	東海大學	106 學年度第 1 學期	黃政仁	成本與管理會計	大學部	3	必修	111
13	臺北商業大學	106 學年度第 1 學期	劉惠玲	成本與管理會計（理論）	大學部	3	選修	25
14	輔仁大學	106 學年度第 1 學期	郭翠菱	管理決策會計	碩士班	3	必修	25
15	輔仁大學	106 學年度第 1 學期	郭翠菱	專題研究（二）	大學部	1.5	必修	11

編號	學校名稱	上課學期	授課教授	授課名稱	開課系級	學分數	必修／選修	上課人數
16	政治大學	106學年度第2學期	吳安妮	策略成本管理－個案實作	大學部及EMBA碩士班	3	選修	15
17	東海大學	106學年度第2學期	黃政仁 劉俊儒	策略管理會計	EMBA班	3	選修	28
18	輔仁大學	106學年度第2學期	郭翠菱	管理控制系統	碩專班	3	選修	22
19	輔仁大學	106學年度第2學期	郭翠菱	社會企業管理控制	碩士班	1	必修	11
20	高雄科技大學	106學年度第2學期	蕭哲芬 趙雅儀 林靜香	策略性成本管理	碩士班	3	選修	18
21	政治大學	107學年度第1學期	吳安妮 王文英	高等管理會計	碩士班	3	必修	55
22	輔仁大學	107學年度第1學期	郭翠菱	管理決策會計	管研所 碩士班	3	必修	33
23	輔仁大學	107學年度第1學期	郭翠菱	專題研究（二）	大學部	1.5	必修	8
24	東海大學	107學年度第1學期	劉俊儒	成本與管理會計	大學部	3	必修	81
25	東海大學	107學年度第1學期	黃政仁	成本與管理會計	大學部	3	必修	110
26	東海大學	107學年度第1學期	黃政仁	高等管理會計研討	碩士班	3	選修	7
27	政治大學	107學年度第2學期	吳安妮	策略成本管理－個案實作（一）	大學部及碩士班	3	選修	22
28	輔仁大學	107學年度第2學期	郭翠菱	管理控制系統	碩士班及碩專班	3	選修	26
29	東海大學	107學年度第2學期	黃政仁 劉俊儒	策略管理會計	EMBA班	3	選修	24
30	臺北商業大學	107學年度第2學期	劉惠玲	成本與管理會計	大學部	2	選修	15

編號	學校名稱	上課學期	授課教授	授課名稱	開課系級	學分數	必修／選修	上課人數
31	高雄科技大學	107學年度第2學期	林靜香 趙雅儀	策略性成本管理	碩士班	3	選修	14
32	彰化師範大學	107學年度第2學期	邱垂昌	策略地圖與平衡計分卡研討	EMBA班	3	選修	34
33	政治大學	108學年度第1學期	吳安妮	管理會計分析與決策	EMBA班	2	先修	61
34	政治大學	108學年度第2學期	吳安妮	管理會計分析與決策	EMBA班	2	先修	55
35	彰化師範大學	108學年度第2學期	邱垂昌	策略地圖與平衡計分卡研討	EMBA班	3	選修	34
36	東海大學	108學年度第1學期	劉俊儒	成本與管理會計學	大學部	3	必修	180
37	東海大學	108學年度第2學期	劉俊儒	策略管理會計	碩士班	3	必修	20
38	東海大學	108學年度第2學期	劉俊儒	高等管理會計	碩士班	3	必修	15
39	輔仁大學	108學年度第1學期	郭翠菱	管理決策會計	碩士班	3	必修	32
40	輔仁大學	108學年度第2學期	郭翠菱	管理控制系統	碩士碩專班	3	選修	9
總計								1541位學生

來擴大的力量將更快速且更深入，如此才能補足企業對 AVM 人才的急迫需求。

（三）AVM 全國學生競賽

為了激勵學生對 AVM 的興趣，以及發揮最大創意，iSVMS 研究中心於 2017、2018、2019 及 2020 年每年都舉辦 AVM 全國競賽，共有一百零五組團隊及四百七十一位學生參與 AVM 全國競賽。其中，2019 年第三屆 AVM 全國競賽共有三十七組團隊及一百五十五位學生參與；2020 年第四屆 AVM 全國競賽共有三十八組團隊及一百四十四位學生參與。四年總共發放由企業界捐助之 1,065,000 元獎金，如表 2 所示。未來 iSVMS 研究中心仍會每年持續地舉辦 AVM 全國學生競賽。

（四）AVM 教育實踐平台之建立

由於 AVM 全國課程已在 105 學年及 106 學年開設，不少老師及學生都積極提意成立「全國聯盟平台」，因而在 2017 年申請教育部「AVM 教學實踐計畫」，於 2018 年獲准，參與本計畫的大學包括公立（國立政治大學）與私立大學（私立輔仁大學與東海大學）及技職院校（臺北商業大學與高雄科技大學），分布於臺灣北、中、南等地區，形成 AVM 的「校際聯盟實踐平台」，開設的課程涵蓋大學部、研究所、EMBA 或實務班及博士班，如圖 3 所示。

由圖 3 中可知，計畫成員包括國立政治大學的吳安妮教授、私立輔仁大學的郭翠菱及張朝清副教授、臺北商業大學的劉惠玲助理教授、私立東海大學的劉俊儒及黃政仁副教授，以及高雄科技大學的林靜香副教授。本計畫主要目的在於建構完善的 AVM「教學實踐」平台，從課程

表2 AVM全國學生競賽統計表

項目	時間	參與學校	組別數	總人數	總獎金	名次
第一屆 AVM創意影片 徵稿競賽活動	2017/02/02- 2017/03/27	政治大學 東海大學 輔仁大學	19	119人	140,000元	冠軍*1 亞軍*1 季軍*1 佳作*2
第二屆 AVM創意個案 競賽	2017/12/18- 2018/05/25	政治大學 東海大學 輔仁大學 彰化師範大學	11	53人	175,000元	冠軍*1 亞軍*1 季軍*1 佳作*5
第三屆 AVM勤誠盃 創意競賽	2018/11/01- 2019/05/12	政治大學 東海大學 輔仁大學 彰化師範大學 高雄科技大學 臺灣藝術大學	37	155人	300,000元	影片： 冠軍*1 亞軍*1 季軍*1 原創音樂*1 實力演員*1 最佳演技*1 未來之星*2 個案： 冠軍*1 亞軍*1 季軍*1 優等*3 最佳潛力*2
第四屆 AVM勤誠盃 創意競賽	2019/12/09- 2020/06/15	中華大學 輔仁大學 亞洲大學 東海大學 政治大學 高雄科技大學 勤益科技大學 彰化師範大學 臺北商業大學 臺灣藝術大學 淡江大學	38	144人	450,000元	影片： 冠軍*1 情境配樂*1 亞軍*1 實力演技*1 季軍*1 創意表現*1 個案： 冠軍*1 優等*5 亞軍*1 季軍*1
總計			105組	471人	1,065,000元	

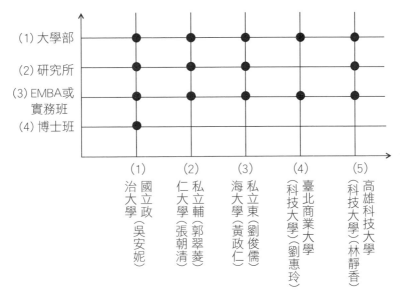

圖3　教育部 AVM 教學實踐計畫圖

的建置、檢討及學生統計與回饋資料的分析等工作，不僅可達到「校際整合」之目的，且增進 AVM「教學實踐」之效益，進而培養出優秀的 AVM 人才，以供實務界之所需。本計畫共分四個階段來了解及分析學生的學習情況，包括：

1. **AVM 之理論課程後**：馬上了解學生對 AVM 理論知識之理解、反饋及建議事項。

2. **AVM 之 IT 課程後**：馬上了解學生對 AVM 之 IT 的理解、反饋及建議事項。

3. **AVM 課程之期末**：請每組學生找一家個案公司從事 AVM 設計及運用，於課程期末發表，之後馬上了解學生對 AVM 之實務設計及運用之理解、反饋與建議事項。

4. 全國學生參加「AVM 競賽」後：每年6月AVM競賽後，馬上理解學生對「AVM競賽」之反饋及建議事項。

此外，筆者受教育部邀請，於2019年9月3日擔任「教學實踐研究計畫商管學門計畫交流會」的Keynote演講者，向各大學老師分享AVM教學實踐研究計畫書撰寫及成果分享的經驗，把此計畫的效益擴散至全國各大專校院。又與教育部合作，於2020年2月15日在張榮發基金會國際會議中心舉行「大專院校AVM教學分享會」，希望協助大專院校教師提升教學創新能力，共同培育AVM優秀人才，達到「知行合一」創新教學之目的。

（五）AVM全國認證

為了提升學生的AVM知識與實作能力及其就業優勢，iSVMS研究中心正在規劃AVM全國之認證事宜，如圖4所示。

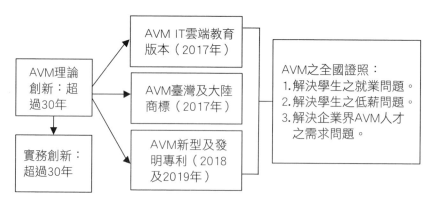

圖4　AVM證照之規劃方向圖

由圖4可知，筆者將規劃AVM之全國證照，以解決學生就業、低薪及AVM人才不足之問題。筆者帶領中心團隊成員與教育部洽談和規劃未來合作方向，如下所述：

1. 與教育部高教司、技職司共同推廣全國AVM教學課程。
2. 申請勞動部iCAP職能基準品質認證(AVM)。
3. 申請經濟部iPAS產業人才能力鑑定(AVM)。

又已規劃AVM之證照分為四級：第1級：AVM管理師，第2級：AVM設計師，第3級：AVM決策分析師，第4級：AVM AI師等。

在此擬特別強調：為使臺灣學術界老師及學生能快速地了解AVM之理論及實務運用情況，筆者提供免費機制，積極鼓勵他們參加iSVMS研究中心所舉辦的各項活動。自iSVMS研究中心成立以來，共有一百九十八「家次」的大學及八百七十一「人次」的學術界人士參與AVM之各項活動，僅僅四年多的時間，即有此重大影響力，AVM潮流方興未艾。

二、AVM 實務界推廣及運用

有關實務界推廣及運用之內容，將分為AVM之實務界各項基地的成立及AVM之實務界「營運模式」兩方面分別說明如下：

（一）AVM之實務界各項基地的成立

iSVMS研究中心建構實務界的AVM「標竿基地」、「推廣基地」及

「功能性基地」等三種，AVM實務界基地，如圖5所示。

　　由圖5中可知，AVM實務界基地包括「標竿基地」、「推廣基地」及「功能性基地」，各基地的功能及角色分別說明如下：

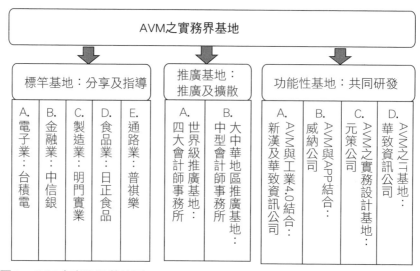

圖5　AVM之實務界基地圖

1. **「標竿基地」**：負責「分享及指導」之功能，這些基地都為筆者過去義務協助設計與實施AVM制度的企業，如電子業的台積電、金融業的中國信託、製造業的明門公司、食品業的日正食品及通路業的普祺樂公司等，這些企業長年實施AVM後，都非常樂意把自己的成功經驗分享給臺灣各企業及產業，願意擔任AVM的分享及指導角色。

2. **「推廣基地」**：負責「推廣及擴散」之功能，包括國際級四大會計師事務所及臺灣中型會計師事務所，他們皆樂於協助推廣及擴

散 AVM 至全臺灣。

3. **「功能性基地」**：負責「共同研發」之功能，筆者與不同基地共同研發 AVM 及其延伸之 IT 系統，例如與新漢及華致資訊公司共同研發「工業4.0」與 AVM 結合之「生產力即時決策系統」；與威納科技公司共同研發與 AVM 結合的 APP「A$^+$」及「顧客價值管理」（CVM），以及與華致資訊公司共同研發 AVM 之 IT 系統。

（二）AVM之實務界「營運模式」

為了有效地推廣 AVM，iSVMS 研究中心建構 AVM 之實務界「營運模式」，如圖6所示。

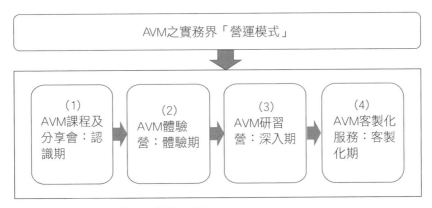

圖6　AVM之實務界「營運模式」圖

由圖6可知，AVM 之實務界「營運模式」包括四項活動，說明如下：

1. AVM課程及分享會：此為 AVM 之「認識期」，透過教導企業界

有關 AVM 理論及實施 AVM 之企業分享會，使企業初步了解 AVM 的理論架構、邏輯思考觀念，以及認識實務之運用情況。

2. **AVM 體驗營**：此為 AVM 之「體驗期」，邀請曾參加 AVM 課程及分享會的企業、大學老師及學生，深入體驗 AVM 的理論及實務運用之精髓。

3. **AVM 研習營**：此為 AVM 之「深入期」，企業經過 AVM 體驗營後，進一步以企業本身的實際資料（兩個月），教導企業如何設計 AVM，以及產生 AVM 管理報表，解決企業的經營管理問題。

4. **AVM 客製化服務**：此為 AVM 之「客製化期」，企業經過研習營後，深刻認知 AVM 對自家企業有所助益，有意進一步全面導入 AVM 時，iSVMS 研究中心則協助規劃企業之 AVM 客製化服務之需求。

有關 iSVMS 研究中心自 2016 年 4 月 30 日成立以來，從事實務界「營運模式」之各項活動情況，如表 3 所示。

由表 3 可知，iSVMS 研究中心的各項營運模式之活動，總共有三千四百二十「人次」參與，分別有九百八十四「家次」的企業及二千五百三十九位「人次」的企業界人士參與。

由於 AVM「研習營」需拿個案公司的「兩個月」資料進行實際設計，又 AVM「客製化服務」已到達 AVM 之個案公司客製化設計及實施階段，因而個案公司都屬已全然接受實施 AVM 之公司。近兩年來參與 AVM 研習營及客製化服務的企業遍及十二個產業，包括：金融業、化學業、製造業、食品業、IT 業、貿易業、電子業、建築工程業、零售業、設計業、通路業及醫療業等。

表3　iSVMS研究中心從事實務界「營運模式」之各項活動彙總表

營運模式	舉辦日期	活動名稱	參與企業家數	企業人數	參與學術界家數	學術人數	總人數
A V M 課程、分享會或商品發布會	1. 2016/4/30~5/1	海峽兩岸作業價值管理（AVM）學術與實務研習營	45	113	9	49	162
	2. 2016/6/24	作業價值管理（AVM）實務推廣研習會	4	16	0	0	16
	3. 2016/7/4	工業4.0研討會	8	16	1	13	29
	4. 2016/8/27	2016整合性策略價值管理(iSVMS)個案分享及發表會	113	166	8	32	198
	5. 2016/9/30	「策略執行管理理論」之課程	23	51	0	0	51
	6. 2016/11/11	作業價值管理（AVM）專屬食品業精實經營管理之實務深度分享會	32	48	5	22	70
	7. 2017/4/21	作業價值管理（AVM）通路行銷業精實經營管理之實務深度分享會	41	83	4	34	117
	8. 2018/1/30	作業價值管理（AVM）精實經營管理之實務深度分享會	61	77	5	36	113
	9. 2018/6/23	人文與科技匯流之作業價值管理系統（AVM）商品發布會	99	200	13	35	235
	10. 2018/8/31	東海分享會	69	200	13	119	319
	11. 2018/11/17	輔大分享會	58	130	3	50	180
	12. 2019/2/18	AVM教育訓練	5	10	6	31	41
	13. 2019/2/25	AVM教育訓練	4	9	9	35	44
	14. 2019/3/4	AVM教育訓練	1	6	5	21	27
	15. 2019/6/29	2019 AVM領袖群峰會	99	279	17	53	332
	16. 2019/12/6	東海分享會	14	37	4	4	41
	17. 2019/12/17	彰師大分享會	30	30	-	10	40
	18. 2019/12/27	輔大分享會	8	10	-	40	50
	19. 2020/2/15	大專院校AVM教學分享會	2	7	37	82	89
小計			716	1488	139	666	2154
A V M 體驗營	1. 2017/12/7~12/8	作業價值管理（AVM）體驗營	12	32	7	23	55
	2. 2017/12/19	作業價值管理（AVM）體驗營	38	52	3	21	73
	3. 2018/2/9	作業價值管理（AVM）體驗營	12	15	2	12	27
	4. 2018/3/23	作業價值管理（AVM）體驗營	11	26	4	10	36
	5. 2018/7/20	作業價值管理（AVM）體驗營	25	85	6	8	93

營運模式	舉辦日期	活動名稱	參與企業家數	企業人數	參與學術界家數	學術人數	總人數
A V M 體驗營	6. 2018/9/20	作業價值管理（AVM）體驗營	17	35	4	9	44
	7. 2018/12/21	作業價值管理（AVM）體驗營	28	65	3	15	80
	8. 2018/12/22	佳必琪專場體驗營	6	72	0	0	72
	9. 2018/12/25	台南企業專場體驗營	1	58	0	0	58
	10. 2019/1/11	中興大學體驗營	11	39	1	5	44
	11. 2019/1/16	信義房屋專場體驗營	1	72	1	6	78
	12. 2019/2/14	鄉林集團專場體驗營	6	120	1	10	130
	13. 2019/4/1	作業價值管理（AVM）體驗營	9	39	1	1	40
	14. 2019/6/11	作業價值管理（AVM）體驗營	12	22	1	1	23
	15. 2019/7/26	作業價值管理（AVM）體驗營	22	75	1	2	77
	16. 2019/12/20	作業價值管理（AVM）體驗營	27	110	7	20	130
小計			238	917	42	143	1060
A V M 研習營	1. 2017/3/31~4/6	作業價值管理（AVM）企業健檢及實作研習營	9	47	4	28	75
	2. 2017/7/4~9/6	作業價值管理（AVM）企業健檢及實作研習營	16	48	8	23	71
	3. 2018/2/1~8/31	作業價值管理（AVM）企業健檢及實作研習營	2	12	2	5	21
	4. 2018/9/1~12/31	作業價值管理（AVM）企業健檢及實作研習營	3	27	3	6	39
小計			30	134	17	62	206
總計			984	2539	198	871	3420

PS：有些企業人士、學校教授或學生會重複參與不同「營運模式」之活動。

三、AVM 國際研究及推廣合作

iSVMS研究中心結合國際學術界及非營利機構的力量，希望將AVM推向國際，分別以世界各大學、亞太地區各大學及國際管理會計非營利機構等內容說明如下：

（一）世界各大學

筆者已與美國的 University of California, Irvine、Washington University in St. Louis 及 Eastern Michigan University、德國的 WHU - Otto Beisheim School of Management、荷蘭的 Maastricht University、奧地利的 University of Vienna、英國的 The University of Manchester 及香港大學等六個國家八所大學之不同教授建立學術合作關係，如圖7所示。

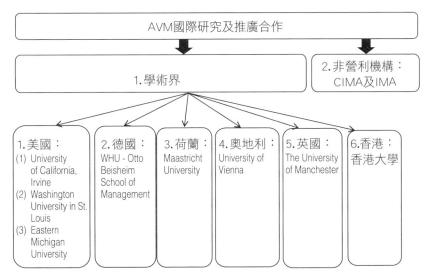

圖7　AVM國際研究及推廣合作規劃圖

　　由圖7可知，未來將開放 AVM 雲端教育版本給國際合作之各大學學生學習，洽談之大學校院正陸續增加中，未來 AVM 國際學術合作之平台將更加擴大。

（二）亞太地區各大學

　　筆者於2014年開始與亞洲兩位學者（韓國國立首爾大學的Professor Jae及香港大學的Professor Wu）發起，並於2016年正式成立「Asia-Pacific Management Accounting Research Symposium（AMARS）」，建構亞洲管理會計學術交流平台。同時，筆者於2016年6月27日與6月28日在政大舉辦第一屆「2016 Asia-Pacific Management Accounting Research Symposium」，邀請美國及亞太地區傑出管理會計學者分享他們在國際頂尖期刊發表的豐富經驗，以及發表他們最新的管理會計研究議題。該年的Symposium共有九個國家（包括臺灣）的管理會計學者及實務界人士參加。此後Symposium在亞洲不同國家輪流舉行，2017年在韓國首爾國立大學舉行，2018年於日本神戶大學舉行，2019年於大陸上海財經大學舉行，2020年原預計在澳洲的墨爾本大學舉辦，因新冠肺炎疫情影響而停辦，未來視疫情穩定情況，將持續舉辦。AMARS為亞洲的學者及博士生提供一個在管理會計領域得以交流、切磋及討論的國際學術平台，此Symposium促進亞洲管理會計學者的合作機會，且異體同心地將亞洲管理會計的特色研究在國際間產生極大的影響力。

（三）國際管理會計非營利機構

　　目前已與世界知名的「管理會計」非營利機構CIMA緊密地合作，又目前正與另一美國「管理會計」之知名組織IMA的亞洲總部洽談合作推廣AVM至亞洲甚至全球之事宜。希望透過AVM之國際學術合作及實務推廣，讓AVM走向全球，在世界發光。

四、AVM 商管大數據及 AI 之研發

iSVMS研究中心於2018年8月1日正式成立「商管大數據分析與AI預測研發平台」。iSVMS中心與實施AVM的個案公司簽約，取得其AVM的內部「原因」及「結果」整合的「量化資訊」後，再蒐集個案公司的內部其他「質化資訊」，以及外部的產業、科技及經濟環境等質化與量化資訊，加以整合後，建構個案公司的「大數據分析」，進而從事個案公司的「AI預測模型」之研發，使個案公司確實地邁向「科技化及科學化管理」之地步，如圖8所示。

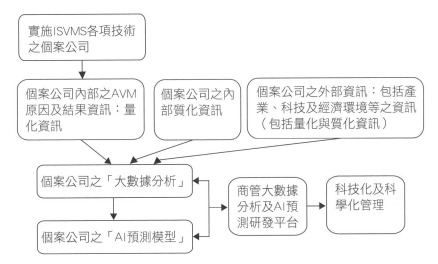

圖8　商管大數據分析及AI預測研發平台之建構圖